U0323143

普通高等教育"十四五"规划教材

冶金工业出版社

现代材料分析测试
方法与应用

李 倩　何喜红　杜金晶　编著

全书彩图请扫码

北　京

冶金工业出版社

2024

内 容 提 要

本书共分 8 章，选材于新能源研究中常用的一些材料分析和表征技术，主要介绍了滴定分析方法，原子吸收光谱、紫外可见光吸收光谱、红外光吸收光谱、拉曼散射光谱、原子发射光谱等几种重要的光谱分析法，XRD 和电子衍射分析技术，扫描电镜、透射电镜和电子探针等电子显微分析技术，XPS 光电子能谱分析技术，色谱、质谱分析法以及 TG、DTA 和 DSC 等热分析技术的背景、基本原理、仪器原理、测试分析和应用前景，并对锂/钠离子电池和太阳能电池的性能测试进行了案例分析。

本书可供高等院校新能源材料与器件专业及材料类专业师生使用，也可供冶金、材料、环保、化工等行业的从业人员参考。

图书在版编目（CIP）数据

现代材料分析测试方法与应用/李倩，何喜红，杜金晶编著 . —北京：冶金工业出版社，2022.10（2024.2 重印）

普通高等教育"十四五"规划教材

ISBN 978-7-5024-9164-2

Ⅰ.①现…　Ⅱ.①李…　②何…　③杜…　Ⅲ.①工程材料—分析方法—高等学校—教材　②工程材料—测试技术—高等学校—教材　Ⅳ.①TB3

中国版本图书馆 CIP 数据核字（2022）第 222066 号

现代材料分析测试方法与应用

出版发行	冶金工业出版社	**电　话**	(010)64027926
地　址	北京市东城区嵩祝院北巷 39 号	**邮　编**	100009
网　址	www. mip1953. com	**电子信箱**	service@ mip1953. com

责任编辑　曾　媛　美术编辑　彭子赫　版式设计　郑小利
责任校对　王永欣　责任印制　禹　蕊
北京建宏印刷有限公司印刷
2022 年 10 月第 1 版，2024 年 2 月第 2 次印刷
787mm×1092mm　1/16；14 印张；336 千字；214 页
定价 55.00 元

投稿电话　(010)64027932　投稿信箱　tougao@cnmip. com. cn
营销中心电话　(010)64044283
冶金工业出版社天猫旗舰店　yjgycbs. tmall. com
（本书如有印装质量问题，本社营销中心负责退换）

前　　言

　　材料的设计、制备及分析表征是材料研究的三部曲，其中，材料的物理化学性能分析是材料设计的重要依据，而且所制备材料的实际性能必须通过材料物理化学分析进行检验。因此，材料科学的发展依赖于材料物理化学性能分析的水平。为更新现代分析测试技术手段，促使学生正确选择材料的分析和测试方法，具备专业从事材料分析测试工作的基础知识，掌握材料分析新方法和新技术的能力，编者编写了《现代材料分析测试方法与应用》一书。

　　本书是编者在多年从事教学、科研及生产实践的基础上整理编写而成，结合材料物理化学性能分析，参阅了大量资料，较为系统地阐述了常用化学相关测试分析、衍射分析、电子显微分析、电子能谱分析、热分析、比表面积分析和电池性能分析等内容，从基本原理出发，使学生逐步了解分析设备的操作过程及解决实际问题的具体应用。

　　全书共分8章，其中第1、2章由何喜红编写，第3~5章由李倩编写，第6~8章由杜金晶编写。全书由李倩负责统稿和主审，崔雅茹教授和马红周副教授对本书提出了修改意见，在此表示感谢。

　　本书适用于高等院校新能源材料与器件专业及材料类专业师生使用，也可供冶金、材料、环保、化工等行业的从业人员参考。

　　鉴于材料分析工作的理论和实践性强，在本书的编写过程中，编者侧重于培养学生应用分析方法解决具体问题的能力，参考了大量国内外文献资料，同时结合丰富的图表，提供了详细的应用实例。在此谨向所有文献资料的作者表示感谢。由于参考文献广泛，如编者在归纳、整理过程中出现错漏，敬请谅解。

　　由于编者水平所限，错误与不足之处在所难免，敬请读者批评指正。

编　者

2022 年 9 月

目　　录

1 滴定分析法

1.1 概　　述

　　滴定分析是用已知准确浓度的溶液即标准溶液，通过滴定测定待测样品中物质浓度的方法。虽然随着分析仪器的快速发展，有些滴定分析法被仪器分析法所取代，但是对于一些常量物质的测定，滴定分析法的测试误差小（一般相对误差小于 0.2%），不需要使用昂贵的精密仪器，测试的成本低，因此在一些场合，滴定分析有着重要的应用。

　　滴定分析法包括酸碱滴定、电位滴定、络合滴定等，对于不同的滴定方法，其原理是一致的。

　　对于任意滴定反应，可以用下式表示：

$$tT + aA \rightleftharpoons cC + dD \tag{1-1}$$

式中，T 为滴定剂；A 为待测物质；C，D 为生成物。

　　当达到化学计量点时，t mol T 刚好与 a mol A 完全反应，即：

$$n_T : n_A = t : a \tag{1-2}$$

　　设待测物质和滴定剂的体积分别为 V_T 和 V_A，浓度分别为 c_T 和 c_A，根据式（1-2）可得：

$$c_T V_T : c_A V_A = t : a \tag{1-3}$$

　　在式（1-3）中，滴定剂的体积和浓度、待测物质的加入体积这三个量已知，则由此计算出被测物质的浓度：

$$c_A = \frac{t}{a} \cdot \frac{c_T V_T}{V_A} \tag{1-4}$$

　　在滴定分析中，有两个重要的概念：分布系数和副反应系数，下面对这两个概念进行介绍。

　　在滴定分析已达平衡的溶液中往往存在多种型体，各存在型体的平衡浓度之和称为分析浓度，常用 c 表示。定义一型体的平衡浓度占分析浓度的比值为该种型体的分布系数，用 δ_i 表示，这里 i 指所属型体。显然各种存在型体的分布系数之和应等于 1。

　　为了定量地表示副反应进行的程度，引入副反应系数 α。设主反应中某组分型体为 Y_i，其浓度为 $[Y_i]$，则分析浓度 c 和 $[Y_i]$ 的比值反映副反应干扰的程度，所以副反应系数 α 为：

$$\alpha = \frac{c}{[Y_i]}$$

　　不难理解，副反应系数是分布系数的倒数，有：

$$\delta_n = \frac{[Y]}{c} = \frac{1}{\alpha} \tag{1-5}$$

两者在滴定分析所用的各种化学平衡中都有着广泛的应用，在化学分析的基本理论中起着重要的作用。

1.2   酸碱滴定法

1.2.1   水溶液中的酸碱平衡

按广义的酸碱概念，凡能给出质子（H^+）的物质称为酸，如 HCl、HAc、NH_4^+、HPO_4^{2-} 等；凡能接受质子的物质称为碱，如 Cl^-、Ac^-、NH_3、PO_4^{3-} 等。酸（HA）失去质子后变成碱（A^-），而碱（A^-）接受质子后变成酸（HA），这种既互相依存又互相转化的性质称为共轭性，对应的酸碱构成共轭酸碱对。因此，酸碱的关系可表示为：

$$HA \Longleftrightarrow A^- + H^+ \tag{1-6}$$

$$酸 \quad 共轭碱 \quad 质子$$

HA 和 A^- 互为共轭酸碱对。HA 是 A^- 的共轭酸，A^- 是 HA 的共轭碱。

因此，酸和碱都可以是中性分子，也可以是阴离子或阳离子。有些物质既能给出质子又能接受质子，称为两性物质，如 H_2O、HCO_3^-、HPO_4^{2-} 等。

在水溶液中，酸、碱的强度用其离解常数 K_a、K_b 来衡量。K_a（K_b）值越大，酸（碱）越强，例如：

$$HCl + H_2O \Longleftrightarrow H_3O^+ + Cl^- \qquad K_a = 1.55 \times 10^6$$

$$HAc + H_2O \Longleftrightarrow H_3O^+ + Ac^- \qquad K_a = 1.75 \times 10^{-5}$$

$$NH_4^+ + H_2O \Longleftrightarrow H_3O^+ + NH_3 \qquad K_a = 5.5 \times 10^{-10}$$

则这三种酸的强度顺序是 $HCl > HAc > NH_4^+$。

在水溶液中，共轭酸碱对 HA 和 A^- 的离解常数 K_a 和 K_b 间的关系为：

$$K_a \cdot K_b = K_w$$

或

$$pK_a + pK_b = pK_w$$

式中，K_w 为水的离子积常数，25℃时，$K_w = 1.0 \times 10^{-14}$。

可见，酸的强度与其共轭碱的强度呈反比关系，酸越强（pK_a 越小），其共轭碱越弱（pK_b 越大）；反之亦然。

多元酸在水中分级电离，其水溶液中存在着多个共轭酸碱对。例如，三元酸 H_3A 根据其共轭关系可得出如下的关系式：

$$A^{3-} + H_2O \Longleftrightarrow HA^{2-} + OH^- \qquad K_{b1} = K_w/K_{a3}$$

$$HA^{2-} + H_2O \Longleftrightarrow H_2A^- + OH^- \qquad K_{b2} = K_w/K_{a2}$$

$$H_2A^- + H_2O \Longleftrightarrow H_3A + OH^- \qquad K_{b3} = K_w/K_{a1}$$

由此可见，多元酸 H_nA 最强的共轭碱 A^{n-} 的离解常数 K_{b1} 对应最弱的共轭酸 HA^{1-n} 的 K_{an}，碱的离解常数 K_{bn} 对应着最强的共轭酸 H_nA 的 K_{a1}。

1.2.2 酸碱滴定曲线

1.2.2.1 强酸（强碱）的滴定

强酸与强碱相互滴定的基本反应为：

$$H^+ + OH^- \rightleftharpoons H_2O$$

以 NaOH 标准溶液滴定 HCl 为例，设 HCl 的浓度 $c_{HCl} = 0.1mol/L$，体积 $V_{HCl} = 20.00mL$；NaOH 的浓度 $c_{NaOH} = 0.1mol/L$，滴定时加入的体积为 $V_{NaOH}(mL)$，则化学计量点为 $V_b = 20.00mL$。以 V_{NaOH} 为横坐标，以 pH 值为纵坐标作图，即可得到滴定曲线如图 1-1 所示。

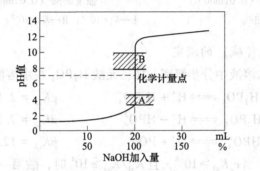

图 1-1　NaOH 溶液（0.1mol/L）滴定 20.00mL HCl 溶液（0.1mol/L）的滴定曲线

从滴定开始到加入 NaOH 溶液 19.98mL 时，溶液的 pH 值仅改变了 3.30 个 pH 值单位，而从 19.98~20.02mL，即在化学计量点前后 0.1% 范围内，溶液的 pH 值由 4.30 急剧增到 9.70，改变了 5.40 个 pH 值单位。这种在化学计量点附近加入少量标准溶液引起溶液 pH 值发生很大变化的现象称为滴定突跃，滴定突跃可作为判别滴定终点的标志。

1.2.2.2 一元弱酸（碱）的滴定

一元弱酸（碱）的滴定包括强酸滴定一元弱碱和强碱滴定一元弱酸。

以 NaOH 标准溶液滴定 HAc 为例说明，滴定反应式为：

$$NaOH + HAc \Longrightarrow H_2O + NaAc$$

其中，HAc 的 $K_a = 1.75 \times 10^{-5}$；$Ac^-$ 的 $K_b = 10^{-9.26}$。设用 0.1mol/L 的 NaOH 标准溶液滴定 0.1mol/L 的 HAc 溶液，HAc 溶液的初始体积为 20.00mL，则化学计量点为 $V_{NaOH} = 20.00mL$。以 V_{NaOH} 为横坐标，以 pH 值为纵坐标作图，即可得到滴定曲线如图 1-2 所示。按上述方法，也可作出其他弱酸的滴定曲线如图 1-3 所示。从图 1-2 和图 1-3 中可以看出，被滴定的酸越弱（K_a 越小），共轭碱的碱性越强，则滴定到化学计量点时溶液的 pH 值越高，突跃范围越小。突跃范围的大小不仅取决于弱酸的强度（K_a），还和其浓度 c_a 有关。当 c_a 和 K_a 较大时，滴定突跃范围就大；反之则小。一般来说，当 $c_aK_a \geq 10^{-8}$、滴定突跃（ΔpH）≥ 0.6 时，才能以强碱直接滴定。强酸滴定弱碱时，pH 值的变化情况可采用类似的方法处理。与强碱滴定弱酸比较，仅 pH 值的变化方向相反，突跃范围的大小取决于碱的强度及其浓度。

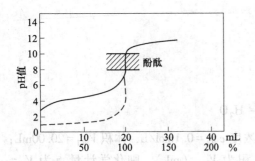

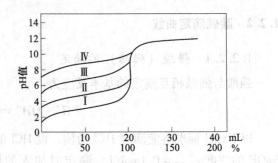

图 1-2   NaOH 溶液（0.01mol/L）滴定
20.00mL HAc 溶液（0.01mol/L）
的滴定曲线

图 1-3   NaOH 溶液（0.01mol/L）滴定不同
强度的酸（0.01mol/L）的滴定曲线
Ⅰ—K_a = 10^{-3}；Ⅱ—K_a = 10^{-5}；Ⅲ—K_a = 10^{-7}；Ⅳ—K_a = 10^{-9}

1.2.2.3   多元酸（碱）的滴定

常见的多元酸在水溶液中分步解离，如三元酸 H_3PO_4 在水溶液中分三步解离：

$$H_3PO_4 \rightleftharpoons H^+ + H_2PO_4^- \qquad pK_{a1} = 2.12$$

$$H_2PO_4^- \rightleftharpoons H^+ + HPO_4^{2-} \qquad pK_{a2} = 7.12$$

$$HPO_4^{2-} \rightleftharpoons H^+ + PO_4^{3-} \qquad pK_{a3} = 12.66$$

对多元酸的滴定，当 $c_a K_{a1} \geq 10^{-8}$，且 $K_{a1}/K_{a2} \geq 10^4$ 时，酸第一步解离的质子 H^+ 与碱作用，而第二步解离的 H^+ 可以忽略，在第一个化学计量点时出现 pH 值突跃。如果 $c_a K_{a2} \geq 10^{-8}$，且 $K_{a2}/K_{a3} \geq 10^4$ 时，酸第二步解离的质子 H^+ 与碱作用，而第三步解离的 H^+ 不同时作用，则又在第二个化学计量点附近出现第二个 pH 值突跃。若 $K_{a1}/K_{a2} < 10^4$ 时，两步中和反应交叉进行，即使是分步解离的两个质子 H^+ 也将同时被滴定，只有一个突跃。若 $c_a K_{a1} \geq 10^{-8}$，且 $c_a K_{a2} < 10^{-8}$ 则只能是酸第一步解离的质子 H^+ 被滴定，第二步离解的质子 H^+ 不能被滴定，形成一个突跃。图 1-4 为 NaOH 溶液滴定 H_3PO_4 溶液的滴定曲线，存在两个突跃点。

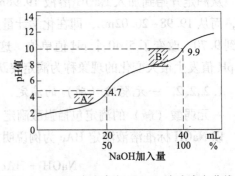

图 1-4   NaOH 溶液滴定 H_3PO_4 溶液滴定曲线
A—甲基橙；B—酚酞

多元碱分步滴定的方法和多元酸的滴定相似，只需要将 $c_a K_a$ 换成 $c_b K_b$ 即可。

1.2.3   酸碱滴定法的应用实例

NaOH 滴定二元弱酸：

现有未知浓度的草酸和亚磷酸溶液，已知草酸的 $pK_{a1} = 1.22$，$pK_{a2} = 4.19$，亚磷酸的 $pK_{a1} = 1.30$，$pK_{a2} = 6.60$，采用酸碱滴定的方法，分别测定这两个溶液中酸的浓度。

操作步骤如下：

（1）NaOH 溶液配置及浓度标定。称量 4.2g NaOH 固体，定溶于 100mL 容量瓶中，得 NaOH 标准溶液，其准确浓度采用邻苯二甲酸氢钾标定。操作方法为准确称取一定量的邻苯二甲酸氢钾基准物质于 100mL 烧杯，加入 20mL 水和两滴酚酞指示剂，用所配制 NaOH 标准溶液滴定，根据邻苯二甲酸氢钾的质量，滴定终点时消耗的 NaOH 溶液体积，利用下式计算得到 NaOH 浓度为 0.1008mol/L：

$$c_{NaOH} = \frac{1000 \times m_{邻苯二甲酸氢钾}(g)}{204.22 \times V_{NaOH}(mL)}$$

（2）未知酸浓度测定。准确移取 10mL 酸溶液于 100mL 烧杯，采用标准 NaOH 溶液滴定，绘制 pH 值随 NaOH 加入量的变化，如图 1-5 所示。由于草酸和亚磷酸都属于二元弱酸，为此，采用第二个突跃对应的 NaOH 体积分别计算两种酸的浓度，其中，滴定草酸消耗的 NaOH 体积为 16.00mL，滴定亚磷酸消耗的 NaOH 体积为 18.00mL，由此计算草酸浓度为 0.08064mol/L，亚磷酸浓度为 0.09072mol/L。

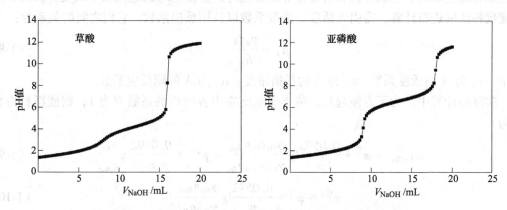

图 1-5　NaOH 溶液滴定草酸和亚磷酸溶液的滴定曲线

由这两张滴定曲线可以看出，草酸和亚磷酸都有两个突跃，但是由于草酸的 pK_{a1} 和 pK_{a2} 的差值小于 4，所以第一个突跃不明显，而亚磷酸的 pK_{a1} 和 pK_{a2} 的差值大于 4，第一个突跃明显，为此，可以根据第一个突跃对应 NaOH 体积计算亚磷酸浓度。

1.3　氧化还原滴定法

氧化还原滴定法是一种利用已知浓度的氧化剂（或还原剂），测定未知浓度的还原物（或氧化物）浓度的滴定方法。氧化还原滴定中，条件电位是滴定的基础，下面进行介绍。

1.3.1　条件电位及其影响因素

1.3.1.1　条件电位

物质的氧化还原性质可以用相关电对的电极电位表征。电对的电极电位越高，其氧化态（记作 Ox）的氧化能力越强，还原态（记作 Red）的还原能力越弱；电对的电极电位越低，其还原态的还原能力越强，氧化态的氧化能力越弱。氧化还原反应自发进行的方向，总是高电位电对的氧化态物质氧化低电位电对的还原态物质，生成新的还原态和氧化态物质。一个反应的完全程度由反应电对的电极电位差决定，物质相应电对的电极电位用电极电位方程式估算。

对于任一可逆的氧化还原电对，半电池反应表示为：

$$bOx + ne^- \rightleftharpoons cRed$$

式中，n 为电子转移数目。

当达到平衡时，电对的电极电位用能斯特方程式表示：

$$\varphi_{Ox} = \varphi_{Ox}^{\ominus} + \frac{0.0592}{n_1} \lg \frac{a_{Ox_1}}{a_{Red_1}} = \varphi_{Red} = \varphi_{Red}^{\ominus} + \frac{0.0592}{n_2} \lg \frac{a_{Ox_2}}{a_{Red_2}} \tag{1-7}$$

式中，$\varphi^{\ominus}$ 为标准电极电位；a_{Ox}，a_{Red} 分别为氧化态和还原态的活度。

在实际分析中，已知的是浓度而非活度。当溶液离子强度较大时，或者电对的氧化态和还原态发生解离、生成沉淀和络合物等副反应时，会使电对的电位发生改变。因此，用浓度代替活度进行计算，需引入活度、活度系数以及副反应系数。它们之间的关系为：

$$a_A = \frac{\gamma_A c_A}{\alpha_A} \tag{1-8}$$

式中，γ_A 为 A 的活度系数；c_A 为 A 的平衡浓度；α_A 为 A 的副反应系数。

实际的计算中，为了方便起见，将半电池反应中各物质的系数视为 1，则能斯特方程式为：

$$\varphi_{Ox/Red} = \varphi^{\ominus} + \frac{0.0592}{n} \lg \frac{\gamma_{Ox} c_{Ox} a_{Red}}{\gamma_{Red} c_{Red} a_{Ox}} = \varphi^{\ominus\prime} + \frac{0.0592}{n} \lg \frac{c_{Ox}}{c_{Red}} \tag{1-9}$$

$$\varphi^{\ominus\prime} = \varphi^{\ominus} + \frac{0.0592}{n} \lg \frac{\gamma_{Ox} a_{Red}}{\gamma_{Red} a_{Ox}} \tag{1-10}$$

式中，$\varphi^{\ominus\prime}$ 为条件电极电位。

条件电极电位是在离子强度以及副反应存在的条件下，氧化态和还原态的分析浓度均为 1mol/L 时的实际电位。区别于标准电极电位 $\varphi^{\ominus}$，它仅在一定条件下为常数，因此称为条件电极电位，它是实际滴定过程反应程度计算的依据。

由式（1-10）可知，条件电极电位与电对中氧化态、还原态的活度系数以及副反应系数相关；其中，活度系数主要与溶液的离子强度相关，而副反应与络合反应、沉淀反应等相关。

1.3.1.2　氧化还原反应的进行程度

氧化还原反应的进行程度通常用平衡常数衡量，平衡常数越大，反应进行得越完全。对于氧化还原反应：

$$bOx_1 + cRed_2 \rightleftharpoons bRed_1 + cOx_2$$

反应达到平衡时，两电对电极电位相等，则：

$$\varphi_{Ox} = \varphi_{Ox}^{\ominus} + \frac{0.0592}{n_1} \lg \frac{a_{Ox_1}}{a_{Red_1}} = \varphi_{Red} = \varphi_{Red}^{\ominus} + \frac{0.0592}{n_2} \lg \frac{a_{Ox_2}}{a_{Red_2}}$$

两边同乘以 n_1 与 n_2 的最小公倍数 n（$n_1 = n/b$，$n_2 = n/c$）经整理得：

$$\lg \frac{a_{Red_1}^b a_{Ox_2}^c}{a_{Ox_1}^b a_{Red_2}^c} = \frac{n(\varphi_{Ox}^{\ominus} - \varphi_{Red}^{\ominus})}{0.0592} = \lg K \tag{1-11}$$

式中，K 为反应平衡常数（热力学常数）；n 为反应中电子转移数 n_1 与 n_2 的最小公倍数。

若考虑溶液中各种副反应的影响，以相应的条件电位代入式（1-11），相应的活度也以总浓度代替，即得条件平衡常数 K'：

$$\lg K' = \lg \frac{a_{Red_1}^b a_{Ox_2}^c}{a_{Ox_1}^b a_{Red_2}^c} = \frac{n(\varphi_{Ox}^{\ominus '} - \varphi_{Red}^{\ominus '})}{0.0592} \tag{1-12}$$

式（1-12）表明，氧化还原两电对的条件电位差越大，条件平衡常数 K' 值就越大，反应向右进行就越完全。

1.3.2 氧化还原滴定

滴定曲线：在氧化还原滴定过程中，氧化剂和还原剂浓度发生改变，有关电对的电极电位也随之改变，所以氧化还原滴定曲线通常是以反应电对的电极电位为纵坐标，以加入滴定剂的体积或百分数为横坐标绘制，如图1-6所示。

可以看出，电位滴定曲线和酸碱滴定曲线类似，存在突跃范围，电位突跃范围的大小与反应电对条件电位差有关，条件电位差越大，滴定突跃范围越大。该突跃范围越大，反应越完全，越便于指示剂指示终点，滴定越易准确。

此外，当溶液中含有两个或多个组分可被滴定剂滴定时，如果它们的条件单位十分接近，只

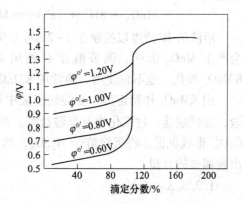

图1-6 Ce^{4+} 滴定4种不同还原剂的滴定曲线

能测出它们的总量；如果彼此相差为 $0.2 \sim 0.3V$，滴定曲线上可出现两个或多个阶梯状的突跃。如果有合适的指示剂（或用电位滴定法）能分别确定各个终点，则可分别测定各组分的含量。

由于氧化还原滴定反应过程复杂，因此氧化还原滴定曲线多是通过实验测得。对于简单体系，也可以利用电对的能斯特方程式计算理论滴定曲线。

1.3.3 氧化还原滴定法的应用实例

氧化还原滴定法有碘量法、高锰酸钾法、高碘酸钾法、亚硝酸钠法、重铬酸钾法、铈量法、溴酸钾法及溴量法等。本节以碘量法和高锰酸钾法为例进行介绍。

1.3.3.1 碘量法

碘量法是利用 I_2 的氧化性或 I^- 的还原性，进行氧化还原滴定的方法。它的半电池反应为：

$$I_2(s) + 2e^- \rightleftharpoons 2I^- \qquad \varphi = 0.5345V \tag{1-13}$$

固体 I_2 在水中的溶解度很小，又易挥发，通常将 I_2 溶解于 KI 溶液中，使 I_2 以络离子 I_3^- 形式存在，从而增大溶解度。相应的半电池反应为：

$$I_3^- + 2e^- \rightleftharpoons 3I^- \qquad \varphi = 0.5355V \tag{1-14}$$

这两个标准电极电位很接近，为了简便并突出化学计量关系，通常仍使用式（1-13）。I_2/I^- 电对的标准电极电位大小适中，碘量法既可测定还原剂，又可测定氧化剂。碘量

法测定有直接碘量法、剩余碘量法和置换碘量法。I_2 可作为自身指示剂，用于指示直接碘量法的终点。碘量法中应用最多的是淀粉指示剂。淀粉溶液遇 I_2 显深蓝色，反应可逆且极灵敏，对于直接碘量法，当酸度不高时，可于滴定前加入；间接碘量法则必须在临近终点时加入，因为当溶液中存在大量 I_2 时，I_2 被淀粉表面牢固吸附，不易与还原剂立即作用，致使终点"迟钝"。

1.3.3.2 高锰酸钾法

$KMnO_4$ 的氧化能力与溶液的酸度有关，它在酸性溶液中能被还原成二价锰，是一种强氧化剂。

$$MnO_4^- + 8H^+ + 5e^- \rightleftharpoons Mn^{2+} + 4H_2O \qquad \varphi_{MnO_4^-/Mn^{2+}}^{\ominus} = 1.51V$$

溶液的 H^+ 浓度以控制在 $1 \sim 2mol/L$ 为宜。酸度过高，会导致 $KMnO_4$ 分解；酸度过低，会产生 MnO_2 沉淀。调节酸度必须用 H_2SO_4。HNO_3 有氧化性，不宜使用；HCl 可被 $KMnO_4$ 氧化，也不宜使用。通常用 $KMnO_4$ 作为自身指示剂指示终点。

用 $KMnO_4$ 作滴定剂，在酸性溶液中可直接测定一些还原性物质，如亚铁盐、亚砷酸盐、亚硝酸盐、过氧化物及草酸盐等。此外，Ca^{2+}、Ba^{2+}、Zn^{2+}、Cd^{2+} 等金属盐，可使之与 $C_2O_4^{2-}$ 形成沉淀，将沉淀溶于 H_2SO_4，然后用 $KMnO_4$ 标准溶液滴定置换出 $H_2C_2O_4$，可测出金属盐的含量。

1.3.3.3 示例

A 焦亚硫酸钠的含量测定

焦亚硫酸钠（$Na_2S_2O_3$）是药用辅料、抗氧化剂，具有还原性。测定时在弱酸性条件下，用 I_2 将 $S_2O_5^{2-}$ 氧化为 SO_4^{2-}，待反应完全后，用 $Na_2S_2O_3$ 标准溶液滴定剩余的 I_2。反应式如下：

$$2I_2 + S_2O_5^{2-} + 3H_2O \rightleftharpoons 2SO_4^{2-} + 4I^- + 6H^+$$
$$I_2 + 2S_2O_3^{2-} \rightleftharpoons S_4O_6^{2-} + 2I^-$$

操作步骤：取焦亚硫酸钠约 $0.15g$，准确称取，置碘量瓶中，准确加入 I_2 溶液 $50mL（0.05mol/L）$，密塞，振摇溶解后，加盐酸 $1mL（1mol/L）$，用 $Na_2S_2O_3$ 标准溶液（$0.1mol/L$）滴定，至临近终点时，加淀粉指示剂 $2mL$，继续滴定到蓝色消失，同时做空白滴定。

I_2 标准溶液可采用已知浓度的 $Na_2S_2O_3$ 溶液标定，也可用基准物 As_2O_3 进行标定。As_2O_3 难溶于水，可先溶于 $NaOH$ 溶液，生成亚砷酸钠，然后用酸中和过量的碱。通常利用加入 $NaHCO_3$ 使滴定溶液保持在 pH 值为 8 左右。标定反应式为：

$$HAsO_2 + I_2 + 2H_2O \rightleftharpoons HAsO_4^{2-} + 2I^- + 4H^+$$

B 铬铜中铬含量的测定

为测定铬铜合金中铬的含量，采用硝酸溶解合金样品，然后用高氯酸加热将所有的铬氧化为 $Cr_2O_7^{2-}$，再以 N-苯基邻氨基苯甲酸为指示剂，采用硫酸亚铁铵标准溶液定铬的浓度。反应式如下：

$$6Fe^{2+} + Cr_2O_7^{2-} + 14H^+ \rightleftharpoons 2Cr^{3+} + 7H_2O$$

操作步骤：称取铬铜合金 $0.15g$ 于 $150mL$ 锥形瓶，滴加 $6mol/L$ 硝酸，加热至样品停止反应。加入高氯酸，加热进一步溶解并氧化铬。加入 $2mol/L$ 硫酸-$2mol/L$ 磷酸的混酸溶液 30mL，用硫酸亚铁铵标准溶液滴定至黄色变浅，加入 N-苯基邻氨基苯甲酸为指示剂 3 滴，继续滴定至紫色变成亮绿色为终点。

1.4 络合滴定法

络合滴定法（compleximetry titration）是以络合反应为基础的滴定分析法。金属离子与络合剂反应可生成简单络合物或螯合物。有机络合剂分子中常含有多个络合能力较强的原子，与金属离子络合时形成稳定性高的具有环状结构的螯合物，且络合比固定，反应完全程度高，符合滴定分析对反应的要求，因此在络合滴定中得到了广泛应用。

目前应用最为广泛的有机络合剂是乙二胺四乙酸（ethylenediamine tetraacetic acid，EDTA）等氨羧络合剂。氨羧络合剂分子中含有多个氨基氮和羧基氧原子，易与金属离子形成稳定的络合物，又称为螯合物（chelate compound），其立体构型如图 1-7 所示。可以看出，EDTA 与金属离子形成的络合物立体结构中具有多个五元环。EDTA 与大多数金属离子生成的络合物稳定性高，络合比简单，一般都是 1∶1；络合反应速率快，大多易溶于水且为无色。这些都给络合滴定分析提供了有利条件。本节主要讨论 EDTA 滴定法。

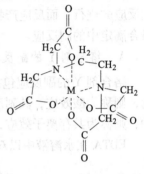

图 1-7 EDTA-M 络合物的立体结构

1.4.1 基本原理

1.4.1.1 EDTA 络合物的稳定常数

金属离子（M）与 EDTA（Y）的反应通式为：

$$M + Y \rightleftharpoons MY（为简化，省去电荷）$$

反应的平衡常数 K_{MY} 的表达式为：

$$K_{MY} = \frac{[MY]}{[M][Y]} \tag{1-15}$$

式中，K_{MY} 为一定温度时金属-EDTA 络合物（MY）的稳定常数。

常见金属离子与 EDTA 络合物的稳定常数（$\lg K_{MY}$）见表 1-1。

表 1-1 EDTA 络合物的稳定常数的对数值

金属离子	$\lg K_{MY}$	金属离子	$\lg K_{MY}$	金属离子	$\lg K_{MY}$
Na^+	1.66	Fe^{2+}	14.32	Cu^{2+}	18.80
Li^+	2.79	Al^{3+}	16.30	Sn^{2+}	18.3
Ag^+	7.32	Co^{2+}	16.31	Hg^{2+}	21.7
Ba^{2+}	7.78	Cd^{2+}	16.46	Bi^{3+}	27.8
Mg^{2+}	8.79	Zn^{2+}	16.50	Cr^{3+}	23.4
Ca^{2+}	10.69	Pb^{2+}	18.30	Fe^{3+}	25.1
Mn^{2+}	13.87	Ni^{2+}	18.56	Co^{3+}	41.4

1.4.1.2 副反应系数

络合滴定中所涉及的化学平衡比较复杂，除了被测金属离子 M 与滴定剂（络合剂）Y

之间的主反应外，还存在多种副反应。总的平衡关系表示如下：

　　很明显，这些副反应的发生都将对主反应产生影响。反应物 M、Y 发生副反应不利于主反应的进行；而反应产物也就是络合物 MY 发生副反应有利于主反应的进行。下面讨论络合滴定中的副反应。

A　络合剂 Y 的副反应系数（α_Y）

　　络合剂 Y 的副反应包括酸效应和共存离子效应。如果副反应主要是由溶液中 H^+ 产生的，则称为酸效应，其副反应系数用 $\alpha_{Y(H)}$ 表示；若是由与其他共存金属离子 N 反应产生的，则称为共存离子效应，其副反应系数用 $\alpha_{Y(N)}$ 表示。

　　EDTA 在水溶液中以双偶极离子结构存在，其结构式为：

　　H_4Y 的两个羧酸根可再接受 H^+ 形成 H_6Y^{2+}，相当于一个六元酸，对应的酸离解常数 pK_1、pK_2、pK_3、pK_4、pK_5 和 pK_6 依次为 0.9、1.6、2.0、2.67、6.16 和 10.26。因此，EDTA 在水溶液中有 H_6Y^{2+}、H_5Y^+、H_4Y、H_3Y^-、H_2Y^{2-}、HY^{3-} 和 Y^{4-} 共 7 种型体存在，其中与金属离子络合的只有 Y^{4-}。一般用 $[Y]$ 表示 Y^{4-} 的浓度；用 $[Y']$ 表示 EDTA 未与 M 络合的各种型体的总浓度：

$$[Y'] = [Y^{4-}] + [HY^{3-}] + [H_2Y^{2-}] + [H_3Y^-] + [H_4Y] + [H_5Y^+] + [H_5Y^+]$$

$$(1\text{-}16)$$

　　显然，当溶液酸度降低时，有利于 Y^{4-} 的形成，即有利于生成 MY 的主反应。假设由酸效应产生的副反应系数为 $\alpha_{Y(H)}$，则

$$\alpha_{Y(H)} = [Y']/[Y]$$

$$= \frac{[Y^{4-}] + [HY^{3-}] + [H_2Y^{2-}] + [H_3Y^-] + [H_4Y] + [H_5Y^+] + [H_6Y^{2+}]}{[Y^{4-}]} \qquad (1\text{-}17)$$

　　根据式（1-17）中各种型体解离常数的定义，可导出：

$$\alpha_{Y(H)} = 1 + \frac{[H^+]}{K_6} + \frac{[H^+]^2}{K_6 K_5} + \frac{[H^+]^3}{K_6 K_5 K_4} + \frac{[H^+]^4}{K_6 K_5 K_4 K_3} +$$

$$\frac{[H^+]^5}{K_6 K_5 K_4 K_3 K_2} + \frac{[H^+]^6}{K_6 K_5 K_4 K_3 K_2 K_1} \qquad (1\text{-}18)$$

　　当 $\alpha_{Y(H)} = 1$ 时，$[Y'] = [Y]$，表示 EDTA 未发生副反应，全部以 Y^{4-} 形式存在。$\alpha_{Y(H)}$ 越大，表示副反应越严重。由式（1-18）可见，$\alpha_{Y(H)}$ 是 $[H^+]$ 的函数，其值随着 $[H^+]$

增大而增大，将不同 pH 值代入式（1-18），便可求得任意 pH 值时的酸效应系数 $\alpha_{Y(H)}$，见表 1-2。

表 1-2　EDTA 在不同 pH 值时的酸效应系数

pH 值	$\lg\alpha_{Y(H)}$	pH 值	$\lg\alpha_{Y(H)}$	pH 值	$\lg\alpha_{Y(H)}$
0.0	23.64	4.5	7.50	9.0	1.28
0.5	20.75	5.0	6.45	9.5	0.83
1.0	18.01	5.5	5.51	10.0	0.45
1.5	15.55	6.0	4.65	10.5	0.20
2.0	13.51	6.5	3.92	11.0	0.07
2.5	11.90	7.0	3.32	11.5	0.02
3.0	10.63	7.5	2.78	12.0	0.01
3.5	9.48	8.0	2.27	13.0	0.0008
4.0	8.44	8.5	1.77	13.9	0.0001

共存离子效应指溶液中存在其他金属离子 N 时，由于生成络合物 NY，Y 参加主反应的能力降低。影响的程度用共存离子效应系数 $\alpha_{Y(N)}$ 表示。

由于 Y 与 N 副反应的平衡常数 $K_{NY} = \dfrac{[NY]}{[N][Y]}$，共存离子效应系数 $\alpha_{Y(N)}$ 按式（1-19）计算：

$$\alpha_{Y(N)} = \frac{[Y] + [NY]}{[Y]} = 1 + \frac{[N][Y]K_{NY}}{[Y]} = 1 + [N]K_{NY} \tag{1-19}$$

由式（1-19）可知，EDTA 与其他金属离子 N 的副反应系数 $\alpha_{Y(N)}$ 取决于干扰离子 N 的浓度以及 N 与 EDTA 的稳定常数 K_{NY}。

由于 EDTA 与 H^+ 及 N 将同时发生副反应，则总的副反应系数 α_Y 可用式（1-20）计算：

$$\alpha_Y = \frac{[Y']}{[Y]} = \frac{[Y] + [HY] + [H_2Y] + [H_3Y] + [H_4Y] + [H_5Y] + [H_6Y] + [NY]}{[Y]}$$

$$= \frac{[Y] + [HY] + [H_2Y] + [H_3Y] + [H_4Y] + [H_5Y] + [H_6Y] + [NY] + [Y] - [Y]}{[Y]}$$

$$= \alpha_{Y(H)} + \alpha_{Y(N)} - 1 \tag{1-20}$$

当 $\alpha_{Y(H)}$ 与 $\alpha_{Y(N)}$ 相差较大时，可以忽略副反应系数小的一项。例如 $\alpha_{Y(H)} = 10^5$，$\alpha_{Y(N)} = 10^2$，则可视 $\alpha_Y \approx \alpha_{Y(H)}$，即主要考虑酸效应系数，反之亦然。

B　金属离子 M 的副反应系数（α_M）

金属离子 M 的副反应包括金属离子 M 和溶液中可能存在的其他络合剂（L）的络合反应，以及金属离子本身的水解反应。

络合效应是指由于其他络合剂 L 的存在，L 与 M 发生副反应，导致金属离子 M 与络合剂 Y 的主反应能力降低的现象。络合效应的大小用络合效应系数 $\alpha_{M(L)}$ 衡量。

根据可能生成的络合物 ML_n 的络合平衡关系以及累积稳定常数的定义，可推导 $\alpha_{M(L)}$

的计算公式：

$$\alpha_{M(L)} = \frac{[M']}{[M]} = \frac{[M] + [ML] + [ML_2] + \cdots + [ML_n]}{[M]}$$

$$= 1 + \beta_1[L] + \beta_2[L]^2 + \cdots + \beta_n[L]^n \qquad (1\text{-}21)$$

式中，[M] 为游离金属离子浓度；[M'] 为未与 Y 络合的金属离子各种型体的总浓度；β_1，$\cdots$，β_n 为累积稳定常数。

式 (1-21) 说明，$\alpha_{M(L)}$ 的大小与共存的其他络合剂浓度及其络合能力有关，$\alpha_{M(L)}$ 越大，表明金属离子与络合剂 L 的络合反应越完全，即副反应越严重。L 可以是滴定时所需的缓冲剂，如 $NH_4Cl\text{-}NH_3$ 缓冲液中的 NH_3 分子，也可以是为了防止金属离子水解所加的辅助络合剂，也可以是为了消除干扰而加的掩蔽剂。在高 pH 值下滴定金属离子时，OH^- 与 M 形成金属羟基络合物，L 代表 OH^-。若体系中同时存在 P 种物质与金属离子发生副反应，则金属离子总的副反应系数为：

$$\alpha_M = \alpha_{M(L_1)} + \alpha_{M(L_2)} + \cdots + (1 - P)$$

α_M 与 α_Y 一样，可根据实际情况进行简化处理。

C　络合物 MY 的副反应系数

络合物的副反应主要与溶液 pH 值有关。MY 在酸度较高的溶液中生成酸式络合物 MHY，在碱度较高溶液中生成碱式络合物 MOHY。由于 MHY 和 MOHY 大多不太稳定，对络合滴定影响很小，可忽略不计，即将 α_{MY} 近似作为 1，$[MY] \approx [MY']$。

1.4.1.3　条件稳定常数

如前所述，在没有副反应发生时，金属离子 M 与络合剂 EDTA 的反应进行程度可用稳定常数 K_{MY} 表示。K_{MY} 值越大，络合物越稳定。但是在实际滴定中，由于受到副反应的影响，K_{MY} 值已不能反映主反应进行的程度。因为这时未参与主反应的金属离子有多种型体，应当用这些型体浓度的总和 [M'] 表示未与 EDTA 发生络合反应的金属离子浓度。同样，未参加主反应的滴定剂浓度应当用 [Y'] 表示，所形成的络合物也应当用总浓度 [MY'] 表示。这样在有副反应发生时，主反应进行的程度用条件络合稳定常数表示为：

$$K'_{MY} = \frac{[MY']}{[M'][Y']}$$

式中，K'_{MY} 为条件稳定常数 (conditional stability coefficient)。

由于 $[M'] = \alpha_M[M]$，$[Y'] = \alpha_Y[Y]$，$[MY'] = \alpha_{MY}[MY]$，因此

$$K'_{MY} = \frac{\alpha_{MY}[MY]}{\alpha_M[M'] \cdot \alpha_Y[Y]} = K_{MY} \frac{\alpha_{MY}}{\alpha_M \alpha_Y}$$

以对数的形式表示为：

$$\lg K'_{MY} = \lg K_{MY} - \lg \alpha_M - \lg \alpha_Y \qquad (1\text{-}22)$$

在确定的实验条件下，α_M、α_Y 为定值，因此 K'_{MY} 在一定条件下是常数，是考虑了副反应影响因素后的实际稳定常数。根据络合反应的条件可计算副反应系数 α，从而算出条件稳定常数 K'_{MY}。

1.4.1.4　络合滴定曲线

络合滴定曲线描述络合滴定过程中金属离子或 EDTA 浓度的变化规律。若被滴定的是

金属离子，则随着 EDTA 的加入，金属离子浓度不断减小，在化学计量点附近时，溶液的 pM′ 值（$-\lg[M']$）发生突变，产生滴定突跃。因此，选用适当的指示剂可以指示滴定终点。

由图 1-8 可见，条件稳定常数和被滴定金属离子的浓度 c_M 是影响滴定突跃大小的因素。当浓度一定时，K'_{MY} 越大，滴定突跃越大；当 K'_{MY} 一定时，金属离子的浓度越低，滴定曲线的起点越高，滴定突跃随之减小。

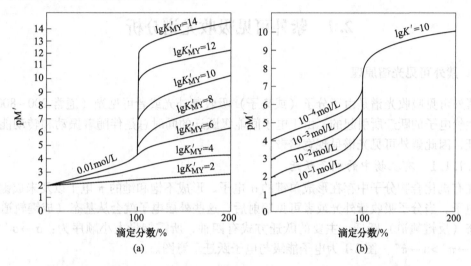

图 1-8 不同 $\lg K'_{MY}$（a）和不同金属离子浓度（b）条件下的络合滴定曲线

1.4.2 应用与示例

用 EDTA 滴定锌焙砂浸出液中锌的浓度

溶解步骤：准确称取锌焙砂 5g，放入盛有 400mL 100g/L 的硫酸溶液的烧杯中，加热浸出，分析溶解过程中锌浓度随时间的变化。

分析步骤：吸取浸出液 2~3mL 于 250mL 锥形瓶中，加水稀释至 100mL，加氨水 10mL 摇匀，缓慢加入 4mL H_2O_2，加热微沸，趁热过滤，滤纸用水洗涤，滤液加入 1g 氯化铵后赶氨除 H_2O_2，必须赶氨到溶液无氨味，体积大约控制在 30~40mL，加热过程必须不断摇动锥形瓶，锥形瓶冷却至室温后，加入甲基橙 2 滴，若指示颜色为黄色，用 1:1 盐酸调节至刚好变红为止，然后用 1:1 氨水滴至刚变为黄色，并过量 1 滴，加入维生素 C 溶液 5mL，加入 KF 溶液 5mL（掩蔽少量铁和铝），饱和的硫脲 5mL（掩蔽铜），HAc-NaAc 缓冲液 20mL，二甲酚橙溶液 1~2 滴，用 EDTA 标准溶液滴定至溶液由紫色变为亮黄色为终点。

浸出液中锌的质量 m_1/g 为：

$$m_1 = \frac{65.38 c_1 V_1}{1000} = \frac{65.38 c_{EDTA} V_{EDTA} V_1}{1000 V_0}$$

式中，c_1 为滤液中锌浓度，mol/L；V_1 为滤液体积，mL；c_{EDTA} 为 DETA 标准溶液浓度，mol/L；V_{EDTA} 为消耗 DETA 溶液的体积，mL；V_0 为滴定时所取溶液的体积，mL。

则锌的浸出率为 $\eta = m_1/m_0$，其中 m_0 为焙砂中锌的质量，g。

2 光谱分析

2.1 紫外可见吸收光谱分析

2.1.1 紫外可见光谱原理

紫外可见吸收光谱是由于分子（或离子）吸收紫外光或者可见光（通常 200~800nm）后发生价电子的跃迁所引起的。由于电子间能级跃迁的同时总是伴随着振动和转动能级间的跃迁，因此紫外可见光谱呈现宽谱带。

2.1.1.1 有机物中的电子跃迁

在有机化合物分子中存在形成单键的 σ 电子、形成不饱和键的 π 电子以及未成键的孤对 n 电子。当分子吸收紫外光或者可见辐射后，这些外层电子就会从基态（成键轨道）向激发态（反键轨道）跃迁，主要的跃迁方式有四种，所需能量大小顺序为：σ→σ*>n→σ*>π→π*>n→π*。图 2-1 为电子能级与电子跃迁示意图。

图 2-1　电子能级与电子跃迁示意图

2.1.1.2 无机物中的电子跃迁

无机化合物的紫外可见光吸收主要是由电荷转移跃迁和配位场跃迁产生。

电荷转移跃迁：无机络合物中心离子和配体之间发生电荷转移：

$$M^{n+} - L^{b-} \xrightarrow{h\nu} M^{(n-1)+} - L^{(b-1)-} \tag{2-1}$$

式（2-1）的中心离子（M）为电子受体，配体（L）为电子给体。不少过渡金属离子和含有生色团的试剂反应生成的络合物以及许多水合无机离子均可产生电荷转移跃迁。

配位场跃迁：元素周期表中第 4 和第 5 周期过渡元素分别含有 3d 和 4d 轨道，镧系和锕系元素分别有 4f 和 5f 轨道。这些轨道能量通常是简并（相等）的，但是在络合物中，由于配体的影响分裂成了几组能量不等的轨道。若轨道是未充满的，当吸收光子后，电子会发生跃迁，分别称为 d-d 跃迁和 f-f 跃迁。

2.1.2 紫外可见分光光度计结构

各种型号的紫外可见分光光度计，就其基本结构来说，都是由 5 个部分组成

（图2-2），即光源、单色器、样品池、检测器和信号检测系统。

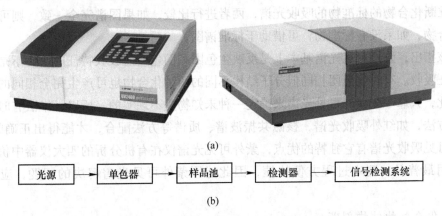

图 2-2 紫外可见分光光度计实物图（a）与基本结构示意图（b）

（1）光源：对光源的基本要求是应在仪器操作所需的光谱区域内能够发射连续辐射，有足够的辐射强度和良好的稳定性，而且辐射能量随波长的变化应尽可能小。分光光度计中常用的光源有热辐射光源和气体放电光源两类。热辐射光源用于可见光区，如钨丝灯和卤钨灯；气体放电光源用于紫外光区，如氢灯和氘灯。

（2）单色器：单色器是能从光源辐射的复合光中分出单色光的光学装置，其主要功能是产生光谱纯度高的波长且波长在紫外可见光区域内任意可调。单色器一般由入射狭缝、准光器（透镜或凹面反射镜使入射光成平行光）、色散元件、聚焦元件和出射狭缝等几部分组成。其核心部分是色散元件，起分光的作用。

（3）样品池：样品池用于盛放分析试样，一般有石英和玻璃材料两种。石英池适用于可见光区及紫外光区，玻璃吸收池只能用于可见光区。为减少光的损失，吸收池的光学面必须完全垂直于光束方向。

（4）检测器的功能是检测光信号、测量单色光透过溶液后光强度变化的一种装置。常用的检测器有光电池、光电管和光电倍增管等，它们通过光电效应将照射到检测器上的光信号转变成电信号。对检测器的要求是：在测定的光谱范围内具有高的灵敏度；对辐射能量的响应时间短，线性关系好；对不同波长的辐射响应均相同，且可靠；噪声水平低、稳定性好等。

（5）信号检测系统：它的作用是放大信号并以适当方式指示或记录下来，常用的信号指示装置有直读检流计、电位调节指零装置以及数字显示或自动记录装置等。很多型号的分光光度计装配有微处理机，一方面可对分光光度计进行操作控制，另一方面可进行数据处理。

2.1.3 紫外可见分光光度计的应用

2.1.3.1 定性分析

A 定性鉴定

不同化合物往往在吸收峰的形状、数目、位置和相应的摩尔吸光系数等方面表现出特征性，是定性鉴定的光谱依据。通常在相同的测量条件（溶剂、pH 值等）下，测定未知物与所推断化合物的标准物的吸收光谱，两者进行比较，如果图谱完全一致，则可认为是同一化合物，如果没有标准物，可借助于标准谱图。

应该指出，紫外可见光谱基本上是反映生色团和助色团的吸收特征的，而不是整个分子的特征吸收。有时生色团相同但分子结构不同的两种化合物也可产生完全相同的吸收光谱，因此，只靠一个紫外可见光谱来确定一种未知物是不现实的。所以，本法有时还必须与其他方法，如红外吸收光谱、核磁共振波谱、质谱等方法配合，才能得出正确的结论。但紫外可见吸收光谱有它独特的优点，紫外可见光谱仪在有机分析的四大仪器中价格最廉因而应用最普及，测定过程方便快捷，因此能用紫外可见光谱解决的问题，应尽量利用它。

B 化合物的结构判断

如果某一化合物的紫外可见光谱在 220~800nm 范围内没有吸收带，则可以判断该化合物可能是饱和的直链烃、脂环烃或其他饱和的脂肪族化合物或只含 1 个双键的烯烃等；若化合物只在 250~350nm 有弱的吸收带（$\varepsilon = 10 \sim 100 L/(mol \cdot cm)$），则该化合物往往含有 $n \rightarrow \pi^*$ 跃迁的基团，如羰基、硝基等；若化合物在 210~250nm 范围有强吸收带（$\varepsilon \geqslant 10^4 L/(mol \cdot cm)$），这是 K 吸收带的特征，则该化合物可能含有共轭双键，如在 260~300nm 范围有强吸收带，表明该化合物有 3 个或 3 个以上共轭双键；若化合物在 250~300nm 范围有中等强吸收带（$\varepsilon = 10^3 \sim 10^4 L/(mol \cdot cm)$），这是苯环 B 吸收带的特征，则化合物往往含有苯环。

C 化合物构型的判断

（1）顺反异构体判别：一般某一化合物的反式异构体的 λ_{max} 和 ε_{max} 值相应地比顺式异构体的大。例如 1,2-二苯乙烯的两种异构体为：

λ_{max}=295.5nm
ε=29000L/(mol·cm)
反式

λ_{max}=280nm
ε=10500L/(mol·cm)
顺式

在反式异构体中，由于苯环和烯键处于同一平面，$\pi \rightarrow \pi^*$ 跃迁共轭作用比较完全，电子的非定域性较大，受的束缚力较小，使实现 $\pi \rightarrow \pi^*$ 跃迁所需的能量降低，故吸收波较长，ε_{max} 较大；而在顺式异构体中，由于位阻效应而影响平面性，使共轭程度降低，实现 $\pi \rightarrow \pi^*$ 跃迁所需的能量较高，因而 λ_{max} 和 ε_{max} 变小。

（2）互变异构体判别：某些化合物在溶液中存在互变异构体现象，例如乙酰乙酸乙酯的酮式和烯醇式间的互变异构体为：

$$H_3C-\overset{\overset{O}{\|}}{C}-\overset{\overset{}{H}}{\underset{}{C}}-\overset{\overset{O}{\|}}{C}-OC_2H_5$$

$$H_3C-\overset{\overset{OH}{|}}{\underset{}{C}}=\overset{}{C}-\overset{\overset{O}{\|}}{C}-OC_2H_5$$

在酮式中两个 C═O 双键未共轭，而烯醇式中两个双键（C═O 和 C═C）共轭，因而它们的 $\lambda_{max}(\varepsilon_{max})$ 分别为 204nm（110L/(mol·cm)）和 245nm(18000L/(mol·cm))。

2.1.3.2 定量分析

朗伯-比尔定律是描述溶液浓度、液层厚度与吸光度之间关系的定律，它是吸收光谱分析的依据和基础。其数学表达式如下：

$$A = \lg(1/T) = kbc \tag{2-2}$$

$$T = \frac{I_t}{I_0} \tag{2-3}$$

式中，A 为吸光度；T 为透射比（透光度），是出射光强度（I_t）与入射光强度（I_0）的比值；k 为摩尔吸光系数，它与吸收物质的性质及入射光的波长 λ 有关；c 为吸光物质的浓度，mol/L；b 为吸收层厚度，cm。

（1）标准曲线法：标准曲线法是在定量分析中用得最多的一种方法。具体做法是：配制一系列不同含量的标准溶液，以不含被测组分的空白溶液为参比，在相同条件下测定标准溶液的吸光度，绘制吸光度-浓度曲线，这种曲线就是标准曲线（又称工作曲线）。在相同条件下测定未知试样的吸光度，从标准曲线上就可找到与之对应的未知试样的浓度。在建立这一方法时，首先要确定符合朗伯-比尔定律的浓度范围，即线性范围，定量测定一般都在线性范围内进行。

（2）标准对比法：在相同条件下测定未知溶液的吸光度和某一浓度的标准溶液的吸光度 A_x 和 A_s，由标准溶液的浓度 c_s 可计算出未知溶液的浓度 c_x。

$$A_s = kc_s，\quad A_x = kc_x，\quad c_x = \frac{c_s A_x}{A_s} \tag{2-4}$$

这种方法比较简便，但是只有在测定的浓度范围内溶液完全遵守朗伯-比尔定律，并且 c_s 和 c_x 很接近时，才能得到较为准确的结果。

2.1.4 紫外可见光谱分析实例

2.1.4.1 苹果酸浸出 LiCoO₂ 时浸出液的紫外-可见光谱

由图 2-3 可知，随着浸出时间的增加，浸出液中 Co^{3+} 及 Co^{2+} 的浓度均会发生相应变化。通常，Co^{3+} 和 Co^{2+} 波长的最大吸收峰分别出现在 350nm 和 512nm 处，可见，浸出开始 40min 内，Co^{3+} 占比相对较大；而后，Co^{2+} 的最大吸收峰出现并逐渐增大；最后，Co^{2+} 占比较大成为主要的存在形式。分析其原因，在于随着浸出的不断推进，Co^{3+} 不断地被还原成 Co^{2+}。

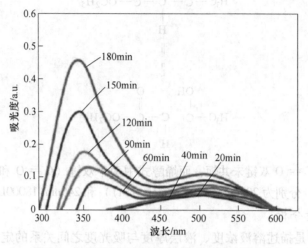

彩图请扫码

图 2-3   钴酸锂材料浸出液中钴离子含量的变化

2.1.4.2   乙二醇（EG）-氯化胆碱（CHCl）低共熔溶剂浸出三元正极材料时浸出液的紫外光谱图

图 2-4 中显示了不同温度下利用乙二醇（EG）-氯化胆碱（CHCl）低共熔溶剂浸出三元正极材料 24h 后，浸出液的颜色变化及紫外可见光谱。在温度从高到低的变化中，浸出后溶液的颜色由浅到深。所有光谱均在 630nm、667nm 和 696nm 处有吸收峰，这些吸收峰可以与 $[CoCl_4]^{2-}$ 的吸收峰对应。表明钴在该低共熔溶剂中主要是以 $[CoCl_4]^{2-}$ 的形式存在。

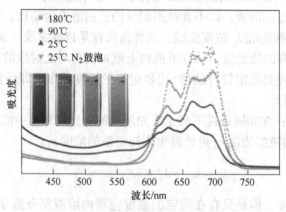

彩图请扫码

图 2-4   DES 浸出后紫外光谱图像

2.1.4.3   利用紫外-可见光谱测定 Co^{2+} 标准曲线

由于 Co^{2+} 能与 4-2（吡啶偶氮）间苯二酚（PAR）形成稳定络合物，并且颜色变化明显，因此在利用分光光度法测量 Co^{2+} 时，常利用 PAR 作为显色剂。在一定浓度范围内，其络合物的吸光度与金属离子浓度成正比。

实验步骤：首先将 $Co(NO_3)_2$ 标准溶液（0.1%）稀释为 0.001%。接着分别取 6 支试管，分别加入0mL，0.5mL，1.0mL，1.5mL，2.0mL，2.5mL 0.001% Co(NO₃)₂溶液，统一加入2.0mL PAR显色剂，1mL NH₃-NH₄Cl缓冲溶液，再用去离子水稀释至5mL。以未加入Co²⁺的样品为参比样，利用紫外-可见分光光度计在580nm波长下测量每个样品中的吸光度，以浓度和吸光度做拟合曲线，得到标准曲线如图2-5所示。根据这一标准曲线，可计算钴酸锂等正极材料浸出液中钴的浓度。

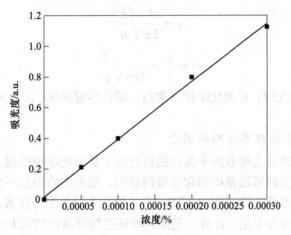

图2-5　Co²⁺标准曲线

2.2　红外吸收光谱分析

2.2.1　基本原理

红外吸收光谱是指物质的分子吸收了红外辐射后，引起分子的振动能级和转动能级的跃迁而形成的光谱，也称为振-转光谱。

当用波长连续变化的红外光照射分子时，与分子振动频率相同的特定波长的红外光被吸收，即产生了共振。光的辐射能通过分子偶极矩的变化传递给分子，此时分子中某种基团就吸收了相应频率的红外辐射，从基态振动能级跃迁到较高的振动能级，即从基态跃迁到激发态，从而产生红外吸收。

2.2.1.1　分子振动类型

通过讨论产生振动光谱的各种分子振动类型，可以了解红外光谱中各种吸收峰的归属，即各种吸收峰是由何种类型分子振动的能级跃迁产生的，以便推测分子中存在哪些基团和推断分子结构。分子基团的振动实质是化学键的振动，它分为伸缩振动和变形振动两类。每类又分为几种不同的振动方式。

伸缩振动：相邻两原子直线方向的价键振动，即键长发生变化的振动。其中对称伸缩是在振动过程中各键同时伸长或缩短；反对称伸缩振动是在振动过程中某个键伸长的同时另一个键缩短。

变形振动：振动时键角发生变化或基团作为一个整体在其所处平面内、外振动。

2.2.1.2 分子振动的频率

分子中原子以平衡点为中心，以非常小的振幅（与原子核间距离相比）做周期性的振动，即简谐振动。根据这种分子振动模型，把化学键相连的两个原子近似地看作谐振子，则分子中每个谐振子（化学键）的振动频率 γ（基本振动频率），可用经典力学中虎克定律导出的简谐振动公式（也称为振动方程）计算：

$$\gamma = \frac{1}{2\pi}\sqrt{\frac{K}{\mu}} \tag{2-5}$$

$$\sigma = \frac{\gamma}{c} = \frac{1}{2\pi c}\sqrt{\frac{K}{\mu}} \tag{2-6}$$

式中，σ 为波数；c 为光速；K 为化学键力常数，即化学键强度；μ 为两个原子的折合质量，即 $\mu = m_1 m_2 / (m_1 + m_2)$。

2.2.1.3 影响基团频率位移的因素

基团的伸缩振动频率主要取决于基团的折合原子量和化学键的键力常数。但基团的振动不是孤立的，它还受到邻近基团和化学键的影响，使基团频率在一定范围内变化，例如 $\gamma_{C=O}$ 吸收按振动方程求得的计算值为 1729cm^{-1}，但在不同类型的羰基化合物中，该频率将在 1930~1630cm^{-1} 范围内变化。此外，基团频率还受到样品的物态和溶剂种类等外部因素的影响。

（1）诱导效应。由于不同取代基具有不同的电负性，因此分子中的电子云分布通过静电诱导作用而发生改变，从而使键力常数改变而导致基团频率位移。

（2）共轭效应。分子中形成大 π 键所引起的作用称为共轭效应或 M 效应。在 π-π 共轭体系中，由于共轭效应使其电子云密度平均化，结果使原来双键伸长，键力常数减小，伸缩振动频率向低波数方向移动。

（3）空间效应（立体效应）有以下几种：

1）偶极场效应。在分子立体结构上相邻基团间作用所引起的电子云分布变化，使键力常数变化，导致基团频率改变。

2）立体障碍（空间位阻）。因取代基的空间位阻效应而影响分子内共轭基团的共面性从而削弱甚至破坏共轭效应，使吸收峰向高波数方向位移。

3）环张力（键角效应）。环上羰基的 $\gamma_{C=O}$ 和环外双键的 $\gamma_{C=O}$ 都随着环张力的增大而升高。对于环酮类若以六元环为准，则六元至四元每减少一元环，频率增加 30cm^{-1} 左右。

（4）氢键效应。分子内或分子间形成氢键后，通常引起它的伸缩振动频率向低波数方向显著位移，并且峰强增高、峰形变宽。

（5）振动偶合效应。当两个相同基团在分子中靠得很近时，其相应的特征吸收往往发生谱峰分裂而形成两个峰，即一个高于正常频率而另一个低于正常频率，这种现象称为振动偶合。

（6）弗米共振。一种振动的倍频或组频靠近另一振动的基频时，由于发生强烈的振动偶合而产生强吸收峰或谱峰分裂，这种现象称为弗米共振。

2.2.2 红外分光光度计及制样

傅里叶变换红外光谱仪（FT-IR）工作原理如图 2-6 所示。由光源发射出红外光经准直系统变为一束平行光束后进入干涉仪系统，经干涉仪调制得到一束干涉光，干涉光通过样品后成为带有光谱信息的干涉光到达检测器，检测器将干涉光信号变为电信号，但这种带有光谱信息的干涉信号难以进行光谱解析。将它通过模拟/数字转换器送入计算机，由计算机进行傅里叶变换的快速计算，将这一干涉信号所带有的光谱信息转换成以波数为横坐标的红外光谱图，然后再通过数模转换器送入绘图仪，便得到与色散型红外光谱仪完全相同的红外光谱图。

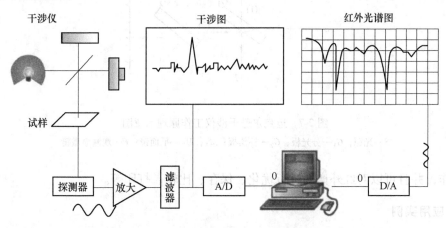

图 2-6　傅里叶变换红外光谱仪工作原理示意图

　　FT-IR 的特点：扫描速度极快，适合仪器联用；不需要分光信号强，灵敏度很高。

　　（1）光源：光源的作用是产生高强度、连续的红外光。凡是发射红外光的照射能量能按照连续波长分布、发散度小、寿命长的物体均可作为红外光源。目前中红外区较为常用的有硅碳棒和能斯特（Nernst）灯。

　　（2）吸收池：红外分光光度计所使用的吸收池有气体池和液体池，由于中红外光不能透过玻璃和石英，因此气体池和液体池均需用在中红外区透光性能好的岩盐作吸收池的窗片。各种红外透光材料的透光限度：NaCl 为 $16\mu m$，KBr 为 $25\mu m$，CsI 可至 $60\mu m$，KRS-5（TlBr-TI）可至 $40\mu m$，AgCl 可至 $23\mu m$。气体池用于气体样品及易挥发的液体样品分析。使用时将气体池抽成一定真空，然后引入气体样品测定光谱。液体池用于液体样品的测定，一般测定常温下不易挥发的液体样品或以白油为分散介质的样品时，多使用可拆卸吸收池；易挥发液体和溶液的定性定量分析，多采用固体吸收池（密封池）。

　　（3）色散元件：傅里叶变换红外光谱仪用迈克逊（Michelson）干涉仪代替光栅单色器。迈克尔逊（Michelson）干涉仪的工作原理如图 2-7 所示。

　　（4）检测器：由于 FT-IR 具有极快的扫描速度，因此目前多采用热电型检测器，如硫酸三甘肽（TGS）和光电导型检测器、碲镉汞（MCT）。热电型检测器的波长特性曲线平坦，对各种频率的响应几乎一样，室温下即可使用，且价格低廉；其缺点是响应速度较慢，灵敏度较低。光电导型检测器的灵敏度一般比热电型高一个数量级，响应速度快，适用于高速测量，但需要液氮冷却，在低于 $650cm^{-1}$ 的低频区灵敏度下降。

　　（5）记录系统：FT-IR 红外谱图的记录、处理一般都是在计算机上进行的。目前国内外都有比较好的工作软件，如美国 PE 公司的 Spectrum V3.01，它可以在软件上直接进行

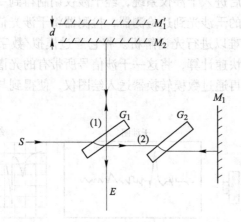

图 2-7　迈克尔逊干涉仪工作原理示意图

S—光源；G_1—分光板；G_2—补偿板；M_1，M_2—平面镜；E—观测显微镜

扫描操作，并且可以对红外谱图进行优化、保存、比较、打印等。

2.2.3　应用实例

2.2.3.1　氯化胆碱-尿素低共熔溶剂浸出 $LiCoO_2$ 时浸出液的红外吸收光谱

低共熔溶剂中各个官能团峰位置及官能团名称如图 2-8 和表 2-1 所示，当 $LiCoO_2$ 被浸出，DES 中含有 Co（Ⅱ）阳离子时，在 $3347cm^{-1}$、$3205cm^{-1}$、$1668cm^{-1}$ 和 $1622cm^{-1}$ 处的吸收带变宽变强。这表明酰胺基团与金属离子发生了反应。而在 $2208cm^{-1}$ 处出现了新的吸收带，并且随着 Co 浓度的增加，吸收带的强度变强。所以该吸收带与钴配位化合物相关，正是 Co（Ⅱ）阳离子通过 Co—O 键与尿素进行配位。此外，浸出温度为 180℃、时间为 2h 的浸出液红外谱图中，$2164cm^{-1}$ 处出现一个微小的峰，可能是钴配位化合物的 Co—N 键。

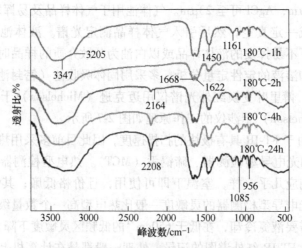

彩图请扫码

图 2-8　氯化胆碱-尿素低共熔溶剂浸出 $LiCoO_2$ 后浸出液的红外谱图

表 2-1　浸出液红外谱图中各峰波数及官能团名称

峰波数/cm^{-1}	对应官能团及振动方式
3347	N—H 对称伸缩振动
3205	N—H 不对称伸缩振动
1688	C＝O 伸缩振动
1622	N—H 弯曲振动
1450	C—N 伸缩振动
956	CCO 伸缩振动

2.2.3.2　磷酸浸出 LiCoO$_2$ 制备 Co$_3$(PO$_4$)$_2$

制得材料与纯物质的红外光谱及特征峰信息如图 2-9 和表 2-2 所示，从光谱曲线可以发现，所得产物的特征峰与纯 Co$_3$(PO$_4$)$_2$ 吻合较好，表明所得产物是相对纯的 Co$_3$(PO$_4$)$_2$。此外，吸附水区的某些波数（如 3000～3400cm^{-1}，1620～1640cm^{-1}）存在少量差异，这可能是由于在不同干燥条件下，目标产品和纯样品中自由水或键合水的数量不同所致。

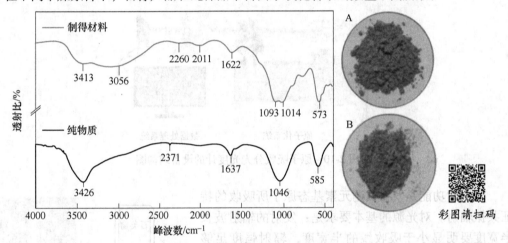

图 2-9　产物和纯 Co$_3$(PO$_4$)$_2$ 红外光谱对比

表 2-2　Co$_3$(PO$_4$)$_2$ 红外谱图中各峰波数及官能团名称

峰波数/cm^{-1}	对应官能团及振动方式
1000～1200	PO$_4$ 四面体不对称伸缩振动
400～700	含 Co 的 O—P—O 弯曲振动
1650，3410	—OH 和吸附水伸缩振动

2.3　原子吸收光谱法分析

2.3.1　原子吸收的原理

原子吸收光谱测定法（atomic absorption spectrometry，AAS），又称原子吸收分光光度法（atomic absorption spectrophotometry），是基于蒸气中待测元素的基态原子对特征电磁辐射的吸收强度来测定试样中待测元素含量的一种仪器分析方法。当有辐射通过自由原子蒸气，且入射辐射的频率等于原子中的电子由基态跃迁到较高能态（一般情况下都是第一激发态）所需要的能量频率时，原子就要从辐射场中吸收能量，产生共振吸收，电子由基态跃迁到激发态，同时伴随着原子吸收光谱的产生，实际溶液中金属离子的浓度（c_M）与吸光度（A）成正比，可由式（2-7）表示：

$$A = Kc_M \tag{2-7}$$

式中，A 为测定过程中的吸光度；K 为常数；c_M 为实际溶液中金属离子的浓度。

2.3.2　仪器简介

原子吸收光谱仪（原子吸收分光光度计）与普通的紫外-可见分光光度计的结构基本相同，只是用空心阴极灯锐线光源代替了普通分光光度计中的连续光源，用原子化器代替了普通的吸收池。原子吸收分光光度计由光源、原子化系统、分光系统、检测系统和数据处理系统组成，如图 2-10 所示。

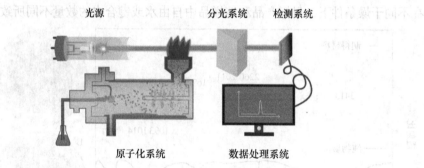

图 2-10　原子吸收分光光度计的设备结构图

光源的功能是发射被测元素基态原子所吸收的特征共振辐射。对光源的基本要求是：发射的辐射波长半宽度要明显小于吸收线的半宽度，辐射强度足够大，稳定性好，使用寿命长。空心阴极灯是能满足这些要求的理想的锐线光源，其应用最广。

空心阴极灯由一个被测元素材料制成的空腔阴极和一个钨制阳极构成。放电集中在较小的面积上，以便得到更高的辐射强度。阴极和阳极密封在带有光学窗口的玻璃管内，管内充有惰性气体，压力一般为 3~6 mmHg（400~800Pa），以利于将放电限制在阴极空腔内。空心阴极灯示意图和实物图如图 2-11 所示。

原子化器的功能在于将试样转化为所需的基态原子。被测元素由试样中转入气相，并离解为基态原子的过程，称为原子化过程。原子化是整个原子吸收光谱法中的关键所在，目前原子化的方法主要有火焰原子化法和石墨炉原子化法。

用化学火焰实现原子化的优点是操作简便，提供

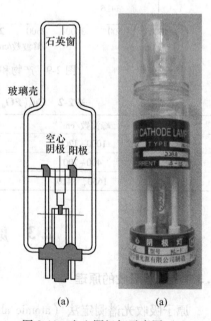

图 2-11　空心阴极灯示意图（a）和实物图（b）

的原子化条件比较稳定，适用范围广；缺点是易生成难离解氧化物的一些元素，如 Al、Si、V 等。原子化效率不高，而且在原子化过程中伴随着一系列化学反应的发生，使过程复杂化。图 2-12 为火焰原子化仪器结构示意图。

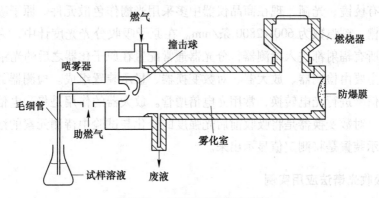

图 2-12　火焰原子化器示意图

管式石墨炉原子化器，其本质就是一个电加热器。它是利用电能加热盛放试样的石墨容器，使之达到高温，以实现试样的蒸发与原子化。图 2-13 为管式石墨炉原子化器示意图和实物图。

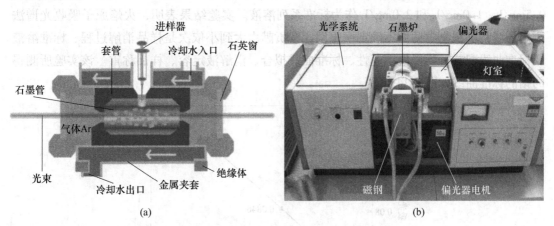

图 2-13　管式石墨炉原子化器的示意图（a）和实物图（b）

与火焰原子化法相比，石墨炉原子化的特点是：试样原子化是在充有惰性保护气 Ar 或 N_2 的气室内，并位于强还原性石墨介质内进行的，有利于难熔氧化物的分解；取样量小，通常固体样品为 $0.1 \sim 10mg$，液体样品为 $1 \sim 50\mu L$，试样全部蒸发，原子在测定区的有效停留时间长，几乎全部样品参与光吸收，绝对灵敏度高；由于试样全部蒸发，大大地减小了局外组分的干扰影响，测定结果几乎与试样组成无关，这就为用纯标准试样来分析不同未知试样提供了可能性；排除了在化学火焰中常常产生的被测组分与火焰组分之间的相互作用，减小了化学干扰；固体试样与液体试样均可直接应用。其缺点是：由于取样量小，相对灵敏度不高，试样组成的不均匀性影响较大，测定精度不如火焰原子化法好；有强的背景，通常都需要考虑背景的影响。此外，管式石墨炉原子化器的设备比较复杂，费用较高。

分光系统的作用是将所需共振吸收线分离出来。分光器中的关键部件是色散元件，常用的色散元件有棱镜、光栅，现在商品仪器中多采用光栅作色散元件。原子吸收分光光度计中采用的光栅，刻痕数为 $600 \sim 2800$ 条/mm。在原子吸收分光光度计中，为了阻止来自原子吸收池的所有辐射都进入检测器，分光器通常配置在原子化器之后的光路中。

检测系统主要由检测器、放大器、对数变换器、显示装置组成。检测器的作用是将单色器分出的光信号进行光电转换，常用光电倍增管。放大器的作用是将光电倍增管输出的电压信号放大。对数变换器是将吸收前后光强度的变化与试验中待测元素的浓度关系进行对数变换。显示装置是将测定值显示出来。

2.3.3　原子吸收光谱法应用实例

2.3.3.1　火焰原子化法应用实例

李瞻采用火焰原子吸收光谱法测定了土壤和沉积物中的钴元素浓度，并对其不确定度进行了讨论。实验选用的波长为 240.73nm，狭缝宽度为 0.2nm，灯电流 30mA；实验过程中采用 2% 硝酸将钴标准溶液（1000mg/L）逐级稀释至 0mg/L、0.1mg/L、0.2mg/L、0.5mg/L、1.0mg/L 和 2.0mg/L 作为标准系列溶液。实验结果表明，火焰原子吸收光谱法测定土壤和沉积物中钴的不确定度来源，按贡献由大到小依次是样品消解过程、标准溶液及标准曲线配置、测得值重复性、标准曲线拟合、消解液定容、样品称重。该实验所测得的钴的标准曲线如图 2-14 所示。

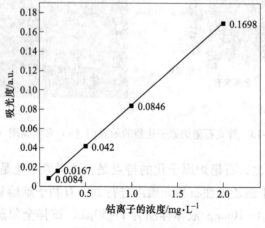

图 2-14　钴标准曲线图

2.3.3.2　石墨炉原子化法应用实例

李清清等人采用石墨炉原子吸收光谱法测定了特医食品中钼的含量。实验选用的波长为 313.26nm，狭缝宽度为 0.7nm，灯电流 7mA；实验过程中采用 2% 硝酸将钼标准溶液（1000mg/L）逐级稀释至 0μg/L、5.0μg/L、10.0μg/L、20.0μg/L、30.0μg/L 和

40.0μg/L 作为标准系列溶液。实验结果表明，钼元素在 5~40μg/L 范围内线性关系良好，方法定量限为 0.05mg/L，在 0.05mg/L、0.10mg/L 和 0.20mg/L 这三个加标水平下，回收率为 95.6%~98.0%，7 次重复测定精密度为 3.34%。该实验过程中所测得的钼的标准曲线如图 2-15 所示。

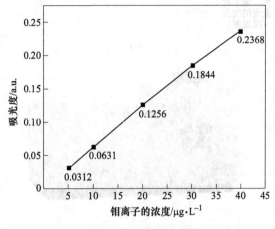

图 2-15　钼标准曲线图

辛瑞瑞等人采用石墨炉原子吸收光谱法测定了清洁水中铅元素的浓度。实验选用的波长为 283.31nm，狭缝宽度为 0.7nm，灯电流 5mA；实验过程中采用 2% 硝酸将铅标准溶液（1000μg/L）逐级稀释至 0μg/L、4.0μg/L、8.0μg/L、12.0μg/L、16.0μg/L 和 20.0μg/L 作为标准系列溶液。实验结果表明，铅的线性范围为 0~20μg/L 时，线性良好，曲线斜率稳定，在线性范围内铅的检出限为 0.2μg/L，并且其准确度、精密度均满足环境清洁水样检测的质量控制要求，易于操作推广。

2.4　原子发射光谱法分析

2.4.1　原子发射光谱分析的原理

原子发射光谱分析是根据原子所发射的光谱来测定物质的化学组分。不同的物质由不同元素的原子所组成，而原子都包含着一个结构紧密的原子核，核外围绕着不断运动的电子。每个电子处在一定的能级上，具有一定的能量。在正常的情况下，原子处于稳定状态，它的能量是最低的，这个状态被称为基态。

当原子在外界能量的作用下转变成气态原子，并使气态原子的外层电子激发至高能态。当从较高的能级跃迁到较低能级时，原子将释放出多余的能量而发射出特征谱线。对所产生的辐射经过摄谱仪器进行色散分光，按波长顺序记录在感光板上，就可呈现出有规则的谱线条，即光谱图。然后，根据所得的光谱图进行定性鉴定或定量分析。

2.4.2　原子发射光谱分析的构成

原子发射光谱分析一般都要经过试样蒸发、激发和发射、复合光分光以及谱线记录检测几个过程，因此原子发射光谱仪通常是由激发光源、光谱仪和检测设备三部分组成，检测过程及设备如图2-16所示。

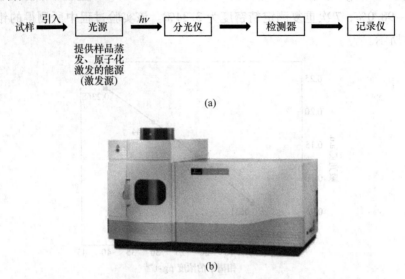

图 2-16　原子发射光谱分析的过程（a）和原子发射光谱仪（b）

（1）激发光源：激发光源的基本功能是提供使试样中被测元素原子化和原子激发发光所需要的能量。对激发光源的要求是灵敏度高，稳定性好，光谱背景小，结构简单，操作安全。常用的激发光源有电弧光源、电火花光源、电感耦合高频等离子体光源，即 ICP 光源等。

（2）光谱仪：利用色散元件和光学系统将光源发射的复合光按波长排列，并采用适当的接收器接收不同波长的光辐射的仪器称为光谱仪。光谱仪有看谱仪、摄谱仪、光电直读光谱仪三种，其中摄谱仪应用最广泛。

（3）检测方法：在原子发射光谱法中，常用的检测方法有目视法、摄谱法和光电法。这三种方法基本原理相同，都是把激发试样获得的复合光通过入射狭缝照射到分光元件上，使之色散为光谱；然后通过测量谱线而检测试样中的分析元素，其区别就在于目视法用人眼去接收、摄谱法用感光板接收、光电法用光电倍增管（PMT）接收。

2.4.3　原子发射光谱分析的应用

2.4.3.1　定性分析

每一种元素的原子都有它的特征光谱，根据原子光谱中的元素特征谱线就可以确定试样中是否存在被检元素。通常将元素特征光谱中强度较大的谱线称为元素的灵敏线。只要在试样光谱中检出了某元素的灵敏线，就可以确认试样中存在该元素；反之，若在试样中未检出某元素的灵敏线，就说明试样中不存在被检元素，或者该元素的含量在检测灵敏度以下。

光谱定性分析常采用摄谱法，通过比较试样光谱与纯物质光谱或铁光谱来确定元素的存在。标准试样光谱比较法：将待检查元素的纯物质与试样并列摄谱于同一感光板上，在映谱仪上检查试样光谱与纯物质光谱。若试样光谱中出现与纯物质具有相同特征的谱线，表明试样中存在待检查元素，这种定性方法对少数指定元素的定性鉴定是很方便的。铁光谱比较法：将试样与铁并列摄谱于同一光谱感光板上，然后将试样光谱与铁光谱标准谱图对照，以铁谱线为波长标尺，逐一检查欲分析元素的灵敏线，若试样光谱中的元素谱线与标准谱图中标明的某一元素谱线出现的波长位置相同，表明试样中存在该元素。铁光谱比较法对同时进行多元素定性鉴定十分方便。

此外，还有谱线波长测量法，但此法应用有限。应该注意的是，因为谱线的相互干扰往往是可能发生的，因此，不管采用哪种定性方法，一般来说，至少要有两条灵敏线出现，才可以确认该元素的存在。

2.4.3.2 半定量分析

摄谱法是目前光谱半定量分析最重要的手段，它可以迅速地给出试样中待测元素的大致含量，常用的方法有谱线黑度比较法和显线法等。谱线黑度比较法：将试样与已知不同含量的标准样品在一定条件下摄谱于同一光谱感光板上，然后在映谱仪上用目视法直接比较被测试样与标准样品光谱中分析线的黑度，若黑度相等，则表明被测试样中待测元素的含量近似等于该标准样品中待测元素的含量。该法的准确度取决于被测试样与标准样品组成的相似程度及标准样品中待测元素含量间隔的大小。显线法：元素含量低时，仅出现少数灵敏线，随着元素含量增加，一些次灵敏线与较弱的谱线相继出现，于是可以编成一张谱线出现与含量的关系表，以后就根据某一谱线是否出现来估计试样中该元素的大致含量。该法的优点是简便快速，其准确程度受试样组成与分析条件的影响较大。

2.4.3.3 定量分析

A 内标法光谱定量分析的原理

光谱定量分析的依据是式（2-8），即：

$$I = Ac^b \tag{2-8}$$

或
$$\lg I = b\lg c + \lg A \tag{2-9}$$

据式（2-9）可以绘制 $\lg I$-$\lg c$ 校准曲线，进行定量分析。

由于发射光谱分析受实验条件波动的影响，因此使谱线强度测量误差较大。为了补偿这种因波动而引起的误差，通常采用内标法进行定量分析。

内标法是利用分析线和比较线强度比对元素含量的关系来进行光谱定量分析的方法。所选用的比较线称为内标线，提供内标线的元素称为内标元素。

设被测元素和内标元素含量分别为 c 和 c_0，分析线和内标线强度分别为 I 和 I_0，b 和 b_0 分别为分析线和内标线的自吸收系数，根据式（2-8），对分析线和内标线分别有：

$$I = A_1 c^b \tag{2-10}$$

$$I_0 = A_0 c_0^{b_0} \tag{2-11}$$

用 R 表示分析线和内标线强度的比值：

$$R = \frac{I}{I_0} = Ac^b \tag{2-12}$$

式中，$A = A_1/A_0 C_0^{b_0}$，在内标元素含量 c_0 和实验条件一定时，A 为常数，则：

$$\lg R = b\lg c + \lg A \tag{2-13}$$

式（2-13）是内标法光谱定量分析的基本关系式。

B　光谱定量分析方法

a　校正曲线法

在选定的分析条件下，测定 3 个以上不同浓度被测元素标样的分析线强度 I，对浓度 c 或 $\lg c$ 建立校正曲线。在同样的分析条件下，测量未知试样光谱 I，由校正曲线求得未知试样中被测元素含量 c。

校正曲线法是光谱定量分析的基本方法，应用广泛，特别适用于成批样品的分析。

b　标准加入法

在标准样品与未知样品基体匹配有困难时，采用标准加入法进行定量分析，可以得到比校正曲线法更好的分析结果。

在几份未知试样中，分别加入不同已知含量的被测元素，在同一条件下激发光谱，测量不同加入量时的分析线对强度比 R。在被测元素含量低时，自吸收系数 b 为 1，R 直接正比于含量 c，将校正曲线 R-c 延长交于横坐标，交点至坐标原点的距离所对应的含量，即为未知试样中被测元素的含量。

标准加入法可用来检查基体纯度、估计系统误差、提高测定灵敏度等。

2.4.4　原子发射光谱分析应用实例

陆军等人采用电感耦合等离子体原子发射光谱法（ICP-OES）测定铸铁中的镧和铈。样品用硝酸和高氯酸加热溶解，待样品水分接近蒸干时，将剩余样品用盐酸溶解，在 379.478nm 或 408.672nm 波长下，用 ICP-OES 测定镧，检出限为 0.022μg/mL 或 0.012μg/mL，测定下限为 0.22μg/mL 或 0.12μg/mL；在 413.380nm 波长下测定铈，检出限和测定下限分别为 0.010μg/mL 和 0.10μg/mL。测定中的基体效应用基体匹配方法消除，共存元素的干扰应用仪器软件中谱线干扰校正程序克服，该方法已成功地应用于球墨铸铁标准样品中镧和铈的测定，结果与认定值相吻合。

罗海霞等人采用 ICP-OES 法测定废旧锂离子电池中的 Li、Ni、Co、Mn 含量。首先将 0.1% 的 Li、Ni、Co、Mn 标准溶液用去离子水稀释至 0.0001%、0.0005%、0.001%、0.0015%、0.002%，利用 ICP-OES 在分析谱线为 Li 610.673nm、Ni 231.604nm、Co 228.615nm、Mn 257.610nm 的条件下建立标准曲线，如图 2-17 所示，各曲线相关系数大于 0.9999，然后在选定的最佳仪器条件下测定提前处理好的样品中 Li、Ni、Co、Mn 的含量，每个样品平行测定 11 次，相对标准偏差（$n = 11$，RSD）<2%，最终得到溶液中各金属离子的浓度，计算得废旧锂离子电池中 Li、Ni、Co、Mn 的含量。

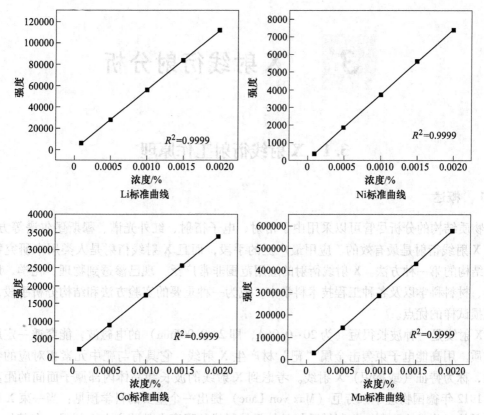

图 2-17　Li、Ni、Co、Mn 标准曲线

3 X 射线衍射分析

3.1 X 射线衍射工作原理

3.1.1 概述

物质结构的分析尽管可以采用中子衍射、电子衍射、红外光谱、穆斯堡尔谱等方法，但是 X 射线衍射是最有效的、应用最广泛的手段，而且 X 射线衍射是人类用来研究物质微观结构的第一种方法。X 射线衍射的应用范围非常广泛，现已渗透到物理、化学、地球科学、材料科学以及各种工程技术科学中，成为一种重要的实验方法和结构分析手段，具有无损试样的优点。

X 射线是一种波长很短（为 20~0.06Å，即 2~0.006nm）的电磁波，能穿透一定厚度的物质。用高能电子束轰击金属"靶"材产生 X 射线，它具有与靶中元素相对应的特定波长，称为特征（或标识）X 射线。考虑到 X 射线的波长和晶体内部原子面间的距离相近，1912 年德国物理学家劳厄（Max von Laue）提出一个重要的科学预见：当一束 X 射线通过晶体时将发生衍射，衍射波叠加的结果使射线的强度在某些方向上加强，在其他方向上减弱；分析在照相底片上得到的衍射花样，便可确定晶体结构。这一预见随即用实验证实了，并且得出 X 射线与晶体相遇时能发生衍射现象，证明了 X 射线具有电磁波的性质，成为 X 射线衍射学的第一个里程碑。

X 射线衍射分析是利用 X 射线在晶体物质中的衍射效应进行物质结构分析的技术。目前根据样品的结构特点，X 射线衍射分析可分为单晶衍射分析和多晶衍射分析两种。

3.1.2 工作原理

当一束单色 X 射线入射到晶体时，由于晶体是由原子规则排列成的晶胞组成，这些规则排列的原子间距离与入射 X 射线波长有相同数量级，故由不同原子散射的 X 射线相互干涉，在某些特殊方向上产生强 X 射线衍射，衍射线在空间分布的方位和强度，与晶体结构密切相关，这就是 X 射线衍射的基本原理。

衍射线空间方位与晶体结构的关系可用布拉格方程表示：

$$2d\sin\theta = n\lambda \tag{3-1}$$

式中，λ 为 X 射线的波长；θ 为衍射角；d 为结晶面间隔；n 为整数。

波长 λ 可用已知的 X 射线衍射角测定，进而求得面间隔，即结晶内原子或离子的规则排列状态。将求出的衍射 X 射线强度和面间隔与已知的表对照，即可确定试样结晶的物质结构，此即定性分析。从衍射 X 射线强度的比较，可进行定量分析。

X 射线衍射分析是利用晶体形成的 X 射线衍射，对物质进行内部原子在空间分布状况的结构分析方法。将具有一定波长的X射线照射到结晶性物质上时，X射线因在结晶内遇到规则排列的原子或离子而发生散射，散射的X射线在某些方向上相位得到加强，从而显示与结晶结构相对应的特有的衍射现象。

　　X射线衍射分析的特点在于可以获得元素存在的化合物状态、原子间相互结合的方式，从而可进行价态分析，可用于对环境固体污染物的物相鉴定，如大气颗粒物中的风沙和土壤成分、工业排放的金属及其化合物（粉尘）、汽车排气中卤化铅的组成、水体沉积物或悬浮物中金属存在的状态等。

3.2　X射线衍射仪

　　X射线衍射仪（图3-1）是在德拜相机的基础上发展而来的，主要由X射线发生器、测角仪、辐射探测器、记录单元及附件（高温、低温、织构测定、应力测量、试样旋转等）等部分组成。其中测角仪最为重要，是X射线衍射仪的核心部件。

　　图3-2为测角仪的结构原理图，图中带箭头的直线为X射线的光路图，光路放大即为图3-3。样品 D 为固体或粉末制成的平板试样，垂直置于样品台的中央，X射线源 S 是由X射线管靶面上的线状焦斑产生的线状光源，线状方向与测角仪的中心转轴平行。线状光源首先经过梭拉缝 S_1，而梭拉缝 S_1 是由一组平行的重金属（钼或钽）薄片组成，光源经过梭拉缝 S_1 后，在高度方向上的发散受到限制，随后通过狭缝光阑 K，使入射X射线在宽度方向上的发散也受到限制。经过 S_1 和 K 后，X射线将以一定的高度和宽度照射在样品表面，样品

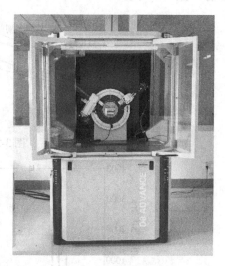

图3-1　X射线衍射仪

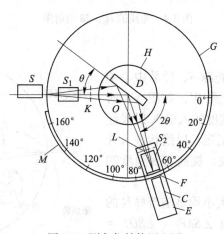

图3-2　测角仪结构原理图

C—计数管；S_1，S_2—梭拉缝；D—样品；E—支架；K，L—狭缝光阑；F—接受光阑；
G—测角仪圆；H—样品台；O—测角仪中心轴；S—X射线源；M—刻度盘

中满足布拉格衍射条件的某组晶面将发生衍射。衍射线经过狭缝光阑 L 、梭拉缝 S_2 和接受光阑 F 后，以线状进入计数管 C ，记录 X 射线的光子数，获得晶面衍射的相对强度。计数管与样品同时转动，且计数管的转动角速度为样品的两倍。这样可保证入射线与衍射线始终保持 2θ 夹角，从而使得计数管收集到的衍射线是那些与样品表面平行的晶面所产生。同一晶面族中其他不与样品表面平行的晶面同样也产生衍射，只是产生的衍射线未能进入计数管，因此计数管记录的是衍射线中的一部分。当样品与计数管连续转动时，θ 角由低向高变化，计数管将逐一记录各衍射线的光子数，并转化为电信号，再通过计数率仪、电位差计记录下 X 衍射线的相对强度，并从刻度盘 M 上读出发生衍射的位置 2θ ，从而形成 $I_{相对}$-2θ 的关系曲线，即 X 射线的衍射花样。图 3-4 即为纯镁的衍射花样，纵坐标单位为每秒脉冲数（cps）。

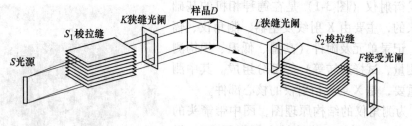

图 3-3　测角仪的光路图

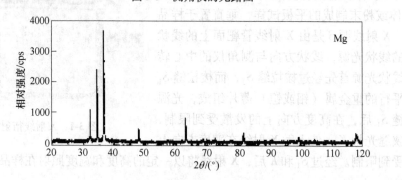

图 3-4　纯镁的 $I_{相对}$-2θ 衍射图

需指出的是：

（1）测角仪中的发射光源 S 、样品中心 O 和接受光阑 F 三者共圆于圆 O' ，如图 3-5 所示。这样可使一定高度和宽度的入射 X 射线经样品晶面反射后能在 F 处汇聚，以线状进入计数管 C ，减少衍射线的散失，提高衍射强度和分辨率。

（2）聚焦圆的圆心和大小均是随着样品的转动而变化的。圆周角 $\angle SAF = \angle SOF = \angle SBF = \pi - 2\theta$ ，设测角仪的半径为 R ，聚焦圆半径为 r ，由几何关系得：

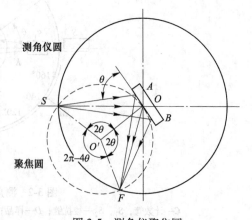

图 3-5　测角仪聚焦圆

$$\angle SO'F = 2\angle SOF = 2\pi - 4\theta \tag{3-2}$$

即 $\angle SO'O = \angle FO'O = \frac{1}{2}[2\pi - (2\pi - 4\theta)] = 2\theta$。在等腰三角形 $SO'O$ 中，$SO' = OO' =$

r，$\sin\theta = \dfrac{\frac{1}{2}R}{r} = \dfrac{R}{2r}$，即 $r = \dfrac{R}{2\sin\theta}$。由该式可知聚焦圆的半径随布拉格角 θ 的变化而变化，当

$\theta \to 0°$ 时，$r \to \infty$；当 $\theta \to 90°$ 时，$r \to r_{min} = R/2$。

（3）随着样品的转动，θ 从 $0° \to 90°$，由布拉格方程可得晶面间距 $d = \dfrac{\lambda}{2\sin\theta}$ 将从最大降

到最小为 $\dfrac{\lambda}{2}$，从而使得晶体表层区域中晶面间距大于 $\dfrac{1}{2}\lambda$ 的所有平行于表面的晶面均参与
了衍射。

（4）计数管与样品台保持联动，角速率之比为 2：1。但在特殊情况下，如单晶取向、宏观内应力等测试中，也可使样品台和计数管分别转动。

3.2.1 计数器

计数器是 X 射线仪中记录衍射相对强度的重要器件，由计数管及其附属电路组成。计数器通常有正比计数器、近年发展的锂漂移硅 Si(Li) 计数器和位敏正比计数器等。

3.2.1.1 正比计数器

图 3-6 为正比计数器中计数管的结构及其基本电路。计数管由阴阳两极、入射窗口、玻璃外壳以及绝缘体组成。阴极为金属圆筒，阳极为金属丝，阴阳两极共轴，并同罩于玻璃壳内，壳内为惰性气氛（氩气或氪气）。窗口由铍或云母等低吸收材料制成，阴阳两极间由绝缘体隔开，并加有 600~900V 直流电压。

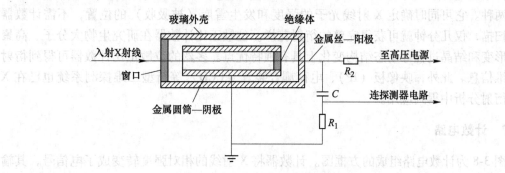

图 3-6 正比计数管的结构及其基本电路

X 衍射线通过窗口进入金属筒内，使惰性气体电离，产生的电子在电场作用下向阳极加速运动，高速运动的电子又使气体电离，这样在电离过程中产生连锁反应即雪崩现象，在极短的时间内产生大量的电子涌向阳极，从而出现一个可测电流，通过电路转换计数器有一个电压脉冲输出。电压脉冲峰值的大小与进入窗口的 X 光子的强度成正比，故可反映衍射线的相对强度。

正比计数器反应快，对连续到来的相邻脉冲，其分辨时间只需 10^{-6} s，计数率可达

$10^6/s$。它性能稳定，能量分辨率高，背底噪声小，计数效率高；不足处在于对温度较为敏感，对电压稳定性要求较高，雪崩放电引起的电压瞬时落差仅有几毫伏，故需较强大的电压放大设备。

3.2.1.2　Si(Li) 计数器

图 3-7 为 Si(Li) 锂漂移硅计数器的原理图。当 X 射线光子进入 Si(Li) 计数器后，在 Si(Li) 晶体中激发出一定数量的电子-空穴对，产生电子-空穴对的数目 N 与入射 X 光子的能量成正比。当晶体两端加上 $500 \sim 900V$ 的偏置电压时，电子和空穴分别被正负极收集，经前置放大器转换成电流脉冲，脉冲的高度取决于 N 的大小，电流脉冲经主放大器后转换成电压脉冲进入多道脉冲高度分析器。多道脉冲高度分析器将按高度把脉冲分类并进行计数，从而获得衍射 X 射线的相对强度。

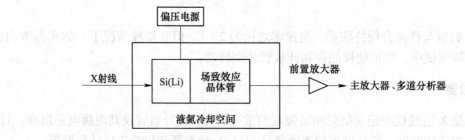

图 3-7　Si(Li) 锂漂移硅计数器的原理图

Si(Li) 锂漂移硅计数器的计数率高，能同时确定 X 光子的强度和能量；分辨能力强，分析速度快。其不足是需配置噪声低增益高的前置放大器，并需在液氮冷却下工作。

3.2.1.3　位敏正比计数器

位敏正比计数器是近年发展的一种计数器，工作原理类似于正比计数器，分为单丝和多丝两种。它可同时确定 X 射线光子的强度和发生雪崩（被吸收）的位置，不需计数器跟踪扫描，仅几分钟就可获得完整的衍射花样。位敏正比计数器在研究生物大分子、高聚物的形变和结晶过程等动态结构变化上具有独特优点。多丝的位敏正比计数器可得到衍射的二维信息。此外，映像板（IP）、电荷耦合装置（CCD）等新型二维探测系统也已在 X 射线衍射分析中得到应用。

3.2.2　计数电路

图 3-8 为计数电路组成的方框图。计数器将 X 射线的相对强度转变成了电信号，其输出的电信号还需进一步转换、放大和处理，才能转变成可直接读取的有效数据，计数电路就是为实现上述转换、放大和处理的电子电路。

3.2.3　X 射线衍射仪的常规测量

3.2.3.1　试样

衍射仪的试样为平板试样。当被测材料为固体时，可直接取其一部分制成片状，将被测表面磨光，并用橡皮泥固定于空心样品架上；当被测对象是粉体时，则要用黏结剂调和后填满带有圆形凹坑的实心样品架中，再用玻璃片压平粉末表面。

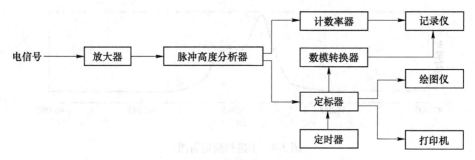

图 3-8 计数电路组成方框图

3.2.3.2 实验参数

能否选择合理的实验参数，关系到能否获得满意的测量结果。实验参数主要有狭缝宽度、扫描速度、时间常数等。

（1）狭缝宽度。狭缝宽度是指光阑的宽度，光阑包括两个狭缝光阑 K、L 和一个接受光阑 F。显然，增加狭缝宽度，可使衍射线的强度增加，但分辨率下降。在 2θ 较小时，还会使照射光束过宽溢出样品，反而降低了有效衍射强度，同时还会产生样品架的干扰峰，增加背底噪声，这不利于样品的衍射分析。狭缝宽度的选择是以测量范围内 2θ 角最小的衍射峰为依据的。通常狭缝光阑 K 和 L 选择同一参数（0.5°或 1°），而接受光阑 F 在保证衍射强度足够时尽量选较小值（0.2mm 或 0.4mm），以获得较高的分辨率。

（2）扫描速度。扫描速度是指探测器在测角仪上匀速转动的角速度，以°/min 表示。扫描速度越快，衍射峰越平滑，衍射线的强度和分辨率下降，衍射峰位向扫描方向漂移，引起衍射峰的不对称宽化。但也不能过慢，否则扫描时间过长，一般以 3°~4°/ min 为宜。

（3）时间常数。时间常数是指 RC 的乘积，单位为时间。增加时间常数对衍射图谱的影响类似于提高扫描速度对衍射图谱的影响，时间常数不宜过小，否则会使背底噪声加剧，使弱峰难以识别，一般选择 1~4s。

3.2.3.3 扫描方式

扫描方式有两种：连续扫描和步进扫描。

（1）连续扫描。计数器和计数率器相连，常用于物相分析。在选定的衍射角 2θ 范围内，计数器在测角仪上以两倍于样品台的速度从低角 2θ 向高角 2θ 联动扫描，记录各衍射角对应的衍射相对强度，获得该试样的 $I_{相对}$（cps）-2θ 的变化关系，可通过打印机输出该衍射图谱。连续扫描过程中，时间常数和扫描速度是直接影响测量精度的重要因素。

（2）步进扫描。计数器与定标器相连，常用于精确测量衍射峰的强度、确定衍射峰位、线形分析等定量分析工作。计数器首先固定于起始的 2θ 位置，按设定的定时计数或定数计时、步进宽度（角度间隔）和步进时间（行进一个步进宽度所需时间），逐点测量各衍射角 2θ 所对应的衍射相对强度，其结果与计算机相连，可打印输出，如图 3-9 所示。显然，步进宽度和步进时间是影响步进扫描的重要因素。

步进扫描不用计数率器，无滞后效应，测量精度较高，但费时，一般仅用于测量 2θ 范围不大的一段衍射图。

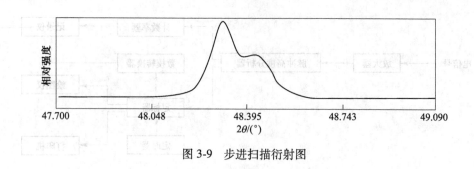

图 3-9　步进扫描衍射图

3.3　X射线衍射的分析方法

3.3.1　物相分析

　　物相是指材料中成分和性质一致、结构相同并与其他部分以界面分开的部分。由于组成元素间的作用有物理作用和化学作用之分，故可分别产生固溶体和化合物两种基本相。因此，材料的物相包括纯元素、固溶体和化合物。物相分析是指确定所研究的材料由哪些物相组成（定性分析）和确定各种组成物相的相对含量（定量分析）。X射线衍射可对材料的物相进行分析。

3.3.1.1　物相的定性分析

　　物相的定性分析是确定物质是由何种物相组成的分析过程。当物质为单质元素或多种元素的机械混合时，则定性分析给出的是该物质的组成元素；当物质的组成元素发生作用时，则定性分析所给出的是该物质的组成相为何种固溶体或化合物。

　　A　基本原理

　　将各种单相物质在一定的规范条件下所测得的标准衍射图谱制成数据库，则对某种物质进行物相分析时，只需将所测衍射图谱与标准图谱对照，就可确定所测材料的物相。然而，由于物相千千万，简单查找非常困难；此外，大量物质是多种相的混合体，其衍射花样是各相衍射花样的简单叠加，这进一步增加了对照难度。因此，为了快捷地完成物相分析，有必要将各种标准相的衍射花样建成数据库或卡片，并定出统一的检索规则。该项工作首先由 J. D. Hanawah 于 1938 年进行，标准花样上衍射线的位置由衍射角 2θ 决定，而 2θ 取决于波长 λ 和晶面间距 d，其中 d 是决定晶体结构的基本量，这样在卡片上列出的一系列晶面间距 d 与其对应的衍射相对强度 $I_{相对}$ 就反映了衍射花样的基本特征，并可取代衍射花样。如果待测物相的 d 及 $I_{相对}$ 能与某卡片很好地对应，即可认为卡片所代表的物相即为待测的物相。这样，物相分析工作的关键就在于衍射花样的测定和卡片的检索对照了。

　　B　PDF（The Powder DiHraction File）卡片

　　PDF 卡片最早由 ASTM（The American Society for Testing Materials）美国材料实验协会整理出版；1969 年改为粉末衍射标准联合委员会 JCPDS（The Joint Committee on Powder Diffraction Standard）出版；1978 年则与国际衍射资料中心 ICDD（The International Centoof Diffraction Data）联合出版，1992 年后的卡片统一由 ICDD 出版，迄今已出版了 47 组，共

67000 多张，并还将逐年增加。

不同时期出版的卡片结构有所不同，表 3-1 为 1992 年以前版的 PDF 卡片结构图，共有 10 个组成部分，下面以 α-Al$_2$O$_3$ 为例具体说明。

表 3-1　PDF 卡片结构（1992 年前版）

10-173（10）

(1) d/0.1nm	2.09	2.55	1.60	3.48	α-Al$_2$O$_3$(7)					(8) ★
(2) I/I_1	100	90	80	75	Alpha Aluminum Oxide					
(3) Rad. Cu $K_{\alpha 1}$ λ0.15405 Filter Ni Dia. Cut off I/I_1 Ditiractometer d_{corr} abs? Ref. National Bureau of Standards (US) Circ5393 (1959)					d/0.1nm	int	hkl	d/0.1nm	int	hkl
					3.479	75	012	1.239	16	1.0.10
					2.552	90	104	1.2343	8	119
					2.379	40	110	1.1898	8	220
(4) Sys. Trigonal S. G. D_{3D}^6-R3C(167) a_0 4.7558 b_0 $c_0$12.991 AC2.7303 α　β　γ　$Z6$ D_X3.987 Ref. Ibid					2.165	<1	006	1.1160	<1	301
					2.085	100	113	1.1470	6	223 (9)
					1.964	2	202	1.1382	2	311
					1.740	45	024	1.1255	6	312
					1.601	80	116	1.1246	4	128
(5) $\varepsilon\alpha$ $n\omega\beta$ $\varepsilon\gamma$ Sign $2V$ D_X m_p Color Ref.					1.546	4	211	1.0988	8	0.2.10
					1.514	6	122	1.0831	4	0.0.12
					1.510	8	018	1.0781	8	134
(6) Sample anealed at 1500℃ for four hours in an Al$_2$O$_3$ crucible spectanal showed<0.1%；K、Na、Si；<0.01%：Ca、Cu、Fe、Mg、Pb；<0.001%：B、Cr、Li、Mn、Ni. Corundum structure pattern made at 26℃					1.404	30	124	1.0420	14	226
					1.374	50	030	1.0175	2	402
					1.337	2	125	0.9976	12	1.2.10
					1.276	4	208	0.9857	<1	1.1.12

（1）栏：共有 4 列，前 3 列分别为 3 条最强线的面间距值，第 4 列为该物相的最大面间距值。

（2）栏：共有 4 列，前 3 列分别为 3 条强线所对应的以百分制表示的衍射相对强度值，即以最强峰的相对强度定为 100，其他峰的相对强度用%表示。第 4 列为该物相中最大面间距所对应的衍射相对强度值。

（3）栏：实验条件：Rad. 为辐射种类；λ 为辐射波长；Filter 为滤波片；Dia. 为相机直径；Cut off 为相机或测角仪能测得的最大面间距；Coll 为光阑尺寸；I/I_1 为测量衍射强度的方法；d_{corr} abs? 为所测 d 值是否经过吸收校正；Ref. 为参考文献。

（4）栏（晶体学数据）：Sys. 为晶系；S. G. 为空间群；a_0，b_0，c_0，α，β，γ 为晶格常数；$A=a_0/b_0$，$C=c_0/b_0$ 为轴比；Z 为单位晶胞中质点（对元素是指原子，对化合物是指分子）的数目；D_X 为由射线衍射数据计算的密度数据；Ref. 为参考文献。

（5）栏（光学数据）：$\varepsilon\alpha$，$n\omega\beta$，$\varepsilon\gamma$ 为折射率；Sign 为光学性质的符号（正或负）；$2V$ 为光轴间的夹角；D 为密度（以 X 射线法测得的密度标为 D_X）；m_p 为熔点；Color 为颜色；Ref. 为参考文献。

（6）栏：试样来源，制备方式及化学分析数据，有时也注明升华点（S. P.）、分解温度（D. T.）、转变点（T. P.）和热处理等。

（7）栏：化学式及英文名称。

（8）栏：表示数据可靠性的程度，★表示所测卡片上的数据高度可靠；○为可靠性低一些；C指衍射数据来自理论计算；i 表明已指标化和估计强度，但可靠性不如前者；无标记时可靠性一般。

（9）栏：所测结果，包括晶面间距、相对衍射强度和晶面指数。

（10）栏：卡片序号。

C　卡片的检索

如何迅速地从数万张卡片中找到所需卡片，就得靠索引。卡片按物质可分为无机相和有机相两类，每类的索引又可分为字母索引和数字索引两种。

a　字母索引

字母索引是按物质英文名称的第一个字母顺序排列而成，每一行包括以下几个主要部分：卡片的质量标志、物相名称、化学式、衍射花样中三强线对应的晶面间距值、相对强度及卡片序号等。例如：

i Copper Molybdenum Oxide CuMoO4 3. 72X 3. 268 2. 717 22-242

当已知被测样品的主要物相或化学元素时，可通过估计的方法获得可能出现的物相，利用该索引找到有关卡片，再与待定衍射花样对照，即可确定物相。如果未知样品的任何信息时，可先测样品的 X 射线衍射花样，再对样品进行元素分析；由元素分析的结果估计样品中可能出现的物相，再由字母索引查找卡片、对照花样，确定物相。此外，还可通过数字索引法进行卡片检索。

b　数字索引

在未知待测相的任何信息时，可以使用数字索引（Hanawalt）进行检索卡片。该索引的每一部分说明见表 3-2，每行代表一张卡片，共有七部分：1—QM：为卡片的质量标志；2—Strongest Reflections：表示 8 个强峰所对应的晶面间距，其下标分别表示各自的相对强度，其中 x 表示最强峰定为 10，其余四舍五入为整数；3—PSC（Pearson Sympal）：表示物相所系布拉菲点阵，小写字母 a、m、o、t、h、c 表示晶系，大写字母 P、C、F、I、R 分别表示点阵类型；4—Chemical Formula：化学式；5—Mineral Name/Common Name：物相的矿物名或普通名；6—PDF：卡片号；7—I/I_c：参比强度。所有卡片按最强峰的 d 值范围分成若干个大组，从大到小排列，每个大组中又以第二强峰的 d 值递减为序进行排列。

表 3-2　数字索引说明

1	2	3	4	5	6	7
QM	Strongest Reflections	PSC	Chemical Formula	Mineral Name	PDF	I/I_c
O	3.43_9 3.39_x 3.16_5 2.83_4 4.39_3 3.82_3 2.57_3 3.63_2		$Cs_2Al(ClO_4)_5$		31～345	
O	3.43_x 3.39_x 2.16_5 5.39_5 2.54_5 2.69_4 1.52_4 2.12_3		$Al_6Si_2O_{13}$		15～776	
i	3.41_9 3.39_x 3.37_x 3.28_7 3.26_7 2.40_3 2.39_3 1.90_3		Tl_3F_7		27～1455	
	3.41_9 3.39_x 3.28_8 3.13_8 3.10_8 4.10_5 3.32_5 3.17_5		$\alpha\text{-}Ba_2Cu_7F_{18}$		23～816	

注：晶面间距单位为 0.1nm，衍射强度以 10 分制表示。

需指出的是，由于存在实验和测量误差，当三强线中两线强度差较小时（<25%），往往是被测相的最强线不一定就是卡片上的最强线；同时，多数情况下，试样不是单相体，而是多种相的组合，可能有某些衍射线重叠，这就无法确定哪条衍射线是某一相的最强线。因此，为解决这一矛盾，将 d_1、d_2、d_3 的次序重新编排后仍编入索引，其余五强峰的排列顺序不变，这样一种物相就可能在索引中出现多次，增加了卡片的出现概率，便于查找。由于版本的不同，d_1、d_2、d_3 的编排规则也不同，1982 年的编排规则沿用至今，简述如下：

（1）对 $I_2/I_1 \leqslant 0.75$ 的相，以 $d_1 d_2$ 的顺序出现一次，说明只有一条较强线，其他相均相对较弱，有一种编排。

（2）对 $I_2/I_1 > 0.75$ 和 $I_3/I_1 \leqslant 0.75$ 的物相，以 $d_1 d_2$ 和 $d_2 d_1$ 的顺序出现两次，说明前两强线相近，有两种编排。

（3）对 $I_3/I_1 > 0.75$ 和 $I_4/I_1 \leqslant 0.75$ 的物相，以 $d_1 d_2$、$d_2 d_1$ 和 $d_3 d_1$ 的顺序出现 3 次，说明前三强线相近，有 3 种编排。

（4）对 $I_4/I_1 > 0.75$ 的物相，以 $d_1 d_2$、$d_2 d_1$、$d_3 d_1$、$d_4 d_1$ 的顺序出现 4 次，说明前四强线相近，有 4 种编排。

这样，每种相平均将占有 1.7 个条目，如 $\alpha\text{-}SiO_2$、Ti_2Cu_3、Fe_2O_3 和 Al_2O_3 的卡片号在数字索引中分别出现 1 次、2 次、3 次和 4 次。

D　定性分析步骤

（1）运用 X 射线仪获得待测样品前反射区（$2\theta < 90°$）的衍射花样，同时由计算机获得各衍射峰的相对强度、衍射晶面的面间距或面指数。

（2）当已知被测样品的主要化学成分时，可利用字母索引查找卡片，在包含主元素各种可能的物相中，找出三强线符合的卡片，取出卡片，核对其余衍射峰，一旦符合，便能确定样品中含有该物相。依次类推，找出其余各相，一般的物相分析均是如此。

（3）当未知被测样品中的组成元素时，需利用数字索引进行定性分析。将衍射花样中相对强度最强的三强峰所对应的 d_1、d_2 和 d_3，由 d_1 在索引中找到其所在的大组，再按次强线的面间距 d_2 在大组中找到与 d_2 接近的几行；需注意的是在同一大组中，各行是按 d_2 值递减的顺序编排的。在 d_1、d_2 符合后，再对照第 3、第 4 直至第 8 强线，若八强峰均符合则可取出该卡片（相近的可能有多张），对照剩余的 d 值和 I/I_1，若 d 值在允许的误差范围内均符合，即可定相。

3.3.1.2　物相的定量分析

定量分析是指在定性分析的基础上，测定试样中各相的相对含量。相对含量包括体积分数和质量分数两种。

A　定量分析的原理

定量分析的依据：各相衍射线的相对强度，随该相含量的增加而提高。由表 3-1 分析结果可知，单相多晶体的相对衍射强度可由下式表示：

$$I_{相对} = F_{HKL}^2 \cdot \frac{1 + \cos^2 2\theta}{\sin^2 \theta \cos \theta} \cdot P \cdot A \cdot e^{-2M} \cdot \frac{V}{V_0^2} \tag{3-3}$$

该式原只适用于单相试样，但通过稍加修正后同样适用于多相试样。

设试样是由 n 种物相组成的平板试样，试样的线吸收系数为 μ_l，某相 j 的 HKL 衍射相对强度为 I_j，则 $A = \dfrac{1}{2\mu_l}$，j 相的相对强度为：

$$I_j = F_{\text{HKL}}^2 \cdot \frac{1 + \cos^2 2\theta}{\sin^2 \theta \cos \theta} \cdot P \cdot \frac{1}{2\mu_l} \cdot e^{-2M} \cdot \frac{V_j}{V_{0j}^2} \tag{3-4}$$

式中，V_j 为 j 相被辐射的体积；V_{0j} 为 j 相的晶胞体积。

显然，在同一测定条件下，影响 I_j 大小的只有 μ_l 和 V_j，其他均可视为常数，且 $V_j = f_j \cdot V$，f_j 为 j 相的体积分数，V 为平板试样被辐射的体积，它在测试过程中基本不变，可设定为 1；这样把所有的常数部分设为 C_j，此时 I_j 可表示为：

$$I_j = C_j \cdot \frac{1}{\mu_l} \cdot f_j \tag{3-5}$$

设 j 相的质量分数为 w_j，则

$$\mu_l = \rho\mu_{\text{m}} = \rho \sum_{j=1}^{n} w_j \mu_{\text{m}j} \tag{3-6}$$

式中，μ_{m} 和 $\mu_{\text{m}j}$ 分别为试样和 j 相的质量吸收系数；ρ 为试样的密度；n 为试样中物相的种类数。

由于 $w_j = \dfrac{M_j}{M} = \dfrac{\rho_j \cdot V_j}{\rho \cdot V} = \dfrac{\rho_j}{\rho} \cdot f_j$，所以 $f_j = \dfrac{\rho_j}{\rho} w_j$，代入式（3-5）得：

$$I_j = C_j \cdot \frac{1}{\rho\mu_{\text{m}}} \cdot \frac{\rho}{\rho_j} w_j = \frac{C_j}{\rho_j \mu_{\text{m}}} w_j$$

这样得到物相定量分析的两个基本公式：

体积分数

$$I_j = C_j \cdot \frac{1}{\mu_l} \cdot f_j = C_j \cdot \frac{1}{\rho\mu_{\text{m}}} \cdot f_j \tag{3-7}$$

质量分数

$$I_j = C_j \cdot \frac{1}{\rho_j \mu_{\text{m}}} \cdot w_j \tag{3-8}$$

由于试样的密度和质量吸收系数也随组成相的含量变化而变化，因此，各相的衍射线强度随其含量的增加而增加，但它们保持的是正向关系，而非正比例关系。

B   定量分析方法

根据测试过程中是否向试样中添加标准物，定量分析方法可分为内标法和外标法两种。外标法又称为单线条法或直接对比法，内标法又派生出了 K 值法和参比强度法等多种方法。

a   外标法（单线条法或直接对比法）

设试样由 n 种相组成，其质量吸收系数均相同（同素异构物质即为此种情况），即 $\mu_{\text{m}1} = \mu_{\text{m}2} = \cdots = \mu_{\text{m}j} = \cdots = \mu_{\text{m}n}$，则 $\mu_{\text{m}} = \sum\limits_{j=1}^{n} w_j \mu_{\text{m}j} = \mu_{\text{m}j}(w_1 + w_2 + \cdots + w_j + \cdots + w_n) = \mu_{\text{m}j}$，即试样的质量吸收系数 μ_{m} 与各相的含量无关，且等同于各相的质量吸收系数，为一常数。此时式（3-5）可进一步简化为：

$$I_j = C_j \cdot \frac{1}{\rho_j \mu_{\mathrm{m}}} \cdot w_j = C_j^* \cdot w_j \tag{3-9}$$

式（3-9）表明 j 相的衍射线强度 I_j 正比于其质量分数 w_j。

当试样为纯 j 相时，则 $w_j = 100\%$，j 相用以测量的某衍射线强度记为 I_{j0}。此时：

$$\frac{I_j}{I_{j0}} = \frac{C_j^* \cdot w_j}{C_j^*} = w_j \tag{3-10}$$

即混合试样中与纯 j 相在同一位置上的衍射线强度之比为 j 相的质量分数，该式即为外标法的理论依据。

外标法比较简单，但使用条件苛刻，各组成相的质量吸收系数应相同或试样为同素异构物质组成。当组成相的质量吸收系数不等时，该法仅适用于两相，此时，可事先配制一系列不同质量分数的混合试样，制作定标曲线，应用时可直接将所测曲线与定标曲线对照得出所测相的含量。

b　内标法

当待测试样由多相组成，且各相的质量吸收系数又不等时，应采用内标法进行定量分析。所谓内标法是指在待测试样中加入已知含量的标准相组成混合试样，比较待测试样和混合试样同一衍射线的强度，以获得待测相含量的分析方法。

设待测试样的组成相为：A+B+C+…，表示为 A+X，A 为待测相，X 为其余相；标准相为 S，混合试样的相组成为：A+B+C+…+S，表示为 A+X+S。

A 相在标准相 S 加入前后的质量分数分别是：

$$w_{\mathrm{A}} = \frac{m_{\mathrm{A}}}{m_{\mathrm{A}} + m_{\mathrm{X}}} \quad 和 \quad w_{\mathrm{A}}' = \frac{m_{\mathrm{A}}}{m_{\mathrm{A}} + m_{\mathrm{X}} + m_{\mathrm{S}}}$$

S 相加入后，混合试样中 S 相的质量分数为：

$$w_{\mathrm{S}} = \frac{m_{\mathrm{S}}}{m_{\mathrm{A}} + m_{\mathrm{X}} + m_{\mathrm{S}}}$$

设加入标准相后，A 相和 S 相衍射线的强度分别为 I_{A}' 和 I_{S}'，则：

$$I_{\mathrm{A}}' = \frac{C_{\mathrm{A}} \cdot w_{\mathrm{A}}'}{\rho_{\mathrm{A}} \cdot \mu_{\mathrm{m(A+X+S)}}} \tag{3-11}$$

$$I_{\mathrm{S}} = \frac{C_{\mathrm{S}} \cdot w_{\mathrm{S}}}{\rho_{\mathrm{S}} \cdot \mu_{\mathrm{m(A+X+S)}}} \tag{3-12}$$

$$\frac{I_{\mathrm{A}}'}{I_{\mathrm{S}}} = \frac{C_{\mathrm{A}} \cdot \rho_{\mathrm{S}}}{C_{\mathrm{S}} \cdot \rho_{\mathrm{A}}} \cdot \frac{w_{\mathrm{A}}'}{w_{\mathrm{S}}} \tag{3-13}$$

因为 $w_{\mathrm{A}}' = w_{\mathrm{A}} \cdot (1 - w_{\mathrm{S}})$，所以：

$$\frac{I_{\mathrm{A}}'}{I_{\mathrm{S}}} = \frac{C_{\mathrm{A}} \cdot \rho_{\mathrm{S}}}{C_{\mathrm{S}} \cdot \rho_{\mathrm{A}}} \cdot \frac{w_{\mathrm{A}}'}{w_{\mathrm{S}}} = \frac{C_{\mathrm{A}} \cdot \rho_{\mathrm{S}}}{C_{\mathrm{S}} \cdot \rho_{\mathrm{A}}} \cdot \frac{1 - w_{\mathrm{S}}}{w_{\mathrm{S}}} \cdot w_{\mathrm{A}} \tag{3-14}$$

令 $\dfrac{C_{\mathrm{A}} \cdot \rho_{\mathrm{S}}}{C_{\mathrm{S}} \cdot \rho_{\mathrm{A}}} \cdot \dfrac{1 - w_{\mathrm{S}}}{w_{\mathrm{S}}} = K_{\mathrm{S}}$，则：

$$\frac{I_{\mathrm{A}}'}{I_{\mathrm{S}}} = K_{\mathrm{S}} \cdot w_{\mathrm{A}} \tag{3-15}$$

　　该式即为内标法的基本方程。当 K_S 已知时，$\dfrac{I'_A}{I_S} \sim w_A$ 为直线方程，并通过坐标原点，在测得 I'_A、I_S 后即可求得 A 相的相对含量。

　　由于内标法中 K_S 值随 w_S 的变化而变化，因此，在具体应用时，需要通过实验方法先求出 K_S 值，方可利用公式（3-15）求得待测相 A 的含量。为此，需配制一系列样品，测定其衍射强度，绘制定标曲线，求得 K_S 值。具体方法如下：在混合相 A+S+X 中，固定标准相 S 的含量为某一定值，如 $w_S = 20\%$，剩余的部分用 A 及 X 相制成不同配比的混合试样，至少两个配比以上，分别测得 I'_A 和 I_S，获得系列的 $\dfrac{I'_A}{I_S}$ 值。

　　如配比 1：$w'_A = 60\%$，$w_S = 20\%$，$w_X = 20\%$，则 $w_A = \dfrac{w'_A}{1-w_S} = 75\% \rightarrow \left(\dfrac{I'_A}{I_S}\right)_1$。

　　做出 $\dfrac{I'_A}{I_S} \sim w_A$ 关系曲线。由于 w_S 为定值，故 $\dfrac{I'_A}{I_S} \sim w_A$ 曲线为直线，该直线的斜率即为 $w_S = 20\%$ 时的 K_S。

　　需注意的是：（1）制定定标曲线时，X 相可在 A、S 相外任选一相，也可在余相中任选一相；（2）定标曲线的横轴是 w_A，而非 w'_A；（3）在求得 K_S 后，运用内标法测定待测相 A 的含量时，内标物 S 和加入量 w_S 应与测定 K_S 值时的相同。

　　c　K 值法

　　由于内标法工作量大，使用不便，有简化的必要。K 值法即为简化法中的一种，它首先是由钟焕成（F. H. Chung）于 1974 年提出来的。

　　根据内标法公式：

$$\frac{I'_A}{I_S} = \frac{C_A \cdot \rho_S}{C_S \cdot \rho_A} \cdot \frac{1-w_S}{w_S} \cdot w_A \tag{3-16}$$

　　令：

$$K_S^A = \frac{C_A \cdot \rho_S}{C_S \cdot \rho_A} \tag{3-17}$$

　　则：

$$\frac{I'_A}{I_S} = K_S^A \cdot \frac{1-w_S}{w_S} \cdot w_A \tag{3-18}$$

　　该式即为 K 值法的基本公式，式中 K_S^A 仅与 A 和 S 两相的固有特性有关，而与 S 相的加入量 w_S 无关，它可以由直接查表或实验获得。实验确定 K_S^A 也非常简单，仅需配制一次，即取各占一半的纯 A 和纯 S（$w_S = w'_A = 50\%$，$w_A = 100\%$）相，分别测定混合样的 I_S 和 I'_A，由

$$\frac{I'_A}{I_S} = \frac{C_A \cdot \rho_S}{C_S \cdot \rho_A} \cdot \frac{w'_A}{w_S} = \frac{C_A \cdot \rho_S}{C_S \cdot \rho_A} = K_S^A \tag{3-19}$$

即可获得 K_S^A 值。

　　运用 K 值法的步骤如下：

　　（1）查表或实验测定 K_S^A；

（2）向待测样中加入已知含量（w_S）的 S 相，测定混合样的 I_S 和 I'_A；

（3）代入公式$\dfrac{I'_A}{I_S}=K_S^A\cdot\dfrac{1-w_S}{w_S}\cdot w_A$，即可求得待测相 A 的含量 w_A。

K 值法源于内标法，它不需制定内标曲线，使用较为方便。

d　参比强度法

参比强度法实际上是对 K 值法的再简化，它适用于粉体试样，当待测试样仅含两相时也可适用于块体试样。该法采用刚玉（α-Al_2O_3）作为统一的标准物 S，某相 A 的 K_S^A 已标于卡片的右上角或数字索引中，无需通过计算或实验即可获得 K_S^A。

当待测试样中仅有两相时，定量分析时不必加入标准相，此时存在以下关系：

$$\begin{cases}\dfrac{I_1}{I_2}=K_2^1\cdot\dfrac{w_1}{w_2}=\dfrac{K_S^1}{K_S^2}\cdot\dfrac{w_1}{w_2}\\ w_1+w_2=1\end{cases}\tag{3-20}$$

解该方程组即可获得两相的相对含量。

C　重叠线的分离

当晶体衍射时往往会出现峰线重叠，这将给定量分析或结构分析带来麻烦。如立方系中，当 a、$h^2+k^2+l^2$ 相同时，其对应的晶面间距相同，即衍射角相同，峰线重叠，此时重叠线可通过多重因子的计算来进行分离。

定量分析的方法较多，感兴趣的读者可以参考相关书籍；不过需注意的是，定量分析的精确度与样品的状态密切相关，如颗粒的粗细、试样中各相分布的均匀性与织构等。

3.3.2　点阵常数的精度测定

点阵常数是反映晶体物质结构尺寸的基本参数，直接反映了质点间的结合能。在冶金、材料、化工等领域，如固态相变的研究、固溶体类型的确定、宏观应力的测定、固相溶解度曲线的绘制、化学热处理层的分析等方面均涉及点阵常数。点阵常数的变化反映了晶体内部的成分和受力状态的变化。由于点阵常数的变化量级很小（约 5~10nm），因此，有必要精确测定点阵常数。

3.3.2.1　测量原理

测定点阵常数通常采用 X 射线仪进行，测定过程首先是获得晶体物质的衍射花样，即 I-2θ 曲线，标出各衍射峰的干涉面指数（HKL）和对应的峰位 2θ，然后运用布拉格方程和晶面间距公式计算该物质的点阵常数。以立方晶系为例，点阵常数的计算公式为：

$$a=\dfrac{\lambda}{2\sin\theta}\sqrt{H^2+K^2+L^2}\tag{3-21}$$

显然，同一种相的各条衍射线均可通过上式计算出点阵常数 a，理论上讲 a 的每个计算值都应相等，实际上却有微小差异，这是由于测量误差导致的。由式（3-21）可知，点阵常数 a 的测量误差主要来自于波长 λ、$\sin\theta$ 和干涉指数（HKL），其中波长的有效数字已达 7 位，可以认为没有误差（$\Delta\lambda=0$），干涉指数为正整数，$H^2+K^2+L^2$ 也没有误差，因此，$\sin\theta$ 成了精确测量点阵常数的关键因素。

$\sin\theta$ 的精度取决于 θ 角的测量误差，该误差包括偶然误差和系统误差。偶然误差是由偶然因素产生，没有规律可循，也无法消除，只有通过增加测量次数，统计平均将其降到最低限度。系统误差则是由实验条件决定的，具有一定的规律，可以通过适当的方法使其减小甚至消除。

3.3.2.2　误差源分析

对布拉格方程两边微分，由于波长的精度已达 5×10^{-7} nm，微分时可视为常数，即 $d\lambda = 0$，从而导出晶面间距的相对误差为：$\frac{\Delta d}{d} = -\Delta\theta ctan\theta$；立方晶系时，$\frac{\Delta d}{d} = \frac{\Delta a}{a}$，所以有 $\frac{\Delta a}{a} = -\Delta\theta ctan\theta$。

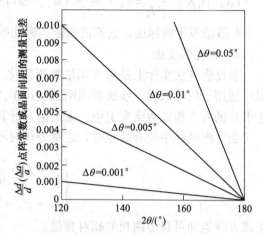

图 3-10　θ 和 $\Delta\theta$ 对点阵常数或晶面间距的测量精度的影响规律

因此，点阵常数的相对误差取决于 θ 和 $\Delta\theta$ 角的大小。图 3-10 即为 θ 和 $\Delta\theta$ 对点阵常数或晶面间距的影响曲线，从该图可以看出：（1）对于一定的测量误差，当 $\Delta\theta$ 一定时，θ 角趋近于 90°，此时点阵常数或晶面间距测量精度最高，因而在点阵常数测定时应选用高角度的衍射线；（2）对于同一个 θ 角时，$\Delta\theta$ 越小，d 或 a 就越小，点阵常数或晶面间距的测量误差也就越小。

3.3.2.3　测量方法

由于点阵常数的测量精度主要取决于 θ 角的测量误差和 θ 角的大小，其中 θ 角的测量误差取决于衍射仪本身和衍射峰的定位方法；当 θ 的测量误差一定时，θ 角越大，点阵常数的测量误差就越小，$\theta \to 90°$ 时，点阵常数的测量误差可基本消除。虽然衍射仪在该位置难以测出衍射强度，但可运用已测定的其他位置的值，通过适当的方法获得 $\theta = 90°$ 处精确的点阵常数，如外延法、最小二乘法等。为提高测量精度，对于衍射仪，应按其技术条件定时进行严格调试。然而，在具体测量时，首先要确定峰位，然后才能具体测量。

A　峰位确定法

a　峰顶法

当衍射峰非常尖锐时，直接以峰顶所在的位置定为峰位。

b　切线法

当衍射峰两侧的直线部分较长时，以两侧直线部分的延长线的交点定为峰位。

c　半高宽法

图 3-11 为半高宽法定位示意图，当 $K_{\alpha 1}$ 和 $K_{\alpha 2}$ 不分离时，如图 3-11 (a) 所示，作衍射峰背底的连线 pq，过峰顶 m 作横轴的垂直线 mn，交 pq 于 n，mn 即为峰高。过 mn 的中点 K 作 pq 的平行线 PQ 交衍射峰于 P 和 Q，PQ 为半高峰宽，再由 PQ 的中点 R 作横轴的垂线，所得的垂足即为该衍射峰的峰位。当 $K_{\alpha 1}$ 和 $K_{\alpha 2}$ 分离时，如图 3-11 (b) 所示，应由 $K_{\alpha 1}$ 衍射峰定位，考虑到 $K_{\alpha 2}$ 的影响，取距峰顶 1/8 峰高处的峰宽中点定为峰位。半高宽法一般适用于敏锐峰，当衍射峰较为漫散时应采用抛物线拟合法定位。

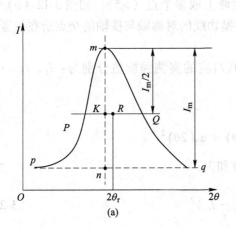 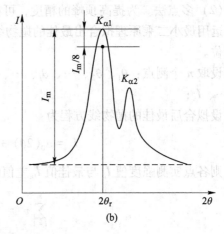

图 3-11　半高宽法定位示意图

（a）$K_{\alpha1}$ 和 $K_{\alpha2}$ 不分离；（b）$K_{\alpha1}$ 和 $K_{\alpha2}$ 分离

d　抛物线拟合法

当峰形漫散时，采用半高宽法产生的误差较大，此时可采用抛物线拟合法，就是将衍射峰的顶部拟合成对称轴平行于纵轴、张口朝下的抛物线，以其对称轴与横轴的交点定为峰位。根据拟合时取点数目的不同，又可分为三点法、五点法和多点法（五点以上）等，此处仅介绍三点法和多点法两种。

（1）三点法。在高于衍射峰强度 85% 的峰顶区，任取三点 $2\theta_1$、$2\theta_2$、$2\theta_3$，如图 3-12（a）所示。其对应强度为 I_1、I_2、I_3，设抛物线方程为 $I=a_0+a_1\cdot(2\theta)\cdot a_2\cdot(2\theta)^2$，因这三点在同一抛物线上，满足抛物线方程，分别代入得以下方程组：

$$\begin{cases} I_1 = a_0 + a_1(2\theta_1) + a_2(2\theta_1)^2 \\ I_2 = a_0 + a_1(2\theta_2) + a_2(2\theta_2)^2 \\ I_3 = a_0 + a_1(2\theta_3) + a_2(2\theta_3)^2 \end{cases}$$

解之得 a_0、a_1、a_2，即可获得抛物线方程，其对称轴位置 $2\theta_p = -\dfrac{a_1}{2a_2}$ 即为该峰的峰位。

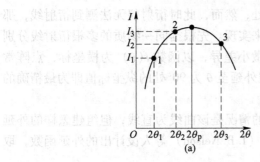 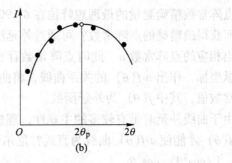

图 3-12　抛物线拟合法

（a）三点法；（b）多点法

（2）多点法。为提高顶峰的精度，可在衍射峰上取多个点（>5），如图 3-12（b）所示。运用最小二乘原理拟合出最佳的抛物线，该抛物线的对称轴与横轴的交点所在位置即为峰位。

设取 n 个测点：θ_1、θ_2、$\cdots$、θ_i、$\cdots$、θ_n；其对应的实测强度值分别为：I_1、I_2、$\cdots$、I_i、$\cdots$、I_n；

设拟合后最佳的抛物线方程为：

$$I_0 = a_0(2\theta) + a_1(2\theta) + a_2(2\theta)^2$$

则各点实测强度值 I_i 与最佳值 I_{0i} 差值的平方和为：

$$\sum_{i=1}^{n} v_i^2 = \sum_{i=1}^{n} (I_i - I_{0i})^2 \tag{3-22}$$

由最小二乘法，得：

$$\begin{cases} \dfrac{\partial \sum\limits_{i=1}^{n} v_i^2}{\partial a_0} = 0 \\[2em] \dfrac{\partial \sum\limits_{i=1}^{n} v_i^2}{\partial a_1} = 0 \\[2em] \dfrac{\partial \sum\limits_{i=1}^{n} v_i^2}{\partial a_2} = 0 \end{cases} \tag{3-23}$$

解方程组得 a_0、a_1、a_2，再代入式 $2\theta_p = -\dfrac{a_1}{2a_2}$ 求得峰位。多点拟合法的计算量较大，一般需通过编程由计算机来完成。

B　点阵参数的精确测量法

在确定了峰位后，即可进行点阵常数的具体测量，常见的测量方法有外延法、最小二乘法和标准样校正法。

a　外延法

点阵常数精确测量的最理想峰位在 $\theta = 90°$ 处，然而，此时衍射仪无法测到衍射线，那么如何获得最精确的点阵常数？可通过外延法来实现。先根据同一物质的多根衍射线分别计算出相应的点阵常数 a，此时点阵常数存在微小差异，以函数 $f(\theta)$ 为横坐标，点阵常数为纵坐标，作出 a-$f(\theta)$ 的关系曲线，将曲线外延至 θ 为 90° 处的纵坐标值即为最精确的点阵常数值，其中 $f(\theta)$ 为外延函数。

由于曲线外延时带有较多的主观性，理想的情况是该曲线为直线，但组建怎样的外延函数 $f(\theta)$ 才能使 a-$f(\theta)$ 曲线为直线？尼尔逊（I. B. Nelson）等人设计出的外延函数，取 $f(\theta) = \dfrac{1}{2}\left(\dfrac{\cos^2\theta}{\sin\theta} + \dfrac{\cos^2\theta}{\theta}\right)$，此时，可使曲线在较大的 θ 范围内保持良好的直线关系。后来，泰勒又从理论上证实了这一函数。

b　线性回归法

线性回归法就是在对多个测点数据运用最小二乘原理的基础上，求得回归直线方程，再通过回归直线的截距获得点阵常数的方法，它在相当程度上克服了外延法中主观性较强的不足。

设回归直线方程为：

$$Y = kX + b \tag{3-24}$$

式中，Y 为点阵常数值；X 为外延函数值，一般取 $X = \dfrac{1}{2}\left(\dfrac{\cos^2\theta}{\sin\theta} + \dfrac{\cos^2\theta}{\theta}\right)$；$k$ 为斜率；b 为直线的截距，就是 θ 为 90°时的点阵常数。

设有 n 个测点 (X_iY_i)，$i=1，2，3，\cdots，n$，由于测点不一定在回归直线上，可能存有误差 e_i，即 $e_i = Y_i-(kX_i+b)$，所有测点的误差平方和为：

$$\sum_{i=1}^{n} e_i^2 = \sum_{i=1}^{n} \left[Y_i - (kX_i + b) \right]^2 \tag{3-25}$$

由于外延函数可消除大部分系统误差，最小二乘又消除了偶然误差，这样回归直线的纵轴截距即为点阵常数的精确值。

c　标准样校正法

由于外延函数的制定带有较多的主观色彩，最小二乘法的计算又非常烦琐，因此，需要有一种更为简捷的方法消除测量误差，标准样校正法就是常用的一种。它是采用比较稳定的物质如 Si、Ag、SiO_2 等作为标准物质，其点阵常数已精确测定过，并定为标准值，将标准物质的粉末掺入待测试样的粉末中混合均匀，在衍射图中就会出现两种物质的衍射花样。由标准物质的点阵常数和已知的波长计算出相应 θ 角的理论值，再与衍射花样中相应的 θ 角相比较，其差值即为测试过程中所有因素综合造成的，并以这一差值对所测数据进行修正，就可得到较为精确的点阵常数。显然，该法的测量精度基本取决于标准物质的测量精度。

3.3.3　宏观应力的测定

3.3.3.1　宏观应力的测定原理

关于宏观应力或残余应力的测定方法较多，现行检测是通过超声、磁性、中子衍射、X 射线衍射等方法测定工件中的残余应变，再由应变与应力的关系求得应力的大小。X 射线衍射法的测定过程快捷准确，方便可靠，因而备受重视，现已获得广泛应用。

当工件中存在宏观应力时，应力使工件在较大范围内引起均匀变形，即产生分布均匀的应变，使不同晶粒中的衍射面 HKL 的面间距同时增加或同时减小；由布拉格方程 $2d\sin\theta=\lambda$ 可知，其衍射角 2θ 也将随之变化，具体表现为 HKL 面的衍射线朝某一方向位移一个微小角度，且残余应力越大，衍射线峰位位移量就越大。因此，峰位位移量的大小反映了宏观应力的大小，X 射线衍射法就是通过建立衍射峰位的位移量与宏观应力之间的关系来测定宏观应力的。具体的测定步骤如下：

（1）分别测定工件有宏观应力和无宏观应力时的衍射花样；

（2）分别定出衍射峰位，获得同一衍射晶面所对应衍射峰的位移量 $\Delta\theta$；

（3）通过布拉格方程的微分式求得该衍射面间距的弹性应变量；

（4）由应变与应力的关系求出宏观应力的大小。

因此，建立衍射峰的位移量与宏观应力之间的关系式成了宏观应力测定的关键。如何导出这个关系式呢？推导过程较为复杂，这里不做讨论，有兴趣的读者可以自行查阅资料。

3.3.3.2　宏观应力的测定方法

宏观应力测定的衍射几何如图 3-13 所示。图 3-13 中，ψ_0 为入射线与样品表面法线的夹角，η 为入射线与所测晶面法线的夹角。衍射几何中有两个重要平面：测量平面为样品表面法线 ON 与所测晶面的法线 OA 构成的平面；扫描平面为入射线、所测晶面的法线 OA 和衍射线构成的平面。当测量平面与扫描平面共面时称为同倾，测量平面与扫描平面垂直时称为侧倾。

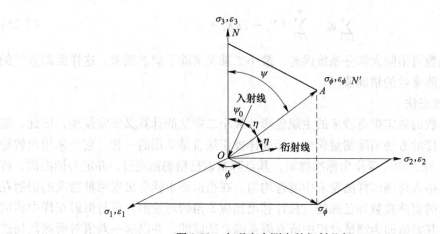

图 3-13　宏观应力测定的衍射几何

宏观应力的测定按所用仪器可分为 X 射线衍射仪法和 X 射线应力仪法两种。

A　X 射线衍射仪法

由图 3-13 可知宏观应力的测定关键在于确定 M 值，即获得 $2\theta_\psi - \sin^2\psi$ 直线的斜率，如何获得该直线？通常采用作图法，作图法又有两点法和多点法两种。

a　两点法

选择合适的反射面 HKL。由已知 X 射线的波长和布拉格方程选择合适衍射角尽可能大的衍射面，θ 越接近 90°，测量误差越小，并计算出该衍射面在无宏观应力时的 $2\theta_0$，用作测定时的参考值。

测定 $\psi = 0°$ 时所选晶面的衍射角 $2\theta_{\psi=0°}$：将样品置入样品台，计数管与样品台在 $2\theta_0$ 附近联动扫描，如图 3-14（a）所示，记录的衍射线即为样品中平行于样品表面的晶面（$\psi = 0°$）所产生，衍射线所对应的衍射角为 $2\theta_{\psi=0°}$。测定 $\psi = 45°$ 时所选晶面的衍射角 $2\theta_{\psi=45°}$：保持计数管和样品台不动，让样品与样品台脱开，并按扫描方向转动 45° 后固定，计数管仍在 $2\theta_0$ 附近与样品台联动扫描，如图 3-14（b）所示，此时记录的衍射线为样品中法线方向与样品表面法线方向成 45° 的衍射面（$\psi = 45°$）所产生，衍射线所对应的衍射角为 $2\theta_{\psi=45°}$。

计算 M 值，由两点法得：

$$M = \frac{\partial(2\theta_\psi)}{\partial \sin^2\psi} = \frac{\Delta(2\theta_\psi)}{\Delta \sin^2\psi} = \frac{2\theta_{\psi=45°} - 2\theta_{\psi=0°}}{\sin^2 45° - \sin^2 0°} = \frac{2\theta_{\psi=45°} - 2\theta_{\psi=0°}}{\sin^2 45°} \tag{3-26}$$

查表得 K，计算 $\sigma_\phi = K \cdot M$ 值。

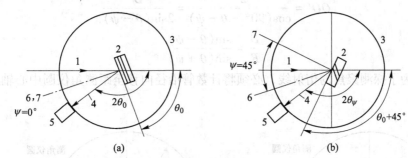

图 3-14　衍射仪法

(a) $\psi = 0°$；(b) $\psi = 45°$

1—入射线；2—试样；3—测角仪圆；4—衍射线；5—计数管；6—衍射晶面法线；7—样品表面法线

b　多点法

多点法又称为 $\sin^2\psi$ 法，其测定步骤类似于两点法，只是增加了测定点，一般取 4 个测定点，即比两点法增加 $\psi = 15°$ 和 $\psi = 30°$ 两个测定点，运用线性回归法获得理想直线方程，得其斜率 M，求得 σ_ϕ。此时：

$$M = \frac{\sum\limits_{i=1}^{n} 2\theta_{\phi i} \sum\limits_{i=1}^{n} \sin^2\psi_i - n \sum\limits_{i=1}^{n}(2\theta_{\phi i} \sin^2\psi_i)}{\left(\sum\limits_{i=1}^{n} \sin^2\psi_i\right)^2 - n \sum\limits_{i=1}^{n} \sin^4\psi_i} \tag{3-27}$$

式（3-27）中 n 为测定点的数目，具体计算时应注意以下几点：

（1）不同 ψ 时的 $2\theta_\psi$ 表示材料中不同取向的同一晶面（面指数为 HKL，测定时已选定）的衍射角，均在 $2\theta_0$ 附近，仅有很小的差异。

（2）在扫描过程中，入射线的方向保持不变，X 射线的入射方向与样品表面的法线方向的夹角（ψ_0）时刻在变化，但由于样品、样品台、计数管保持联动，故所选晶面的法线方向与样品表面的法线方向保持不变的夹角（ψ）。因此，该法又称为固定 ψ 法。

（3）该法的测角仪圆为水平放置，测试过程中需要多次脱开并转动样品，以在不同的 ψ 角分别扫描，故该法仅适用于可动的小件样品。

注意：$\psi = 0°$ 时，计数管 F 在测角仪圆上，如图 3-15（a）所示。当 $\psi \neq 0°$ 时，聚焦圆的大小发生变化，如图 3-15（b）所示，此时的计数管位置如果不动，仍在半径固定的测角仪圆上（m 点），则计数管只能接受衍射光束的一部分，其强度很弱。若换用宽的狭缝来提高接收强度，又必然导致分辨率的降低。为此，计数管应沿径向移动，从原来的 m 点移动至 m'。

设测角仪圆的半径为 R，计数管距测角仪圆心的距离为 D，可由图 3-15（b）中三角形 $\triangle OO'S$ 和 $\triangle OO'm'$ 分别得：

$$OO' = \frac{\frac{1}{2}R}{\cos(90° - \theta - \psi)} = \frac{R}{2\sin(\theta + \psi)} \tag{3-28}$$

$$OO' = \frac{\frac{1}{2}D}{\cos(90° - \theta - \psi)} = \frac{D}{2\sin(\theta - \psi)} \tag{3-29}$$

即

$$\frac{D}{R} = \frac{\sin(\theta - \psi)}{\sin(\theta + \psi)} \tag{3-30}$$

所以，为了探测聚焦的衍射线，必须将计数管沿径向移至距测角仪圆中心轴距离为 D 的 m' 处。

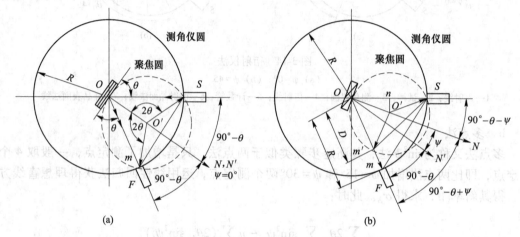

图 3-15 应力测定时的聚焦几何图
（a）$\psi = 0°$；（b）$\psi \neq 0°$

B X 射线应力仪法

图 3-16（a）为应力仪结构及其应力仪衍射几何示意图。当被测工件较大时，衍射仪法无法进行，只有采用应力仪法。此时固定工件，转动应力仪，让入射线分别以不同的角

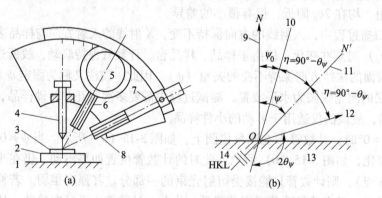

图 3-16 应力仪结构及其应力仪衍射几何示意图
（a）应力仪结构示意图；（b）衍射几何示意图
1—试样台；2—试样；3—小镜；4—标距杆；5—X射线管；6—入射光阑；7—计数管；8—接受光阑；
9—样品表面法线；10—入射线；11—衍射晶面法线；12—衍射线；13—样品；14—衍射晶面

度入射，入射线与样品表面法线的夹角 ψ_0 可在 $0°\sim45°$ 范围内变化，侧角仪为立式，计数管可在垂直平面内扫描，扫描范围可达 $145°$ 甚至 $165°$。扫描过程中，样品和 ψ_0 固定，计数器在 $2\theta_0$ 附近扫描记录衍射线。由应力仪的衍射几何（见图 3-16（b））得 ψ 与 ψ_0 的关系为：

$$\psi = \psi_0 + \eta \tag{3-31}$$
$$\eta = 90° - \theta \tag{3-32}$$

式中，η 为入射线与衍射面法线的夹角。

应力仪法的测试步骤类似于衍射仪法，所不同的是应力仪的入射线与样品表面法线的夹角 ψ_0 在计数器扫描过程中保持不变，故该法又称为固定 ψ_0 法。具体测定时同样也有 $0°\sim45°$ 两点法和 $\sin^2\psi$ 多点法两种。

a　两点法

当 ψ_0 为 $0°$、$45°$ 时，由式（3-31）与式（3-32）得出 ψ 分别为 η、$\eta+45°$，衍射几何分别如图 3-17 所示。

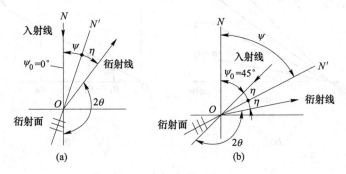

图 3-17　固定法

（a）$\psi_0 = 0°(\psi = \eta)$；（b）$\psi_0 = 45°(\psi = 45° + \eta)$

分别测量 $2\theta_{\psi=\eta}$ 和 $2\theta_{\psi=\eta+45°}$ 的值，由两点法求得：

$$M = \frac{2\theta_{\psi=\eta+45°} - 2\theta_{\psi=\eta}}{\sin^2(45° + \eta) - \sin^2\eta} \tag{3-33}$$

再由 $\sigma_\phi = KM$ 求得 σ_ϕ。

b　多点法

ψ_0 在 $0°\sim45°$ 范围内取多个点，一般取 4 个点，测量相应的各 $2\theta_\psi$ 值，由线性回归法求得 M，再由 $\sigma_\phi = KM$ 算得 σ_ϕ。

3.3.3.3　应力常数 K 的确定

应力常数 K 一般视为常数，可直接查表获得。但在实际情况中，晶体是各向异性的，不同的方向具有不同的弹性性质，即具有不同的应力常数 K，因此，具体测定宏观内应力时，就应采用所测方向上的应力常数。由 $K = -\dfrac{E}{2(1+\nu)} \cdot \cot\theta_0 \cdot \dfrac{\pi}{180}$ 可知，仅需知道所测方向上的 E 和 ν 即可，而 E 和 ν 可通过实验法来测定，具体的步骤如下：

确定 ε_ψ-$\sin^2\psi$ 曲线，获得其斜率 $\dfrac{\partial\varepsilon_\psi}{\partial\sin^2\psi}$，取与被测材料相同的板材制成无残余应力的

等强度梁试样，该试样可安装在衍射仪或应力仪上，施加已知可变的单向拉伸应力 σ，即 $\sigma_\phi = \sigma_1 = \sigma$，$\sigma_2 = 0$，有：

$$\varepsilon_\psi = \frac{\sin^2\psi}{E}(1 + \nu)\sigma_\phi - \frac{\nu}{E}(\sigma_1 + \sigma_2) = \frac{\sin^2\psi}{E}(1 + \nu)\sigma - \frac{\nu}{E}\sigma \qquad (3-34)$$

则：

$$\frac{\partial \varepsilon_\psi}{\partial \sin^2\psi} = \frac{1 + \nu}{E}\sigma \qquad (3-35)$$

由式（3-35）可知，σ 一定时，$\dfrac{1+\nu}{E}\sigma$ 为常数，所以 ε_ψ-$\sin^2\psi$ 为一直线，其斜率为 $\dfrac{1+\nu}{E}\sigma$。因此，分别取不同的 σ 时，则有不同斜率的直线，如图3-18（a）所示。

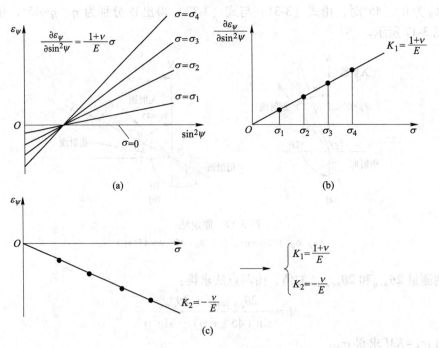

图3-18　应力常数 K 的测定计算

（a）不同应力 σ 下的 ε_ψ-$\sin^2\psi$ 关系曲线；（b）$\dfrac{\partial \varepsilon_\psi}{\partial \sin^2\psi}$-$\sigma$ 关系曲线；（c）$\varepsilon_{\psi=0}$-σ 关系曲线

将式（3-35）两边对 σ 偏导得：

$$\frac{\partial \left(\dfrac{\partial \varepsilon_\psi}{\partial \sin^2\psi} \right)}{\partial \sigma} = \frac{1 + \nu}{E} \qquad (3-36)$$

因 $\dfrac{1+\nu}{E}$ 为常数，所以 $\dfrac{\partial \varepsilon_\psi}{\partial \sin^2\psi}$-$\sigma$ 为一直线，由作图法（见图3-18（b））得其直线的斜率为：

$$K_1 = \frac{1 + \nu}{E} \qquad (3-37)$$

当 $\psi = 0°$ 时，则 $\sin\psi = 0$，即：

$$\varepsilon_\psi = -\frac{\nu}{E}\sigma \tag{3-38}$$

两边对 σ 偏导得：

$$\frac{\partial\varepsilon_\psi}{\partial\sigma} = -\frac{\nu}{E} \tag{3-39}$$

因此，对于具体的测量方向，ν 和 E 为定值，故 ε_ψ-σ 曲线为直线。由作图法（见图 3-18（c））得其斜率为：

$$K_2 = -\frac{\nu}{E} \tag{3-40}$$

由式（3-37）和式（3-40）组成方程组，解该方程组得 ν 和 E，再代入计算式：

$$K = -\frac{E}{2(1+\nu)} \cdot \cot\theta_0 \cdot \frac{\pi}{180} \tag{3-41}$$

求得应力常数 K。当然在求得 $K_1 = \frac{1+\nu}{E}$ 时，也可直接代入上式求得 K。

3.3.4 微观应力的测定

微观应力是发生在数个晶粒甚至单个晶粒中数个原子范围内存在并平衡着的应力，因微应变不一致，晶面间距有的增加有的减少，使晶体中不同区域的同一衍射晶面的衍射线发生位移，从而形成一个在 $2\theta_0 \pm \Delta 2\theta$ 范围内存在强度的宽化峰。由于晶面间距有的增加有的减小，服从统计规律，因而宽化峰的峰位基本不变，只是峰宽同时向两侧增加；这不同于宏观应力，在宏观应力所存在的范围内，晶面间距发生同向同值增加或减小，导致衍射峰位向一个方向位移。

由布拉格方程变分得：

$$\Delta\theta = -\tan\theta_0 \cdot \frac{\Delta d}{d} \tag{3-42}$$

令 $\varepsilon = \frac{\Delta d}{d}$，则：

$$\Delta\theta = -\tan\theta_0 \cdot \varepsilon \tag{3-43}$$

设微观应力所致的衍射线宽度为 n，简称为微观应力宽度，则 $n = 2 \cdot \Delta 2\theta = 4 \cdot \Delta\theta$，考虑其绝对值，则 $n = 4\varepsilon \cdot \tan\theta_0$，微观应力的大小为：

$$\sigma = E \cdot \varepsilon = E\frac{n}{4\tan\theta_0} \tag{3-44}$$

3.3.5 晶粒大小的测定

由于 X 射线对试样作用的体积基本不变，晶粒细化（<0.1μm）时，参与衍射的晶粒数增加，这样稍微偏移布拉格条件的晶粒数也增加，它们同时参与衍射，从而使衍射线出现了宽化。也可从单晶体干涉函数的强度分布规律来深入解释。由其流动坐标：$\xi = H \pm \frac{1}{N_1}$，

$\eta = K \pm \dfrac{1}{N_2}$ 和 $\zeta = L \pm \dfrac{1}{N_3}$ 可知，当晶粒细化时，单晶体三维方向上的晶胞数 N_1、N_2 和 N_3 减小，故其对应的流动坐标变动范围增大，即倒易球增厚，其与反射球相交的区域扩大，从而导致衍射线宽化。

设由晶粒细化引起衍射线宽化的宽度为 β，简称为晶粒细化宽度，则 β 与晶粒尺寸 L 存在以下关系：

$$L = \frac{K\lambda}{\beta\cos\theta} \tag{3-45}$$

式中，K 为常数，一般为 0.94，简化起见也可取 1；λ 为入射线波长；L 为晶粒尺寸；θ 为某衍射晶面的布拉格角。

式（3-45）由谢乐推导而得，故称为谢乐公式，下面介绍推导过程。

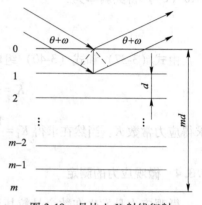

图 3-19　晶块上 X 射线衍射

设晶粒在垂直于（HKL）方向上有 $m+1$ 个晶面，面间距为 d，则该方向上的尺寸为 md，如图 3-19 所示。当衍射角为 2θ 时，相邻两条衍射线的光程差 $\delta = 2d\sin\theta$。若 θ 有一很小的变化 ω 时，则相邻两条衍射线的光程差为：

$$\delta = 2d\sin(\theta + \omega) = 2d(\sin\theta\cos\omega + \cos\theta\sin\omega) = n\lambda\cos\omega + 2d\cos\theta\sin\omega \tag{3-46}$$

由于 ω 很小方可有衍射线，故 $\cos\omega \approx 1$，$\sin\omega \approx \omega$，即：

$$\delta = n\lambda + 2\omega d\cos\theta \tag{3-47}$$

则相邻晶面的相位差：

$$\varphi = \frac{2\pi}{\lambda}\delta = 2\pi n + \frac{4\pi}{\lambda}\omega d\cos\theta \tag{3-48}$$

故：

$$\varphi = \frac{4\pi}{\lambda}\omega d\cos\theta \tag{3-49}$$

由光学原理可知，当有 n 个相同振幅的矢量、相邻夹角均相同时，其合成振幅（见图 3-20）为：

$$A = an\frac{\sin\alpha}{\alpha} \tag{3-50}$$

式中，α 为合成振幅矢量与起矢量的夹角。

因此，第 m 个晶面反射线的合成振幅与初始晶面反射线的夹角为：

$$\phi = \frac{m\varphi}{2} = \frac{2\pi m\omega d\cos\theta}{\lambda} \tag{3-51}$$

半高处的 $\phi = \dfrac{2\pi m\omega_{1/2}d\cos\theta}{\lambda} = 0.444\pi$（见图 3-21），即：

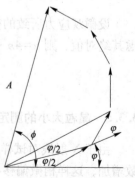

图 3-20　振幅的合成矢量

$$\omega_{1/2} = \frac{0.444\lambda}{2md\cos\theta} \tag{3-52}$$

由衍射几何关系（见图3-22）可以得出，衍射线的半高宽度：

$$\beta = 4\omega_{1/2} = 4 \times \frac{0.444\lambda}{2md\cos\theta} = \frac{0.89\lambda}{md\cos\theta} \tag{3-53}$$

md 为反射面法线方向上晶块尺寸的平均值，用 L 表示，则：

$$L = \frac{K\lambda}{\beta\cos\theta} \tag{3-54}$$

式中，K 为系数，一般取 $0.89\sim0.94$，该式即为谢乐公式。

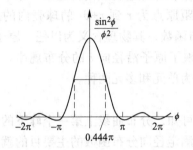

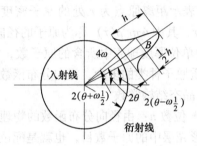

图3-21　函数关系曲线　　　　　图3-22　衍射线宽化的几何关系

　　晶粒的大小可通过衍射峰的宽化测量得 β，再由谢乐公式计算出来。但需指出的是晶粒只有细化到亚微米以下时，衍射峰宽化才明显，测量精度才高；否则，由于参与衍射的晶粒数太少，峰形宽化不明显，峰廓不清晰，测定精度低，计算的晶粒尺寸误差也较大。

　　当被测试样为粉末状时，测定其晶粒尺寸相对容易得多，因为可以通过退火处理使晶粒完全去应力，并可在待测粉末试样中添加标准粉末，比较两者的衍射线；运用作图法和经验公式获得晶粒细化宽度 β，代入谢乐公式便可近似得出晶粒尺寸的大小，但该法未作 K_a 双线分离，计算精度不高，可作一般粗略估计。

3.3.6　结晶度测定

3.3.6.1　非晶态物质结构分析

A　非晶态物质结构的主要特征

非晶态物质结构的主要特征是质点排列短程有序而长程无序。与晶态物质一样，非晶态物质的质点近程排列有序，两者具有相似的最近邻关系，表现为它们的密度相近、特性相似，如非晶态金属、非晶态半导体和绝缘体都保持各自的特性。但非晶态物质的远程排列是无序的，次近邻关系与晶态相比不同，表现为非晶态物质不存在周期性，因而描述周期性的点阵、点阵参数等概念就失去了意义。因此，晶态与非晶态在结构上的主要区别在于质点的长程排列是否有序。此外，从宏观意义上讲，非晶态物质的结构均匀，各向同性，但缩小到原子尺寸时，结构也是不均匀的；非晶态为亚稳定态，热力学不稳定，有自发向晶态转变的趋势（即晶化），晶化过程非常复杂，有时要经历若干个中间阶段。

B　非晶态物质的结构表征及其结构常数

晶态材料的原子在三维空间周期排列，对 X 射线来说晶态材料好像三维光栅，能产生衍射，测量不同方向上的衍射强度，可计算获得晶态物质的结构图像。而非晶态物质长程无序，不存在三维周期性，难以通过实验的方法精确测定其原子排列。因此，对非晶态的物质结构一般都是采用统计法来进行表征的，即采用径向分布函数来表征非晶态原子的分布规律，并由此获得表征非晶态结构的4个常数：配位数 n、最近邻原子的平均距离 r、短程原子有序畴 r_s 和原子的平均位移 σ。

　　a　径向分布函数

　　非晶态物质虽不具有长程有序，原子排列不具有周期性，但在数个原子范围内，相对于平均原子中心的原点而言却是有序的，具有确定的结构，这种类型的结构可用径向分布函数（RDF）来表征。所谓原子径向分布函数是指在非晶态物质内任选某一原子为坐标原点，$\rho(r)$ 表示距离原点为 r 处的原子密度，则距原点为 r 到 $r+dr$ 的球壳内的原子数为 $4\pi r^2\rho(r)dr$，其中 $4\pi r^2\rho(r)$ 称为原子的径向分布函数，其物理含义为以任一原子为中心，r 为半径的单位厚度球壳中所含的原子数，它反映了原子沿径向 r 的分布规律。根据组成非晶态物质原子种类的多少，径向分布函数可分为单元和多元两种。

　　b　非晶态结构常数

　　（1）配位数 n：由径向分布函数的物理含义可知，分布曲线上第一个峰下的面积即为最近邻球形壳层中的原子数目，也就是配位数；测定径向分布函数的主要目的就是测定这个参数。

　　同理，第二峰、第三峰下的面积分别表示第二、第三球形壳层中的原子数目。

　　（2）最近邻原子的平均距离 r：最近邻原子的平均距离 r 可由径向分布函数的峰位求得。$RDF(r)$ 曲线的每一个峰分别对应于一个壳层，即第一个峰对应于第一壳层，第二峰对应于第二壳层，依此类推。每个峰位值分别表示各配位球壳的半径，其中第一个峰位即第一壳层原子密度最大处距中心的距离就是最近邻原子的平均距离 r。由于 RDF 与 r^2 相关，在制图和分析时均不方便，为此，常采用双体分布函数或简约分布函数来替代它。其实，双体分布函数或简约分布函数均是通过径向分布函数转化而来的。

　　则可得：

$$\rho(r) = \rho_a + \frac{1}{2\pi^2 r}\int_0^\infty k[I(k)-1]\sin(k\cdot r)dk \tag{3-55}$$

　　两边同除以 ρ_a，并令：

$$g(r) = \frac{\rho(r)}{\rho_a} \tag{3-56}$$

　　则：

$$g(r) = 1 + \frac{1}{2\pi^2 r\rho_a}\int_0^\infty k[I(k)-1]\sin(k\cdot r)dk \tag{3-57}$$

称 $g(r)$ 为双体相关函数。图3-23为某金属玻璃的双体相关函数分布曲线，此时曲线绕 $g(r)=1$ 的水平线振荡，第一峰位 $r_1=0.253nm$，近似表示金属原子间的最近距离。

　　同样，由式（3-55）还可得：

$$4\pi r^2[\rho(r)-\rho_a] = \frac{2r}{\pi}\int k[I(k)-1]\sin(k\cdot r)dk \tag{3-58}$$

　　令：

$$G(r) = 4\pi r^2 [\rho(r) - \rho_a] \tag{3-59}$$

则：

$$G(r) = \frac{2r}{\pi} \int_0^\infty k[I(k) - 1]\sin(k \cdot r)\mathrm{d}k \tag{3-60}$$

$G(r)$ 称为简约径向分布函数，图 3-24 为某金属玻璃的简约径向分布函数的分布曲线，可见曲线绕 $G(r) = 0$ 的横轴振荡，峰位未发生变化，分析更加方便明晰。

（3）短程原子有序畴 r_s：短程原子有序畴是指短程有序的尺寸大小，用 r_s 表示。当 $r > r_s$ 时，原子排列完全无序。r_s 值可通过径向分布函数曲线来获得，在双体相关函数 $g(r)$ 曲线中，当 $g(r)$ 值的振荡→1 时，原子排列完全无序，此时的 r 值即为短程原子有序畴 r_s；在简约径向分布函数 $G(r)$ 曲线中，则当 $G(r)$ 值的振荡→0 时，原子排列不再有序，此时 r 的值即为 r_s。从图 3-23 或图 3-24 可清楚地估出，在 $G(r) \to 1$ 或 $G(r) \to 0$ 时，r_s 约为 1.4nm，表明该金属玻璃的短程原子有序畴仅为数个原子距离。

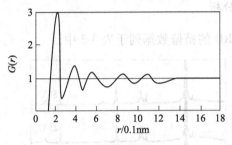

图 3-23 某金属玻璃的双体
相关函数 $g(r)$ 曲线

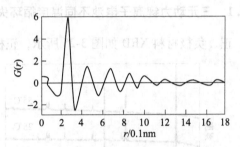

图 3-24 某金属玻璃的简约径向
分布函数 $G(r)$ 曲线

（4）原子的平均位移 σ：原子的平均位移 σ 是指第一球形壳层中的各个原子偏离平均距离 r 的程度，反映在径向分布曲线上即为第一个峰的宽度，宽度越大，表明原子偏离平均距离越远，原子位置的不确定性也就越大。因此，σ 反映了非晶态原子排列的无序性，σ 的大小即为 $RDF(r)$ 第一峰半高宽的 $\frac{1}{2.36}$ 倍。

3.3.6.2 结晶衍射强度测定

由于非晶态是一种亚稳定态，在一定条件下可转变为晶态，其对应的力学、物理学和化学等性质也随之发生变化。当晶化过程未充分进行时，物质就由晶态和非晶态两部分组成，其晶化的程度可用结晶度来表示，即物质中的晶相所占的比值。

$$X_c = \frac{W_c}{W_0} \tag{3-61}$$

式中，W_c 为晶态相的质量；W_0 为物质的总质量，由非晶相和晶相两部分组成；X_c 为结晶度。

结晶度的测定通常是采用 X 射线衍射法来进行的，即通过测定样品中的晶相和非晶相的衍射强度，再代入公式：

$$X_c = \frac{I_c}{I_c + KI_a} = \frac{1}{1 + KI_a/I_c} \tag{3-62}$$

式中，I_c，I_a 分别为晶相和非晶相的衍射强度；K 常数，它与实验条件、测量角度范围、晶态与非晶态的密度比值有关。

具体的测定过程比较复杂，简要步骤如下：

（1）分别测定样品中的晶相和非晶相的衍射花样；

（2）合理扣除衍射峰的背底，进行原子散射因子、偏振因子、温度因子等衍射强度的修正；

（3）设定晶峰和非晶峰的峰形函数，多次拟合，分开各重叠峰；

（4）测定各峰的积分强度 I_c 和 I_a；

（5）选择合适的常数 K，代入公式算得该样品的结晶度。

3.4　X射线衍射的应用实例

3.4.1　三元动力锂离子电池不同温度循环失效分析

正、负极材料 XRD 如图 3-25 所示，正极 XRD 的精修数据列于表 3-3 中。

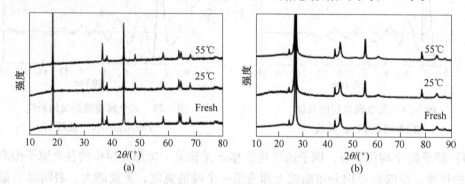

图 3-25　正、负极材料 XRD 图

（a）正极材料；（b）负极材料

表 3-3　正极 XRD 的精修数据

材料状态	晶格常数/Å①		键长/Å			Li—Ni 混排度
	$a \cdot b$	c	Li—O	Me—O	Me—Me	
Fresh	2.866	14.241	2.112	1.966	2.866	0.0248
25℃	2.859	14.242	2.110	1.961	2.859	0.0289
55℃	2.863	14.265	2.071	2.002	2.863	0.0497

① 1Å = 0.1nm。

由图 3-25（a）可以看出，经过 25℃ 和 55℃ 循环后的电池，其正极材料 XRD 特征峰都无明显变化，说明循环后正极结构没有发生明显变化。

但从精修数据看出（见表 3-3），各温度循环后正极材料的晶格常数和键长无明显变化规律，但 Li—Ni 混排度高温 55℃ 循环后增大，25℃ 循环后稍微增大，说明长期循环导致更多的 Li—Ni 混排，会使正极材料性能下降，温度越高对正极影响越大。

图 3-25（b）显示，经过 25℃和 55℃循环后的电池，其负极石墨结构也无明显变化，但其 OI 值与 Fresh 电池的相比都变小（C004/C110 表示取向指数，简称 OI；石墨取向对锂离子扩散系数影响较大，OI 值越小越有利于扩散），说明负极循环后有利于 Li 离子扩散，这也可能是负极对称电池循环后阻抗变小的原因，与对称电池阻抗得到的结果一致。

3.4.2　锂离子电池石墨负极材料改性研究

图 3-26 为氧化石墨及石墨的 XRD 谱图，插图为鳞片石墨的 XRD 谱图。在衍射角 24°附近存在鳞片石墨（002）晶面衍射峰，说明石墨的晶粒组成完整，计算得到层间距为 0.3704nm。将石墨氧化后，衍射角 24°附近鳞片石墨（002）晶面衍射峰消失，在 11°附近出现氧化石墨的特征峰，计算得到层间距为 0.8436nm，说明石墨已经完全转化为氧化石墨。大量含氧基团的插入破坏了原鳞片石墨的规整排列，生成新的晶体结构，增大了面间距，形成单层或多层片状结构。

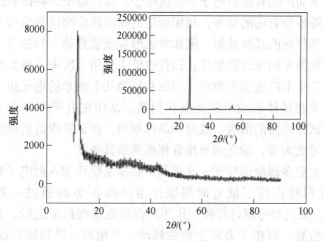

图 3-26　氧化石墨及石墨的 XRD 谱图

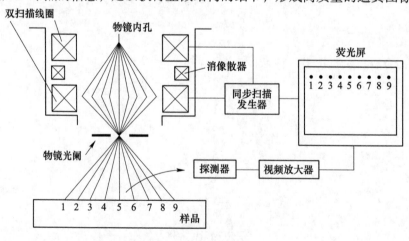

4 电子显微分析

4.1 扫描电子显微镜

4.1.1 概述

电子枪产生的高能电子束入射到样品的某个部位时,在相互作用区内发生弹性散射和非弹性散射事件,从而产生背散射电子、二次电子、吸收电子、特征和连续谱X射线、俄歇电子、阴极荧光等各种有用的信号,利用合适的探测器检测这些信号大小,就能够确定样品在该电子入射部位内的某些性质,例如微区形貌或成分等。扫描电子显微镜由扫描信号发生器、放大控制器和扫描线圈组成;扫描电镜主要用二次电子观察形貌,电子枪发射出来的电子束,经三个电磁透镜聚焦后,形成直径为几个纳米的电子束。末级透镜上部的扫描线圈能使电子束在试样表面上做光栅状扫描,试样在电子束作用下,激发出各种信号,其强度取决于试样表面的形貌、成分和晶体取向。在试样附近的探测器把激发的电子信号接收下来经信号放大器,输送到显像管栅极调节其亮度。

为了研究样品上更多部位的特征,必须利用扫描系统移动入射电子到样品上的不同位置。通常电子束在扫描作用下随着时间顺序沿样品 X 方向通过一系列位置点 1,2,3,…(见图 4-1),依次对每点进行相互作用,在完成这行扫描之后,又以极短的时间回扫到第二行的起始位置,即在 Y 方向上稍微移动一个距离,进行帧扫描,如图 4-2 所示。这个过程重复下去,产生一帧扫描栅格,从而对整个光栅区域内的样品逐点取样。扫描区域一般是方形的,由 1000 条扫描线组成,每行上又扫描过 1000 个点,因此产生一幅图像是来自样品 10^6 个点的信息,足以获得显微结构的细节,形成高质量的逼真图像。

图 4-1 扫描作用原理图

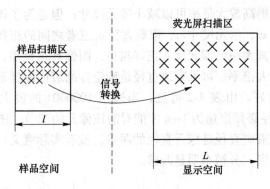

图 4-2 成像原理图

扫描电镜的成像是靠扫描作用实现的。扫描发生器同时控制高能电子束和荧光屏中的电子束"同步扫描",当电子束在样品上进行栅格扫描时,在荧光屏上也以相同的方式同步扫描,因此"样品空间"上的一系列点就与"显示空间"逐点对应。换言之,样品上电子束的各个位置与荧光屏上的各点确立了严格的对应关系。样品表面被电子束扫描,激发出各种物理信号,其强度与样品的表面特征有关,这些信号通过探测器按顺序、成比例地转为视频信号,经过放大,用来调制荧光屏对应点的电子束强度,即光点的亮度,这就形成了扫描电镜的图像。荧光屏上的图像实际上是由一系列灰度不同的亮点组成,这个亮点称为像素(pixel)。像素点数越多,则图像的分辨率越高。例如:一幅 1024×1024 的图像就是每行有 1024 个像素点,由 1024 个像素行组成,这就是数字图像。

如果减小电子束在样品上的扫描范围,就可以提高放大倍率,反之亦然。在高放大倍率下的图像仅能表征样品上微区部分,不能反映样品的全貌,在研究工作中必须把高低放大倍率结合使用,观察一定数量的区域。通常是低倍率观察样品全貌,高倍率观察细节,才能满足要求。表 4-1 为样品取样面积与放大倍率的关系。

表 4-1 样品取样面积与放大倍率的关系(荧光屏面积 10cm×10cm)

放大倍率	10×	100×	1000×	10000×	100000×
取样面积	1cm²	1mm²	100μm²	10μm²	1μm²

(1)放大倍率:放大倍率的变化与扫描线圈的激励有关,而与物镜激励无关。调节物镜激励使电子束会聚在样品表面,聚焦图像。操作时,一般只需在高放大倍率下把图像调节清楚,在观察低放大倍率图像时就不需要再调焦,这对于快速连续观察样品很方便。

(2)固定物镜:由于物镜激励在调焦时已固定,当放大倍率变化时,图像不会发生转动,在拍摄系列放大倍率照片时,图像与样品的几何对应关系完全一致。

(3)像元:像元(image element)是指电子束在样品上获取信息的区域,这个区域产生的信息被传送到荧光屏上某个对应的亮点成像。像元的面积越小,图像分辨率越高,可提供的信息越丰富。像元大小与放大倍率有关。在高分辨荧光屏上,最小亮点即荧光粉颗粒直径。

$$r_0 = \frac{1000}{m} \quad (\mu m) \tag{4-1}$$

使用扫描电镜时，提高放大倍率可以减小像元尺寸；但是为了得到一幅清晰聚焦的图像，必须考虑放大倍率 m、像元尺寸 r_0、束斑直径 d_p 三者之间的相互关系，如图 4-3 所示。如果减小束斑直径，使其大小与像元尺寸正好相当，图像真正聚焦，信息来自放大倍率对应的像元，这是有效放大倍率。可见束斑直径是确定样品表面取样范围的先决条件，精细聚焦的束斑直径越小越好。由表 4-2 可见，当选用 100000× 的放大倍率时，像元尺寸为 1nm，这时电子束斑直径必须聚焦为 1nm 才能看清该像元的细节。图 4-3（a）高放大倍率虽然使像元尺寸小，但束斑直径是像元直径的两倍，没有实际意义；图 4-3（b）减小束斑直径使其与像元大小相当，分辨率明显改善。

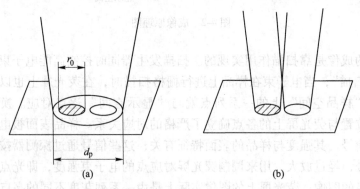

图 4-3 像元尺寸 r_0、束斑直径 d_p 与放大倍率关系示意图

（a）$d_p = 2r_0$；（b）$d_p = r_0$

表 4-2 像元尺寸与放大倍率的关系

放大倍率	10×	100×	1000×	10000×	100000×
像元尺寸	10μm	1μm	0.1μm	10nm	1nm

（4）景深：用相机拍照，总希望近物和远物都清楚。当像平面固定时，在维持物体图像清晰的范围内，近物与远物在光轴上的最大距离差称为景深。利用扫描电镜观察高低起伏的样品同样要求景深好。

图 4-4 示出了一个表面粗糙样品像元尺寸与放大倍率的关系，利用像元的概念计算景深。在某个放大倍率下，聚焦电子束从左向右扫描，b 处为正焦点，当电子束扫到下部 a 处和上部 c 处时，假定束斑直径展宽正好重叠两个以上的像元，使图像变模糊，a 与 c 之间的垂直距离就是景深，用 D 表示，意味着样品在 D 范围内的起伏均可以看清楚。从图 4-4 可见：

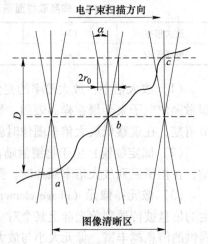

图 4-4 像元尺寸与放大倍率的关系

$$D = \frac{2r_0}{\partial} = \frac{0.2}{\partial m} \quad (\text{mm}) \qquad (4-2)$$

从式（4-2）分析，为了提高景深值可减少放大倍率或电子束孔径角，但有时为了观察某个形貌细节，需要一定的放大倍率和束斑尺寸，所以孔径角 α 是唯一可调参数，可用

小孔物镜光阑或拉长工作距离 WD 使 α 减少（工作距离定义为样品到物镜光阑之间的距离，也可近似用样品到物镜下表面的距离代替），如图 4-5 所示。因此为了观察非常粗糙的断口表面，应该选用大工作距离或小孔物镜光阑。扫描电镜图像的景深比透射电镜和光镜均优越，在一张二维的图像中可以提供三维信息。高度几十毫米的样品，在低倍下可以获得清晰的图像。

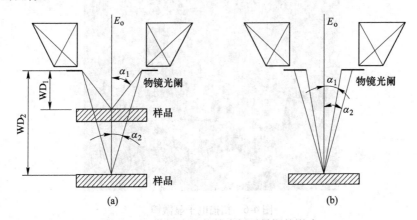

图 4-5　工作距离和物镜光阑对景深的影响
（a）工作距离 WD 对 α 角的影响：WD 小使 α 角变大，景深差；
（b）物镜光阑对 α 角的影响：小孔光阑使 α 角变小，景深好

4.1.2　扫描电镜的基本原理

扫描电镜放大成像过程与光学显微镜和透射电子显微镜不同，它是在加速电压的作用下，利用电子枪发射电子束通过会聚透镜、物镜光阑和物镜聚焦后在试样表面作光栅状扫描，形成直径约几纳米的电子束；当电子通过扫描线圈在试样表面扫描时，另一个扫描线圈同步扫描观察图像的显示屏，通过二次电子或者背散射电子探测器收集试样每点的二次电子信号，将二次电子信号同步调制成观察图像的显示屏对应点的亮度。所以，显示屏观察的图像和试样扫描部位是逐点对应的，通过检测电子与试样相互作用产生的信号对试样表面的成分、形貌及结构等进行观察和分析。入射电子与试样相互作用将激发出二次电子、背散射电子、吸收电子、俄歇电子、阴极荧光和特征 X 射线等各种信息（见图 4-6 和图 4-7），扫描电镜主要利用的是二次电子、背散射电子以及特征 X 射线等信号对样品表面的特征进行分析。图 4-8 为扫描电镜的工作原理。

（1）二次电子。二次电子是指被入射电子激发出来的试样原子中的外层电子。二次电子能量很低，只有靠近试样表面几纳米深度内的电子才能逸出表面。因此，它对试样表面的状态非常敏感，主要用于扫描电镜中试样表面形貌的观察。入射电子在试样中有泪滴状扩散范围，但在试样的表层尚不会发生明显的扩散，致使二次电子像有很高的空间分辨率。凸凹不平的试样表面所产生的二次电子，很容易用二次电子探测器全部收集，所以二次电子图像几乎无阴影效应，但二次电子易受试样电场和磁场的影响。

（2）背散射电子。背散射电子是指入射电子在试样中经散射后再从上表面射出来的高能电子，其最高能量接近于入射电子能量，背散射电子的产额随试样的原子序数增大

而增加，所以，背散射电子信号的强度与试样的化学组成有关，即与组成试样的各元素平均原子序数有关。背散射电子可用于分析试样的表面形貌。与此同时，背散射电子的产额随着试样原子序数的增大而增加，能显示原子序数衬度，可用于对试样成分作定性的分析。

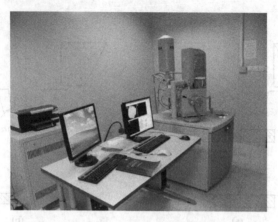

图 4-6　扫描电子显微镜

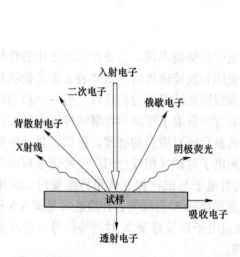

图 4-7　电子试样相互作用产生的各种信号

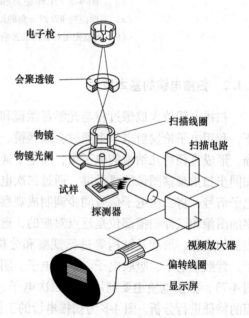

图 4-8　扫描电镜的工作原理

（3）特征 X 射线。特征 X 射线是指入射电子将试样原子内层电子激发后，外层电子向内层电子跃迁时产生的具有特殊能量的电磁辐射。特征 X 射线的能量为原子两壳层的能量差（$\Delta E = E_K - E_L$），这是由于元素原子的各个电子能级能量为确实值。这种高能量态是不稳定的，原子较外层电子将迅速跃迁到有空位的内壳层，以填补空位降低原子系统的总能量，并以特征 X 射线或俄歇电子的方式释放出多余的能量。由于入射电子的能量及分析的元素不同，会产生不同线系的特征 X 射线，因此特征 X 射线能分析试样的组成成分。

4.1.3 扫描电镜的特点

扫描电镜对样品微区结构的观察和分析具有简单、易行等特点，是目前应用最为广泛的一种试样表征方式，它相比于光学显微镜和透射电镜有其特有的优势。扫描电镜的主要特点如下：

（1）图像分辨率高、放大倍率大，倍率连续可调。扫描电镜具有很高的分辨率，普通扫描电镜的分辨率为几纳米，场发射扫描电镜的分辨率可达 1nm，已十分接近透射电镜的水平。光学显微镜只能在低倍率下使用，而透射电镜只能在高倍率下使用，扫描电镜可以在几倍到几十万倍的范围内连续可调，弥补了从光学显微镜到透射电镜观察的一个很大的跨度，实现了对样品从宏观到微观的观察和分析。

（2）景深大。扫描电镜的物镜采用小孔视角，长焦距，所以具有大的景深。一般情况下，扫描电镜的景深是透射电镜的 10 倍，是光学显微镜的 100 倍，扫描电镜二次电子产生的多少与电子束入射角度样品表面的起伏有关，所以，扫描电镜的图像具有很强的立体感，可用于观察样品的三维立体结构，特别适合观察一些粗糙不平的断口。

（3）无损分析。如果试样导电，而且尺寸能够放入样品室，就无需对试样进行任何处理，即可直接进行观察。

（4）试样制备简单。试样可以是自然表面、断口、块体、反光（或透光）光片，对不导电的样品只需蒸镀一层几纳米的导电膜。低压场发射扫描电镜甚至可以不需喷镀导电膜直接观察绝缘样品。环境扫描电镜和低真空扫描电镜可以直接观察生物活体和含水试样。

（5）综合分析能力强。扫描电镜可以对样品进行旋转、倾斜等操作，能对样品的各个部位进行观察。此外，扫描电镜可以安装不同的检测器（如能谱仪（EDS），波谱仪（WDS）以及电子背散射衍射（EBSD）等）来接收不同的信号，以便对样品微区的成分和晶体取向等特性进行表征。另外，还能在扫描电镜中配置相应附件，对样品进行加热、冷却、拉伸等操作并对该动态过程中发生的变化进行实时观察。

由于以上特点，扫描电镜已广泛用于材料科学、矿物学、冶金学、生命科学、电子学以及考古学等领域。只要在真空和电子束照射下稳定的固体，如金属、硅酸盐材料（牙齿、骨骼、纤维、涂层、古陶瓷等）、油漆、植物根叶和分泌物等，均可采用扫描电镜进行成分分析和形貌观察。

4.1.4 扫描电镜的结构

扫描电镜主要由电子光学系统，信号收集及处理系统，信号显示及记录系统，真空系统，计算机控制系统等几部分组成。

4.1.4.1 电子光学系统

电子光学系统由电子枪、电磁透镜、扫描线圈及样品室等部件组成，如图 4-9 所示。由电子枪发射的高能电子束经两级电磁透镜聚焦后汇聚成一个几纳米大小的束斑，电子束在扫描线圈的作用下发生偏转并在试样表面和屏幕上做同步扫描，激发出试样表面的多种信号。为了获得较高的信号强度和扫描像（尤其是二次电子像）分辨率，扫描电子束应具有较高的亮度和尽可能小的束斑直径。

电子枪的作用就是产生连续不断的稳定的电子流，其结构如图 4-10 所示。用于扫描电镜的电子枪有热电子发射型和场发射型两种，其结构与透射电镜电子枪基本相同。

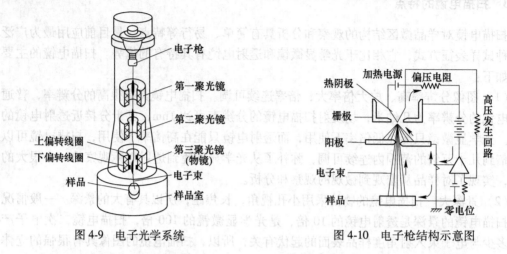

图 4-9　电子光学系统　　　　　图 4-10　电子枪结构示意图

场发射电子枪是由尖端曲率半径为几十纳米的钨单晶阴极、第一阳极和第二阳极构成，如图 4-11 所示。工作时，在阴极与第一阳极之间加一定的电压，结果在曲率半径很小的阴极表面产生了很强的电场；在强电场的作用下，电子从阴极发射出来，并在第二阳极作用下加速。场发射电子枪的亮度比热电子发射电子枪大 100~1000 倍，电子源尺寸可达 3nm 或更小，使用寿命也大大延长。因此，采用这种电子枪可大大提高扫描电镜的分辨能力。

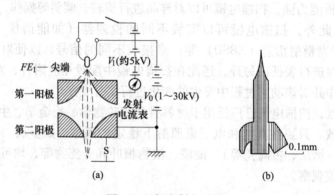

图 4-11　场发射电子枪

（1）电磁透镜。扫描电子显微镜中各透镜都不作为成像透镜，而是作聚光镜用，它们的功能只是把电子枪的束斑逐级逐渐缩小，使原来直径约为 $50\mu m$ 的束斑缩小成一个只有数个纳米的细小斑点。要达到这样的缩小倍数，必须用几个透镜来完成。扫描电子光学系统一般有三个聚光镜，前两个是强磁透镜，可把电子束斑缩小，第三个透镜是弱磁透镜，具有较长的焦距；而且它采用上下极靴不同孔径不对称的磁透镜，这样可以大大减小下极靴的圆孔直径，从而减少样品表面的磁场，避免磁场对二次电子轨迹的干扰，不影响对二次电子的收集。另外，布置这个末级透镜（习惯上称之为物镜）时要在中间留有一定的空间，用来容纳扫描线圈和消像散器。

（2）扫描系统。扫描系统的作用是提供入射电子束在样品表面上与阴极射线管电子束在荧光屏上的同步扫描信号，改变入射电子束在样品表面扫描振幅，以获得所需放大倍数的扫描像。扫描系统由扫描信号发生器、放大控制器等电子学线路和相应的扫描线圈所组成。

（3）样品室。样品室主要部件之一是样品台，它除了能进行三维空间的移动外，还能倾斜和转动。样品台移动范围一般可达 40mm，倾动范围至少 ±50°，转动 360°。不同厂家、不同型号的电镜，其性能指标略有差异。样品台还可带有多种附件，例如加热台、低温台、拉伸台等。

4.1.4.2 信号收集和显示系统

二次电子、背散射电子和透射电子都可采用闪烁计数器来进行检测。信号电子进入闪烁体后即引起电离，当离子和自由电子复合后就产生可见光。可见光信号通过光导管送入光电倍增器，光信号放大，即又转化成电信号输出，电流信号经视频放大器放大后就成为调制信号，如图 4-12 所示。如前所述，由于镜筒中的电子束和显像管中的电子束是同步扫描的，而荧光屏上每一点的亮度是根据样品上被激发出来的信号强度来调制的，由于样品上各点的状态不相同，所以收到的信号也不相同，于是就可以在显像管上看到一幅反映样品各点状态的扫描电子显微图像。

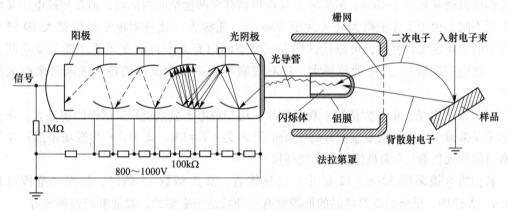

图 4-12 电子检测器

4.1.4.3 真空系统

扫描电子显微镜属于高真空系统的仪器，真空系统的作用是建立能确保电子光学系统正常工作、防止样品污染所必需的真空度。它的真空度靠真空泵来实现。扫描电镜使用的真空泵主要有机械泵、油扩散泵、涡轮分子泵及离子泵等。扫描电镜需要高的真空度，高真空度能减少电子的能量损失，减少电子光路的污染并提高灯丝的寿命。根据扫描电镜类型（钨灯丝，六硼化镧，场发射扫描电镜）的不同，其所需的真空度不同，一般在 10^{-3} ～ 10^{-8}Pa。

（1）观察纳米材料。纳米材料是指组成材料的颗粒或微晶尺寸在 0.1～100nm 范围内，在保持表面洁净的条件下加压成型而得到的固体材料。纳米材料具有许多与晶体、非晶态不同的、独特的物理化学性质。纳米材料有着广阔的发展前景，将成为未来材料研究的重点方向。扫描电子显微镜的一个重要特点就是具有很高的分辨率，现已广泛用于观察纳米材料。

（2）进口材料断口的分析。扫描电子显微镜的另一个重要特点是景深大，图像富有立体感。扫描电子显微镜的焦深比透射电子显微镜大 10 倍，比光学显微镜大几百倍。由于图像景深大，故所得扫描电子像富有立体感，具有三维形态，能够提供比其他显微镜多得多的信息，这个特点对使用者很有价值。扫描电子显微镜所显示断口形貌从深层次、高景深的角度呈现材料断裂的本质，在教学、科研和生产中，有不可替代的作用，在材料断裂原因的分析、事故原因的分析以及工艺合理性的判定等方面是一个强有力的手段。

（3）直接观察大试样的原始表面。扫描电子显微镜能够直接观察直径 100mm、高 50mm，或更大尺寸的试样，对试样的形状没有任何限制，粗糙表面也能观察，这样就免除了制备样品的麻烦，而且能真实观察试样本身物质成分不同的衬度（背反射电子像）。

（4）观察厚试样。扫描电子显微镜在观察厚试样时，能得到高的分辨率和最真实的形貌。扫描电子显微镜的分辨率介于光学显微镜和透射电子显微镜之间，但在对厚试样进行观察比较时，因为在透射电子显微镜中还要采用覆膜方法，而覆膜的分辨率通常只能达到 10nm，且观察的不是试样本身。因此，用扫描电子显微镜观察厚试样更有利，更能得到真实的试样表面资料。

（5）观察试样各个区域的细节。试样在样品室中可动的范围非常大，其他方式显微镜的工作距离通常只有 2~3cm，故实际上只许可试样在两度空间内运动，但在扫描电子显微镜中则不同。由于工作距离大（可大于 20mm）、焦深大（比透射电子显微镜大 10 倍）、样品室的空间也大，因此，可以让试样在三度空间内有 6 个自由度运动（即三度空间平移、三度空间旋转），且可动范围大，这对观察不规则形状试样的各个区域带来极大的方便。

（6）在大视场、低放大倍数下观察样品。用扫描电子显微镜观察试样的视场大，在扫描电子显微镜中，能同时观察试样的视场范围 F 为：$F=LM$，式中，F 为视场范围；M 为观察时的放大倍数；L 为显像管的荧光屏尺寸。

若扫描电镜采用 30cm（12 英寸）的显像管，放大倍数 15 倍时，其视场范围可达 20mm，大视场、低倍数观察样品的形貌对有些领域是很必要的，如刑事侦查和考古。

（7）进行从高倍到低倍的连续观察。放大倍数的可变范围很宽，且不用经常对焦。扫描电子显微镜的放大倍数范围很宽（从 5 万到 20 万倍连续可调），且一次聚焦好后即可从高倍到低倍、从低倍到高倍连续观察，不用重新聚焦，这对进行事故分析特别方便。

（8）观察生物试样。因电子照射而发生试样的损伤和污染程度很小，同其他方式的电子显微镜比较，观察时所用的电子探针电流小（一般为 $10^{-12} \sim 10^{-10}$ A），电子探针的束斑尺寸小（通常是 5nm 到几十纳米），电子探针的能量也比较小（加速电压可以小到 2kV），并且不是固定一点照射试样，而是以光栅状扫描方式照射试样。因此，由于电子照射面发生试样的损伤和污染程度很小，这一点对观察一些生物试样特别重要。

（9）进行动态观察。在扫描电子显微镜中，成像的信息主要是电子信息。按照近代的电子工业技术水平，即使高速变化的电子信息，也能毫无困难地及时接收、处理和储存，故可进行一些动态过程的观察。如果在样品室内装有加热、冷却、弯曲、拉伸和离子刻蚀等附件，则可以通过电视装置，观察相变、断裂等动态的变化过程。

　　扫描电子显微镜不仅可以利用入射电子和试样相互作用产生各种信息来成像，而且可以通过信号处理方法，获得多种图像的特殊显示方法，还可以从试样的表面形貌获得多方面资料。因为扫描电子像不是同时记录的，它是分解为近百万个逐次依此记录构成的，因而使得扫描电子显微镜除了观察表面形貌外还能进行成分和元素的分析，以及通过电子通道花样进行结晶学分析，选区尺寸可以从 $10\mu m$ 到 $3\mu m$。

4.1.5 扫描电镜在新能源材料中的应用

4.1.5.1 在锂离子电池负极材料中的应用

A LiNi$_x$Co$_y$Mn$_z$O$_2$

　　近年来，LiNi$_x$Co$_y$Mn$_z$O$_2$ 被认为是一种很有前途的阴极材料，表现出高放电容量（>150mAh/g）、中等电压平台（3.6~4.5V）和高能量密度（200~300Wh/kg）。锂、镍、钴是高价值金属，回收利用锂镍锰钴能产生可观的经济效益。如图 4-13 所示，在 600℃ 下再生的阴极材料显示出比其他材料更好的球形形态和均匀的颗粒尺寸分布。从 SEM 中可看出，不同温度下的球形形状不一致，并且随着温度的增加，其颗粒更加清晰、均匀，从而通过扫描电镜这一检测方式，能够清楚地发现材料形貌在不同条件下的变化，能够对材料的性能进行初步的判断。

(a) (b) (c)

图 4-13 LiNi$_x$Co$_y$Mn$_z$O$_2$

B LiCoO$_2$(LCO)

　　钴酸锂因其高能量密度、高工作电压和优异的电化学性能而被广泛应用于大多数电子器件，它在 LIBs 市场中有非常大的占比。在适当的温度（800℃）下短时间退火有效地提高了容量保留，这是因为增加了阳离子有序性。新鲜、回收和再生的 LCO 材料的扫描电镜图像如图 4-14 所示，材料呈块状整体堆积，并且其表面光滑，在经过长时间循环后，材料并未发生变化。这说明该材料经过电化学性能测试后，能够保证材料的完整性，具有良好的电化学性能。

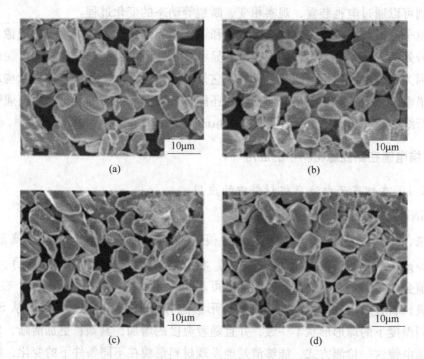

图 4-14　纯 $LiCoO_2$（a）、经过 200 次循环的 $LiCoO_2$（b）、
煅烧 4h 的 $LiCoO_2$（c）和煅烧 12h 的 $LiCoO_2$（d）的 SEM 图

C　硬碳材料（RFHC）

如图 4-15（a）所示，硬碳材料（RFHC）在作为锂离子电池负极材料时，其主要呈球形形貌，并且小球的分散性和球形度都比较好；在图 4-15（b）中，可以通过扫描电镜发现，其硬碳材料发生了轻微的团聚现象；在图 4-15（c）（d）中可以发现经过 SiO_2 复合改性后，小球的球形度和分散性也比较好，在更高倍下呈清晰的球状形态。根据 SEM 可以发现，材料的特殊形貌能够保证更好的材料结构稳定性，材料可以拥有更好的电化学性能。

D　TiO_2/C 复合材料

由超薄碳层组成高介孔二氧化钛/碳纳米复合材料，通过界面化学键紧密包覆在二氧化钛纳米晶体表面。如图 4-16 所示，能够发现材料呈小球状，并且由图 4-16（c）中发现，经过循环后，材料的整体结构性并未发生变化，说明该材料的结构稳定性较好，从而能够有效地预防电极材料后期的体积效应，最终达到稳定的电化学性能。

E　金属电极及其碳包覆

金属电极及其碳包覆，一方面，研究人员致力于开发新的合成方法来改善结构和减小尺寸；另一方面，铁基氧化物与碳材料或碳涂层结合以改善电化学性能。由图 4-17 可知，采用水热法将碳纳米管原位连接到 $\alpha\text{-}Fe_2O_3$ 微球上，材料的循环稳定性得到了很大提高。材料整体呈球形形状，并且由图 4-17（b）能更清晰地看到，材料是由小型球状堆积而成，其表面光滑平整、清晰明了。

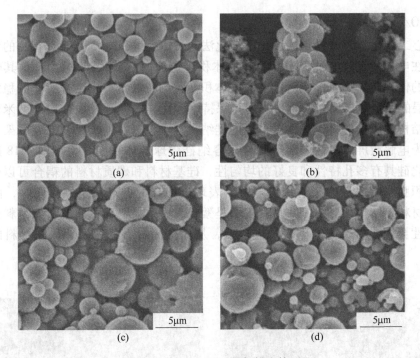

图 4-15　RFHC/SiO$_2$ 的扫描电镜图

（a）喷雾干燥后的 RFHC；（b）碳化后的 RFHC；（c）喷雾干燥后的 RFHC/SiO$_2$；（d）碳化后的 RFHC/SiO$_2$

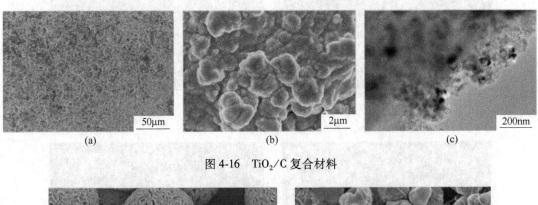

图 4-16　TiO$_2$/C 复合材料

图 4-17　金属电极及其碳包覆材料

F SiO/C 材料

以空心二氧化硅为原料，通过化学转化法制备多孔硅微球，微球具有高的锂离子扩散通量。在电池的充放电过程中，微球的体积可逆地向内膨胀/收缩，这与其他固体储锂过程中的体积向外膨胀形成对比。向内体积变化的特性提高了结构尺寸的稳定性，促进了 SEI 层的稳定形成，并表现出高容量保持率和优异的循环寿命。用硅纳米球制备了类似石榴结构的阳极材料，被碳层包裹的硅纳米粒子包裹在微米尺度的碳骨架中。外部碳骨架作为电解质屏障，而内部空间可以容纳硅微球的体积变化，如图 4-18 所示。制备的二氧化硅具有多孔特性和良好的均匀性，硅基材料和碳质材料的耦合可以弥补导电性差和体积膨胀的缺点，该纳米复合材料表现出优异的循环稳定性。同时，由图 4-18可以看出材料整体呈球形状，并且其表面呈絮状，由条状物堆积而成。该材料的整体结构的特殊性会为锂离子提供更多的嵌入点，从而提高材料的容量，保证材料的循环稳定性。

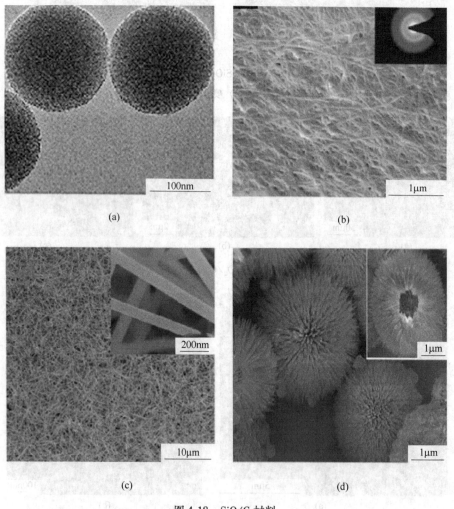

图 4-18 SiO/C 材料

4.1.5.2 在锂离子电池正极材料中的应用

A MgF₂

使用 SEM 对原始样品和 MgF_2 包覆后的样品进行形貌表征，所有的样品都显示出与之前所了解的形貌相似的微米结构。在图 4-19（a）中，原始样品的表面干净并且光滑，再进行包覆，包覆不同量的 MgF_2 样品外形与原始相比几乎没有变化，颗粒的表面会随着 MgF_2 的包覆量增加而变得粗糙；这是由于 MgF_2 表面包覆层造成的，同时也进一步证明了 MgF_2 已经成功包覆在原始的 $Na_{0.44}MnO_2$ 样品表面。该材料的特殊形貌决定了它将会拥有良好的结构稳定性，保证材料的循环能力，从而可以作为一种比较好的正极材料。

图 4-19　原始 $Na_{0.44}MnO_2$（a），$1MgF_2$-$Na_{0.44}MnO_2$（b），$2MgF_2$-$Na_{0.44}MnO_2$（c）
和 $3MgF_2$-$Na_{0.44}MnO_2$（d）

B Li₀.₂₅Na₀.₆MnO₂（LNMO）

通过 SEM 对 LNMO 材料的形貌与大小进行研究，如图 4-20 所示，LNMO 材料是典型的层状锂离子电池正极材料，它是由层状片状材料堆积而成的，粒径大小为 2~3μm，厚度为 2~3μm。通过对比发现，材料表面平整光滑，当 $Li_{0.25}Na_{0.6}MnO_2$ 作为钠离子电池正极材料时，其特殊的层状结构，不仅能够为锂离子的嵌入和嵌出提供很好的空间，还能进一步预防材料的体积效应，防止材料后期发生体积崩塌，从而能够在一定程度上保证材料的容量以及稳定性。

(a)　　　　　　　　　　　　(b)

图 4-20　$Li_{0.25}Na_{0.6}MnO_2$ 材料

4.1.5.3　在钠离子电池负极材料中的应用

A　SnO_2 以及 SnS/C 材料

锡基材料由于其理论容量高，比如 SnO_2 具有转化和合金化反应的双重反应机制，并且 SnS 中的离子键比 SnO_2 的离子减弱，更利于转化反应；但是其合金化反应的过程中会引起巨大的体积膨胀，这样就会导致容量迅速衰减。为此，利用高温碳化来进行改性，图 4-21（a）为简单的球磨纳米二氧化锡的前体纤维，可以看到具有光滑的表面，没有任何颗粒。从图 4-21（b）中可以看到其 SnO_2/C 的直径并未发生变化，并且变得更加弯曲，而且其互相缠绕在一起，这样就初步判断出有助于材料的结构稳定性。图 4-21（c）为 SnS/C 材料，其弯曲程度更大，说明通过静电纺丝工艺，使材料变得弯曲而且纤细，然后材料再通过层层堆积，最后对材料的结构稳定性起到很好的帮助。

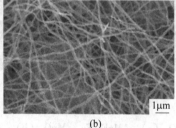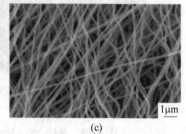

(a)　　　　　　　　　　(b)　　　　　　　　　　(c)

图 4-21　SnO_2 以及 SnS/C 材料

B　$NiCo_2S_4@MOS_2$

采用原位策略法成功制备了镍泡沫上生长的 Ni_2S_4 纳米线；由于双金属的协同效应，经过 100 次循环后，仍会保持良好的稳定性、容量保持率较高，并且对于 $NiCo_2S_4@RGO$ 复合材料，得益于 RGO 的保护基质，该电极表现出优异的钠储存性能，设计空心结构是改善电极材料电化学性能的有效策略。利用镍甘油酸盐作为前驱体，采用溶剂热法和后续的修饰/碳包覆策略，成功地制备了具有精确球-球结构的纳米球。根据图 4-22 所示的扫描电镜图像，在核和壳之间产生中空结构；这种结构除了提供更多功能外，还有效地减少了体积变化活性位点，从而提高电导率，并且使用简易水热法成功制备了三维多级 $NiCo_2S_4@ MOS_2$ 孔/壳阵列，如图 4-22 所示。

(a)   (b)

图 4-22 $NiCo_2S_4@ MOS_2$ 孔/壳阵列

4.1.5.4 在金属材料中的应用

由图 4-23 所示，扫描电镜可对金属材料的微观组织进行显微结构及立体形态的分析，还可对金属材料表面的磨损、腐蚀以及形变进行分析；对金属材料断口形貌进行观察，揭示断裂机理；对钢铁产品质量和缺陷进行分析。同时，扫描电镜结合能谱可以测定金属及合金中各种元素的偏析，对金属间化合物相、碳化物相、氮化物相及铌化物相等进行观察和成分鉴定；对钢铁组织中晶界处夹杂物或第二相观察以及成分鉴定；对零部件的失效分析以及失效件表面的析出物和腐蚀产物的鉴别。

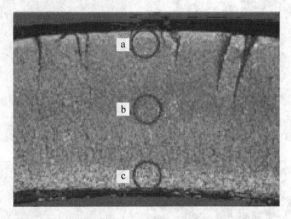

图 4-23   结合成分分析及硬度测试确定金属种类

4.1.5.5 在陶瓷材料中的应用

扫描电镜可对陶瓷材料的原料、成品的显微结构及缺陷等进行分析，观察陶瓷材料中的晶相、晶体大小、杂质、气孔及孔隙分布情况，晶粒的取向以及晶粒的均匀度等情况。图 4-24 所示为压敏陶瓷端口 SEM 图。

图 4-24　压敏陶瓷断口 SEM 图

4.1.5.6　在太阳能电池材料中的应用

A　TiO$_2$NAs 作为太阳能电池的材料

图 4-25 为 TiO$_2$NAs 太阳能电池材料的 SEM 图，可以看出，在不同制备工艺下，TiO$_2$NAs 的长度基本保持一致性（650nm）。但是当退火温度从 100℃ 提高到 500℃ 时，TiO$_2$NAs 的垂直度变得更好，直径变得更细并且更加均匀。这就说明高的退火温度会进一步降低 TiO$_2$NAs 表面层的粗糙度，能够进一步提高 TiO$_2$NAs 的垂直度和均匀性。随着退火温度的提高，其材料的直径越来越小，只是由于位阻效应的缘故，当 TiO$_2$ 成核位点较大时，TiO$_2$NAs 会沿着 C 轴生长并且同时抑制着横向生长。因此，从侧面反映高温退火能够有助于细面垂直 TiO$_2$NAs 的生长。

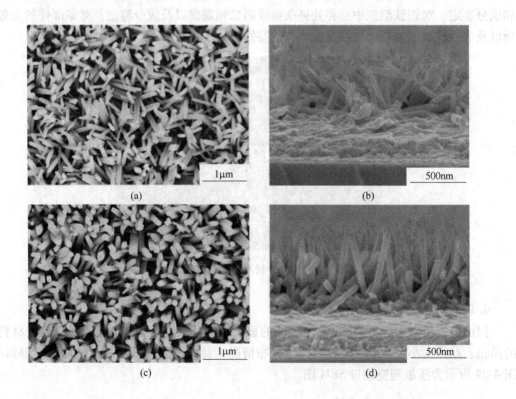

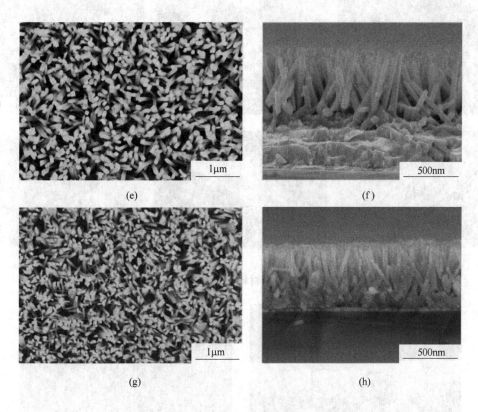

图 4-25　TiO$_2$NAs 作为太阳能电池时的 SEM 图

B　Bi$_2$S$_3$/CNTs 作为太阳能电池的材料

通过扫描电子显微镜（SEM）表征 Bi$_2$S$_3$/CNTs 复合材料作为太阳能电池时的形貌和结构，由图 4-26 可知，在 Bi$_2$S$_3$/CNTs 复合材料上，其碳纳米纤维上生长的 Bi$_2$S$_3$ 纳米颗粒比较稀疏，并没有大面积地覆盖碳纳米纤维，所以对应的催化活性位点数量也相对较少。图 4-26 中显示出 Bi$_2$S$_3$/CNTs 复合材料随着水热过程中原料配比的不同，其 Bi$_2$S$_3$ 纳米颗粒的数量也随着增加，并且在碳纳米纤维表面分布得更加均匀密集，相应的活性位点也随着增加。在更高分辨率的 SEM 图像中，可以发现其纳米颗粒全面均匀地生长在碳纳米纤维表面上。

图 4-27（a）为铝合金、（b）是在铝合金表面包覆一层 Al 改性后的扫描电镜图，因为添加 Al 层能够使合金材料的碳层和活性氧离子不直接接触，避免碳的损耗，同时 Al 层很容易能和碳层反应生成 Al$_4$C$_3$，形成化学结合界面，增强了界面结合强度，能够更好地保护材料不受损，保证材料的完整性。从图 4-27 的对比来看，材料在改性前后的区别较大，改性前（图 4-27（a））合金材料呈棍状，并且其表面有圆形缺陷；改性后（图 4-27（b）），材料仍然为棍状，并且表面完整光滑。这就更进一步说明，大多数情况下，可以利用扫描电镜来观察材料在不同环境、不同情况下的结构改变，从而更加清楚地认识到材料本身。

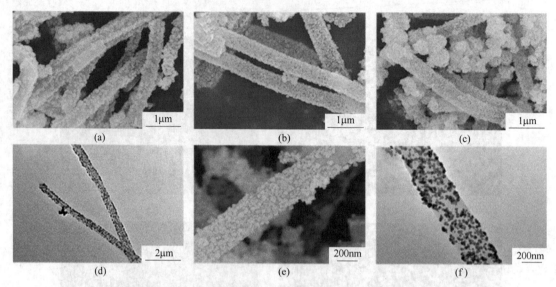

图 4-26　Bi$_2$S$_3$/CNTs 复合材料作为太阳能电池时的 SEM 图

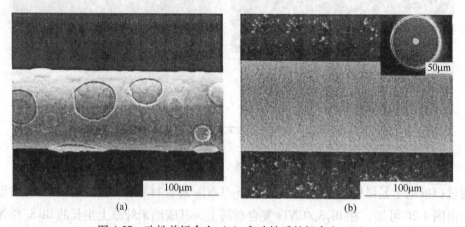

图 4-27　改性前铝合金（a）和改性后的铝合金（b）

4.2　透射电子显微镜

4.2.1　概述

　　透射电子显微镜（TEM）是科学研究不可或缺的一种仪器，透射电镜可以看到光学显微镜下无法看清的小于 0.2μm 的细微结构，这些结构称为亚显微结构或超微结构。要想看清这些结构，就必须选择波长更短的光源，以提高显微镜的分辨率。1932 年 Ruska 发明了以电子束为光源的透射电子显微镜，电子束的波长要比可见光和紫外光短得多，并且电子束的波长与发射电子束的电压平方根成反比，也就是说电压越高波长越短。

　　透射电镜的成像过程如图 4-28 所示，其内部的电子枪通过高电压而发射电子束，通过多级电场的加速和汇聚投射到材料上，电子与样品中的原子碰撞而改变方向，从而产生立体角散射。制作的样品厚度、密度影响散射角的大小，由此可以形成明暗不同的电子影像。电子影像在物镜、中间镜、投影镜的连续放大之后，在像平面（如荧光屏、胶片以及感光耦合组件）上得到高分辨率的图像。

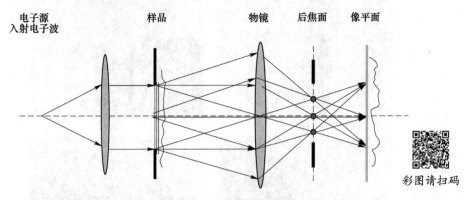

图 4-28　透射电子显微镜的成像过程

电子显微技术对于新材料的发现起到了巨大的推动作用，D. Shechtman 借助透射电镜发现了准晶，重新定义了晶体，丰富了材料学、晶体学、凝聚态物理学的内涵，D. Shechtman 也因此获得了 2011 年诺贝尔化学奖。

材料的微观结构对材料的力学、光学、电学等物理化学性质起着决定性作用，所以掌握高精尖材料的微观形貌和组织结构已成为不可或缺的一步，透射电镜作为材料表征的重要手段，不仅可以用衍射模式来研究晶体的结构，还可以在成像模式下得到实空间的高分辨像，即对材料中的原子进行直接成像，通过电子衍射技术分析材料的物像、晶面结构，甚至是材料的微观空间群。图 4-29 是一种钠离子电池材料的透射电镜图，附着在碳纤维表面的金属锡清晰可见，进一步放大后能看到金属粒子的微观形貌和分布位点；不仅如此，研究人员结合高倍数放大图像和理论计算，在图 4-29（d）中更是展现出了金属锡粒子不同的晶面以及晶格间距，这对研究电池材料创造了有利条件。

在分析材料微观结构的同时，也需要知道材料内部各种元素的分布情况，从而进行后期研究和改进实验。在透射电镜中加入扫描附件和能量色散 X 射线谱仪，或者提前在电镜中安装图像过滤装置，能够照射出材料的元素分布图像，以此为基础进行不同元素分布分析，确定晶体的纯度以及观察是否有成分偏析等现象。

4.2.2　结构及工作原理

透射电子显微镜可以在纳米甚至原子尺度上分析物质的形貌、结构以及成分，是新能源材料研究领域中不可或缺的重要技术手段，是各高校和科研院所进行科学研究的有力工具。要获得材料的高质量电子图像，分析和解释获得的图像形貌、结构，需要了解显微镜的工作原理和内部构造，并且掌握电子显微镜的基本操作方法和操作步骤。透射电镜的总体工作原理是：由电子枪发射出来的电子束，在真空通道中沿着镜体光轴穿越聚光镜，通过聚光镜将其会聚成一束尖细、明亮而又均匀的光斑，照射在样品室内的样品上；透过样品后的电子束携带有样品内部的结构信息，样品内致密处透过的电子量少，稀疏处透过的电子量多；经过物镜的会聚调焦和初级放大后，电子束进入下级的中间透镜和第一、第二投影镜进行综合放大成像，最终被放大了的电子影像投射在观察室内的荧光屏上；荧光屏将电子影像转化为可见光影像以供使用者观察。

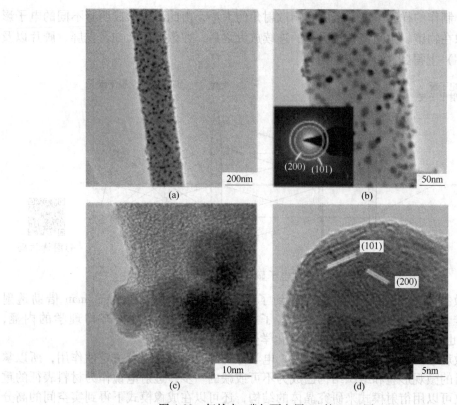

图 4-29　氮掺杂-碳包覆金属 Sn 的 TEM 图

　　图 4-30 是 Talos F200X 型透射电子显微镜的外形照片，透射电子显微镜是用于观察材料的微观组织结构的大型精密电子仪器，相比于光学显微镜来说，它的精度和分辨率更高。如今各种类型的透射电镜层出不穷，在结构和性能上都有较大的差异；但是总的来说，一个透射电镜都由 5 大部分组合而来：照明系统、成像系统、观察系统、记录系统、辅助系统。

图 4-30　Talos F200X 型透射电子显微镜

4.2.2.1 照明系统

电子显微镜的照明系统包括电子枪和聚光镜，对于电镜照明系统提出的要求是能够提供最大亮度的电子束，照射在试样上的电子束和孔径角能够在一定范围内调节，而且照明斑点的大小符合需要。亮度是由电子发射强度决定的，而光斑大小主要由聚光镜的性能决定。

A 电子枪

电子枪是产生电子的装置，往往位于最上方，一般可分成热电子发射型和场发射型两种。

a 热发射电子枪

金属中含有大量电子，电子一般都在金属内部，热电发射是利用加热的方式使电子获得足够的能量来克服表面势垒，进而从金属表面溢出。热发射电子枪是目前使用比较广泛的电子枪，它的寿命长、稳定性高、操作简单。

热发射电子枪主要由三部分组成：阴极、阳极和栅网。图 4-31（a）是热发射电子枪的工作原理图，热电子发射一般会升到很高的温度（1000℃以上），因此阴极发热体使用的材料是高熔点、高电阻率的金属材料，例如钨丝或者硼化镧（LaB_6）单晶体。将阴极材料制作成发夹形状，通过外加电压使阴极发热体升温，到达一定温度时发射电子，在阴极和阳极的高压电场作用下，电子通过金属栅网后穿过阳极孔洞打到聚光镜，连续发射电子就会形成电子束进入聚光镜系统。

b 场发射电子枪

场发射是一种非常有效的电子发射方式，场发射电子枪不像热发射电子枪需要向内部电子提供能量，而是利用隧道效应，给电子外加强电场使表面势垒的高度降低、宽度缩小，从而使电子束流穿透表面势垒从金属表面发射出来。图 4-31（b）是场发射电子枪工作原理图，它包含三组电极：阴极、第一阳极和第二阳极。阴极充当场发射源，金属钨丝呈针尖状，曲率半径小于 100nm（发射截面），针尖状的阴极有助于集中电场。电子枪工作时，阴极发射源产生高达 $10^7 \sim 10^8 \mathrm{V/cm}$ 的电场，发射出来的电子经过第一阳极到达第二阳极，在加速电压的作用下汇聚成电子束斑，直径约为 10nm。相比于热发射电子枪，场发射电子枪发射的电子束斑直径小、光源相干性好、亮度要高 100 倍，且耗能低，没有时间延迟，能提高透射电镜的分辨率。场发射电子枪也分为两类，室温下工作称为冷场发射，阴极称为冷阴极，由于温度为室温，它的能量发散低（0.3~0.5eV），但是噪声大，尖端处会定期出现吸附分子，要及时处理；相反，加热下工作是热场发射，热阴极（又称肖特型发射极）能量发散较大（0.6~0.8eV），尖端不产生吸附分子，且噪声小，一般透射电镜使用冷场发射。

图 4-32 是使用 Talos F200X 型场发射透射电子显微镜照射的 Co-Ni-MOF 前驱体和 Co(Ni)Se$_2$@NCC 纳米粒子的 TEM 图像。图 4-32（a）内部黑色的类似甜甜圈的结构是 Co 和 Ni 元素形成的化合物，外部是空心的薄壳，这可能是由于镍元素的掺杂和溶剂的挥发所致；图 4-32（b）中 CoSe$_2$ 和 NiSe$_2$ 纳米颗粒更多地嵌入碳壳的内腔中，这也解释了硒化后 Co(Ni)Se$_2$@NCC 颗粒的形状仍然保持着球形腔的形状。球形腔结构的钠离子电池材料

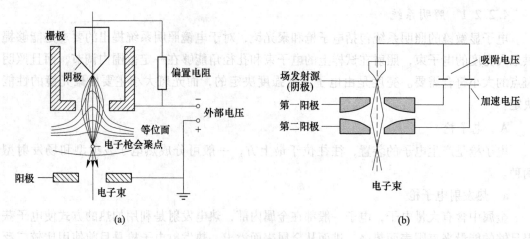

图 4-31　电子枪原理图
（a）热发射；（b）场发射

的首次发现为后期新型电池材料的开发利用开拓了很好的思路，结合高分辨率透射电子显微镜，研究人员将会探索并发现更多新能源材料的微观形貌和组织结构，为新能源材料的商业化奠定良好的基础。

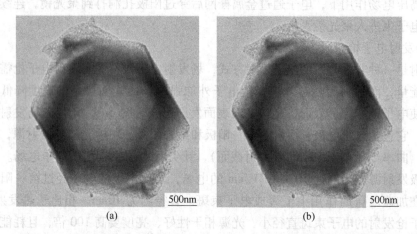

图 4-32　Co-Ni-MOF 前驱体（a）和 Co(Ni)Se$_2$@NCC 粒子（b）的 TEM 图

　　用透射电镜对 CoSe$_2$/GR 表征了所制备的复合材料的微观结构和晶格参数。低倍放大和高倍放大的 TEM 图如图 4-33 所示，图中显示有明显 CoSe$_2$ 的 V 形纳米棒（长度约为 500nm）。通过 HRTEM 图像确认了 GR 的层状结构。随后，在 HETEM 图中（见图 4-33（b））发现清晰的晶格条纹，则表明 GR 上合成的 V 形 CoSe$_2$ 具有良好的晶体结构，0.38nm 的晶格间距对应于 CoSe$_2$ 的（1 1 1）晶面。

　　B　聚光镜

　　聚光镜系统是通过改变电子的入射角度，使电子束进一步聚集，缩小入射范围，从而增加电子束的强度，减小直径，增强相干性，此时打到样品表面将获得高分辨率的微观形

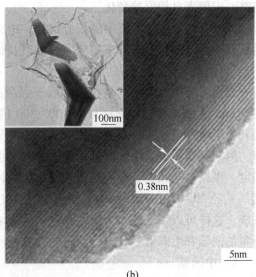

(a)   (b)

图 4-33 CoSe$_2$/GR 的 TEM 图（a）和 CoSe$_2$/GR 的 HRTEM 图（b）

貌组织。目前透射电镜中大多使用的是双聚光镜系统，如图 4-34 所示，第一聚光镜是焦距 f 较短的强磁透镜，放大倍数在 1/100~1/50 之间，它的作用是汇聚和缩小电子束的直径，一般在第二聚光镜之后还会增加光阑（孔径 20~400μm）来减小照明孔径，阻止远离光轴的高速散射电子打到试样上，抛弃这些无用电子后能够提高电子束的空间相干性，减小球差，提高分辨率。光阑的大小和位置可以通过旋钮来调整。双聚光镜系统可以在较大范围内调整电子束直径大小，第二聚光镜与物镜之间留有较大的空间来放置样品和其他装置，当第一聚光镜的后焦点与第二聚光镜的前焦点重合时，经过两次放大后将获得平行的电子束，大大减少了电子发散，得到高质量的衍射花样。

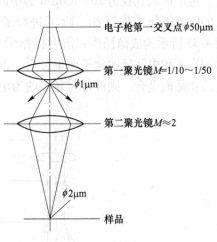

图 4-34 双聚光镜系统

C 成像系统和辅助成像装置

透射电子显微镜的成像原理可分为吸收像、衍射像、相位像三种情况。

吸收像：当电子射到质量、密度大的样品时，主要的成像作用是散射作用。样品上质量厚度大的地方对电子的散射角大，通过的电子较少，像的亮度较暗，早期的透射电子显微镜都是基于这种原理。

衍射像：电子束被样品衍射后，样品不同位置的衍射波振幅分布对应于样品中晶体各部分不同的衍射能力；当出现晶体缺陷时，缺陷部分的衍射能力与完整区域不同，从而使衍射波的振幅分布不均匀，反映出晶体缺陷的分布。

相位像：当样品薄至 100Å（10nm）以下时，电子可以穿过样品，波的振幅变化可以忽略，成像来自相位的变化。

成像系统是透射电镜中的核心部分，由物镜、中间镜和投影镜构成，经过成像系统之后可以得到高质量高分辨率的放大图像以及衍射花样。

a 物镜

成像系统中的第一个是物镜，属于强激磁、短焦距（$f=1\sim3$mm）的磁透镜，分辨率在 0.1nm 左右，可以将试样放大 $100\sim300$ 倍。物镜是成像系统中最关键的磁透镜，中间镜和投影镜只负责进一步放大图像，并不能分辨结构形貌，因此物镜没有分辨出的图像细节，后期同样无法分辨。提升物镜的分辨率极为重要，通常有两种方法：提高极靴的加工精度，极靴内孔和上下极靴的距离越小，物镜分辨率越高；物镜的后焦面上放一块物镜光阑（孔径 $20\sim120\mu$m），物镜光阑限制孔径角，阻止衍射角或散射角较大的电子进入成像系统，这样可以降低球差、像差和色散的影响，并且在像平面会形成具有衬度的图像，对材料的缺陷和组织形貌分布的观察更加方便明了。

b 中间镜

中间镜是第二个电磁透镜，在物镜和投影镜之间，是弱激磁、长焦距磁透镜，通过物镜放大产生的电子图像经由中间镜可以继续放大 $1\sim20$ 倍。若要选择某个区域进行物像分析，可以加入孔径为 $20\sim400\mu$m 的中间镜光阑（也称为选区光阑），它可以使电子通过限定的区域进行成像操作。除了进行放大图像外，中间镜还负责成像操作和衍射操作。图 4-35 所示为成像操作和衍射操作示意图。成像操作是通过改变中间镜的焦距，使物镜的相平面和中间镜的物平面重合后，得到清晰的放大的图像；如果使物镜的后焦面和中间镜的物品面重合，则屏幕上显示的为电子衍射花样。

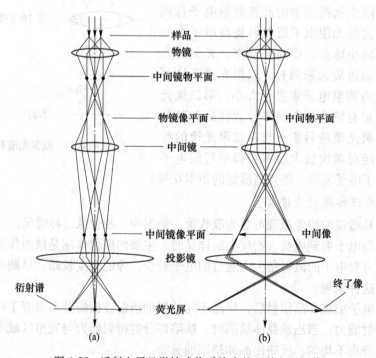

图 4-35 透射电子显微镜成像系统中的两种电子图像

c　投影镜

投影镜是成像系统中的最后环节，属于强激磁、短焦距磁透镜，它将经过两次放大后的电子图像再次放大，最终投射清晰的图像到荧光屏上。由于大的景深和焦长，投影镜的稳定性非常好，中间镜在改变电流以改变放大倍数时对荧光屏上图像的清晰度几乎没有影响，所以投影镜无需改变它的电流，仍能获得清楚的电子图像。

4.2.2.2　观察记录系统（显像系统）

观察记录系统由照相室和荧光屏组成。由于电子束的成像波长太短，不能被人的眼睛直接观察，电镜中采用涂有荧光物质的荧光屏把接收到的电子影像转换成可见光的影像。观察者需要在荧光屏上对电子显微影像进行选区和聚焦等调整与观察分析，这要求荧光屏的发光效率高，光谱和余辉适当，分辨力好。目前多采用能发黄绿色光的硫化锌-镉类荧光粉作为涂布材料，直径为 15~20cm。

A　景深和焦长

在透镜的前方放置一试样，试样通过透镜将清晰的图像聚集在透镜后方的荧光屏上。如果将样品在光轴方向前后移动一定的距离，屏幕上的像仍然清晰可见，这段可移动样品的距离就是景深（场深）；相反，如果将屏幕沿着光轴的方向前后移动，使图像仍然清晰可见的这段移动距离则称为焦长。由于是小孔径成像，使得电子显微镜的景深和焦长比光学显微镜长得多。

计算透射电镜的景深可用以下公式：

$$D = \frac{\mu}{\theta} \tag{4-3}$$

式中，D 为电镜的景深；μ 为分辨本领；θ 物镜的孔径半角，约为 10^{-3} 弧度。

设透射电镜的分辨率是 1nm，那么景深 $D = 1\mu m$，而一般透射电镜的样品厚度为 60~70nm，远小于景深，这样一来电镜对样品放置角度和放置范围的要求将大大降低，而样品的全部细节也能同时聚焦成像。

焦长由下式计算：

$$L = \frac{M^2 \mu}{\theta} = M^2 D \tag{4-4}$$

式中，L 为焦长；M 为放大倍率。

若放大倍数和分辨本领一定时，透镜的焦长随孔径半角的减小而增加。由于透镜的放大倍数等于所有透镜的放大倍数之积，所以最终的电子图像焦长更大了，设 $M = 100000$，则其焦长 $L = 100m$。焦长的增加给透射电镜的图像记录带来便利，只需将图像聚焦清晰，在荧光屏上方或下方放置照相机底片都能得到清晰的图像。

B　像差

像差（全称色像差，aberration）是指实际光学系统中，由非近轴光线追迹所得的结果和近轴光线追迹所得的结果不一致，与理想状况的偏差，即由显微镜所引起的"像失真"。对于磁透镜，决定分辨率的不是瑞利判据，而是各种像差。举例来说，100kV 的电子波长只有光波长的 1/105，但透射电镜的分辨率只提高了 103 倍，这就是由于像差的缘故。到目前为止，人们陆续地发现了十几种磁透镜像差，它们都限制了透射电镜分辨率的提高。

由于高能电子束的波长远远小于磁透镜的特征尺寸，所以电子束在磁场中的几何路径可以近似地用几何光学来描述。像差主要类型有球差、色差和像散。

a　球差

如图4-36所示，球差是由于透镜的边缘部分对电子束的折射更强而引起的。靠近光轴的射线其会聚位置要比远轴射线的会聚位置更靠近透镜，这就造成在焦点位置上得不到一个清晰的点，而是一个模糊的圆斑。若在焦点附近平移一个垂直光轴的平面，可以在某一位置得到一个直径最小的漫散圆，该位置就是最佳聚焦点。球差系数的表达式为：

$$\delta = C_s \theta^3 \tag{4-5}$$

式中，δ为最小漫散圆半径；C_s为球差系数；θ为半孔径角。

如果使用小孔光阑挡住透镜边缘的电子束，则可以有效地降低球差。但是，半孔径角的降低也会使分辨率降低。因此，两者必须取一个合理的值，才能得到最佳分辨率。现代透射电镜的球差系数C_s一般在1mm左右。由于磁透镜不能发散，因此不能通过类似于光学系统中的凹透镜或凸透镜组合来消除球差。在很长一段时间内，球差是影响透射电镜分辨率的主要因素。

b　色差

色差是由于电子束的速度不同而导致的，如图4-37所示，在磁透镜中，波长短的电子束速度大，在磁场中有着较长的焦距，而波长长的电子束速度小，相应地焦距短。造成色差的原因有发射枪发射时电子束初速度不同、穿透样品时散射的能量不同、加速电压和励磁电流的波动，现代透射电镜可以通过加装单色器把色差控制在可接受的范围内。

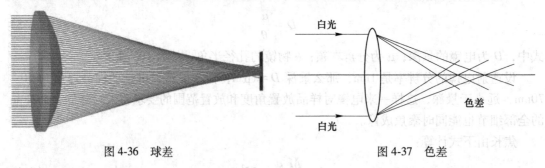

图4-36　球差　　　　　　　　　　　　　　　图4-37　色差

c　像散

像散是由于磁场的不严格轴对称造成的。在加工磁透镜时，很难将增强磁场的软铁加工成完美无缺的圆形。磁铁形状上微小的不圆会使电子在穿行时偏离正常轨迹，如图4-38所示，透镜互相正交的两个方向上聚焦能力不一样。可以想象，这将导致两个明锐的点变成扩大的像点，造成分辨率下降。

消像散器可以改善和校正像散，早期的透射电镜使用机械式消像散器，将一定数量的导磁体（如铁钉）放在透镜的磁场周围，调节位置即可实现椭圆形磁场转换为近圆形磁场；在现代透射电镜中一般使用电磁式消像散器，如图4-39所示，在透镜极靴间加入8个轴对称分布的磁铁，每一对都是同极相对，相邻两个磁极相反，通过改变电磁体的磁场方向和强度来改善磁场分布，从而达到消像散的目的。

4.2.2.3　透射电镜的辅助系统

透射电镜的辅助系统包括供电系统、真空系统、冷却系统和调控系统。冷却系统用于冷却电子透镜和油扩散泵；调控系统可调节镜筒的对中合轴、亮度、放大倍率和聚焦等；真空系统和供电系统是比较重要的两个辅助系统。整个透射电镜的光学系统都处在真空状态下，存在电子的区域都要求高度真空，如果真空度不理想，空气进入电镜内部将造成气体电离现象，阴极灯丝发生氧化反应而断裂，而且电子高速行进时与气流碰撞将发生散射，影响图像衬度和分辨率。

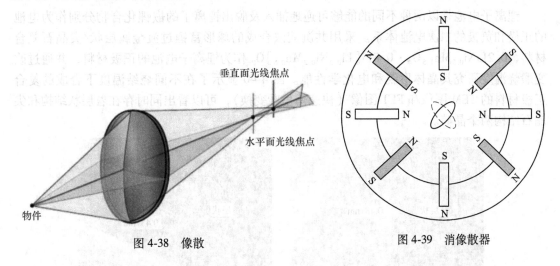

图 4-38 像散   图 4-39 消像散器

4.2.2.4 电子显微镜的分辨率

光学显微镜的分辨率由衍射效应所决定，电子显微镜则不同，它的分辨率受到两个因素的作用：衍射分辨率和像差分辨率（球差、像散和色差），两者中的最大值即为电镜分辨率。电镜分辨率又分为点分辨率和晶格分辨率。

（1）点分辨率。点分辨率是通过测定粒子间最小间距得到的，是实际分辨率。由于重金属具有密度和熔点高、稳定性好、颗粒尺寸均匀、图像质量高等特点，通常测定电镜分辨率采用重金属为试样，如果操作得当，重金属在真空加热蒸发后会均匀沉积在薄膜上，粒径一般在 0.5~1.0nm 间，且颗粒间不出现重叠部分。将制好的试样放置在电镜中成像拍照，之后在光学显微镜中观察照片，选取颗粒间分布较好的区域进行放大操作，测量刚能看清颗粒时的最小间距除以总的放大倍数，即为该电镜的分辨率。例如，颗粒最小间距 1mm，两种放大镜放大倍数分别为 10 倍、100000 倍，则计算后的电镜分辨率是 1nm。

（2）晶格分辨率。晶格分辨率是通过高分辨晶格像测定的，电子束射到样品表面后形成的透射束和衍射束同时进入成像系统，两束电子束因相位差而形成干涉条纹，条纹间的距离就是晶格间距，其中最小晶面的间距即为电镜的晶格分辨率。由于晶格间的距离要比实际能看到的更小，因此晶格分辨率更高。

4.2.3 透射电镜的应用

随着科学仪器技术的不断发展，先进的仪器设备开拓了科研人员探索未知领域的能力，大到宇宙小到单个原子，科学仪器的进步让科研人员实现了对物质内部相关反应的可视性和掌控性，从而进一步实现科学技术的突破。新能源技术的快速发展使科研人员聚焦于新型能量转换器件，如可充放电电池、燃料电池和太阳能电池等。在发展能量转换器件中，使用先进的科学仪器直观地检测器件内部的化学反应和能量转换等反应细节对于优化和设计器件是至关重要的。使用直观表证技术探测储能器件中的复杂化学反应、物相转化以及电流趋势，对于研究能源转换的机理和本质起到至关重要的作用。下面介绍具体的应用实例。

4.2.3.1　透射电镜在锂离子电池（LIBs）正极材料的应用

锂离子电池是以两种不同的能够可逆地插入及脱出锂离子的嵌锂化合物分别作为电池的正极和负极的二次电池体系。采用共沉淀法合成的球形富锂过渡金属层状/尖晶石复合材料，$0.2LiNi_{0.5}Mn_{1.5}O_4 \cdot 0.8Li[Li_{0.2}Ni_{0.2}Mn_{0.6}]O_2$ 作为锂离子电池的正极材料，并通过改变煅烧温度研究其晶体形貌和电化学性能。图 4-40 显示了在不同烧结温度下合成的复合正极材料的 TEM 图像和 FFT 图像（快速傅里叶变换），可以看出同时存在着层状结构和尖晶石结构两个晶畴。

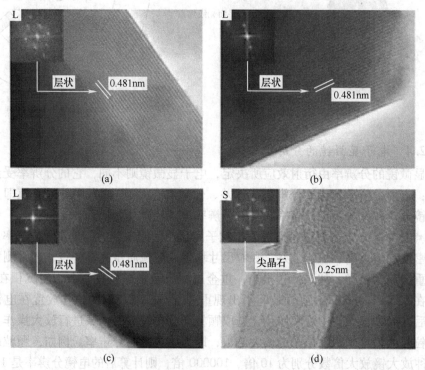

图 4-40　900℃（a）（b）和 1000℃（c）（d）复合正极材料中分层域
和尖晶石域的 TEM 和插图 FFT 图像
L—层状结构；S—尖晶石结构

采用酒石酸为碳源，以溶胶凝胶法制备了系列低含量 Mn 掺杂 $Li_2Fe_{1-x}Mn_xSiO_4/C$ 复合材料，当 $x=0.04$ 时命名为 LFS-M4。从图 4-41（a）中可以明显观察到类球形颗粒均匀地分布着，颗粒之间紧密相连。类球形颗粒尺寸为 10~20nm，与 SEM 粒径统计的结果相一致。从图 4-41（b）中可以看到清晰的晶格条纹，晶格条纹间距为 0.3678nm，对应于 LFS 单斜结构的（111）晶面。在纳米颗粒表面，包覆着一层薄薄的碳层，碳层的厚度约为 1nm。

如图 4-42 所示，对 NM-82 和 NMCA-2 的 TEM 和 HRTEM 照片进行分析，以进一步揭示结构的微观差异。如图 4-42（a）（c）所示，NM-82 和 NMCA-2 初级颗粒形状相似，尺

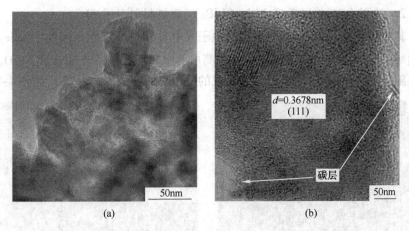

图 4-41 LFS-M4 的 TEM 图 (a) 和 HRTEM 图 (b)

寸为 200~300nm, 可以在 HRTEM 照片（见图 4-42 (b) (d)）中观察到清晰的单向晶格条纹, 说明材料具有较高的结晶度, 层状结构比较完整。其中 NM-82 材料（003）晶面的晶格条纹间距为 0.474nm, 而 NMCA-2 的晶格条纹间距为 0.478nm。图 4-42 (b) (d) 的快速傅里叶变换（FFT）图片也说明晶格间距增大, 进一步证实 Co、Al 取代 Ni 和 Mn 进入到材料的晶体结构中。

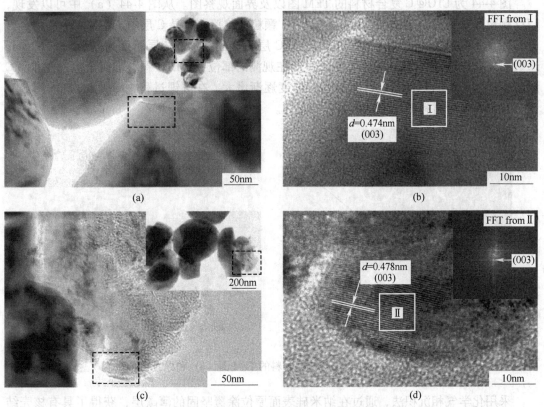

图 4-42 NM-82 和 NMCA-2 的 TEM 照片、HRTEM 照片
(a) (b) NM-82; (c) (d) NMCA-2

4.2.3.2 透射电镜在锂离子电池（LIBs）负极材料的应用

相比于其他钴化物，CoO_2 拥有更高的电子导电性和热稳定性，因此，$CoSe_2$ 在二次锂离子电池领域引起了人们的广泛关注。通过简单的水热法在钛片表面合成 Co_3O_4 纳米线作为前驱体，随后通过水热 Ti 化步骤，将合成的 Co_3O_4 转变成 Co_3O_4/Ti，如图 4-43 所示。

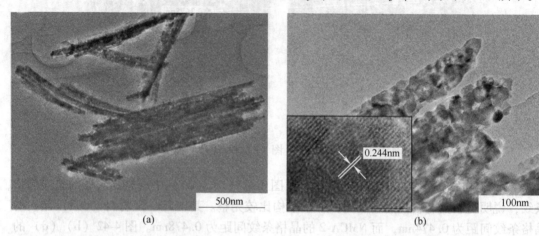

图 4-43　Co_3O_4 的低分辨率 TEM 图（a）和 Co_3O_4/Ti 的高分辨率 TEM 图（b）

图 4-44 为 LTO@C 复合材料的 TEM 图以及界面观察图。从图 4-44（a）中可以发现，LTO 颗粒尺寸为 (23.6±7.5)nm，少量 LTO 颗粒被包覆在非晶 C 层中。图 4-44（b）给出了 C 层与 LTO 的复合界面形貌，可以发现 C 层为非晶结构，C 层厚度为 (8.5±3.6)nm。通过对复合材料进行 TEM 观察，可以推断在观测的部位中，LTO 颗粒被完全包覆在非晶 C 层之中；随着 C 含量的增加，非晶 C 层厚度逐渐增大，在嵌锂过程中 Li^+ 很难进入到 LTO 中，会影响复合材料的比容量与循环稳定性。

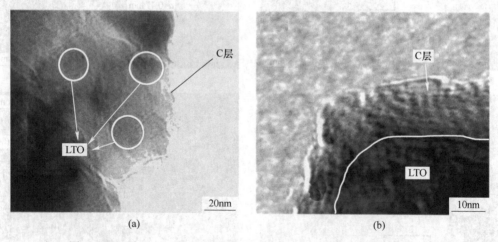

图 4-44　LTO@C（7.5%）复合材料的 TEM 图（a）和界面观察图（b）

采用化学气相沉积法，通过在纳米硅表面原位涂覆坚固的薄碳层，获得了具有核壳结构的纳米硅@C 复合材料，解决了硅体积变化大、导电性差的问题。

根据实验中所获得的核壳结构，对 Nano-Si 和 Nano-Si@C 纳米颗粒进行了 TEM 表征，

Nano-Si@C 的 TEM 测试结果（见图 4-45（a））进一步证明 Nano-Si@C 纳米颗粒没有发生明显的变化，两者均保持纳米球形结构且其主要分布在 50~100nm 范围内。从图 4-45（b）中的高分辨 TEM（HRTEM）可以看出，所制备的无定形碳壳厚度均匀，厚的呈现出明显的 Si-C 核壳结构，无定形碳壳紧密包裹在纳米硅表面（约 5nm）。上述形貌表征证明，采用 CVD 法可以在纳米硅表面获得坚固的 Nano-Si@C 核壳结构。

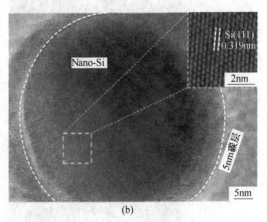

图 4-45　Nano-Si@C 的 TEM 图（a）和 Nano-Si@C 的高分辨率 TEM 图（b）

4.2.3.3　透射电镜在钠离子电池（SIBs）正极材料中的应用

由于钠和锂属于同族元素具有相似的化学性质，因此，锂离子电池电极材料的充放电机理，如嵌脱反应、合金化、转化反应以及表征技术也可用于研究钠离子电池电极材料。目前，钠离子电池的研究仍处于探索阶段，其中显著影响电池性能的正极材料则是研究的重点。图 4-46 为 NVP/C 和 NVP/C-O 两种复合材料在低倍和高倍下的 TEM 图。由图 4-46（a）和（c）可见，NVP/C 颗粒大小不一，颗粒尺寸大部分分布在 100nm~1.5μm，且小尺寸颗粒较少；NVP/C-O 则颗粒大小较均匀，颗粒尺寸大部分分布在 50~300nm，且团聚体中一次颗粒也较为松散，能够允许电解液的渗透。从图 4-46（b）和（d）可见，清晰的晶格条纹表明两种材料均具有高度的结晶性，NVP/C 颗粒表面碳层厚度为 5~10nm，且厚度不均匀；NVP/C-O 颗粒表面碳层厚度为 4~7nm，厚度较均匀。

图 4-47 为经过 750℃煅烧后制备 $Na_{0.67}Mn_{0.67}Ni_{0.33-x}Co_xO_2$ 的透射电镜（透射电子显微镜，TEM）图。由图 4-47 可知，所合成的样品与 SEM 图保持一致，交替高分辨透射电镜（高分辨率透射电子显微镜，HRTEM）图谱，可以发现晶格条纹清晰整齐典型的晶体结构特征，同时晶面间距是 0.57nm 对应于 $Na_{0.67}Mn_{0.67}Ni_{0.33}O_2$ 的标准卡片（JCPDF：54-0894）的（002）晶面，通过 TEM 图分析进一步证明了制备出的样品为 Co、Ni 共取代的锰酸钠纳米颗粒。

4.2.3.4　透射电镜在钠离子电池（SIBs）负极材料中的应用

钠离子电池因具有丰富的钠储量以及与锂离子电池相似的工作原理，是重要的可替代锂离子电池的新型储能材料。但是，较低能量密度和功率密度阻碍了钠离子电池的大规模应用，因此高性能钠离子电池电极材料特别是负极材料的研发成为钠离子电池发展的关键。

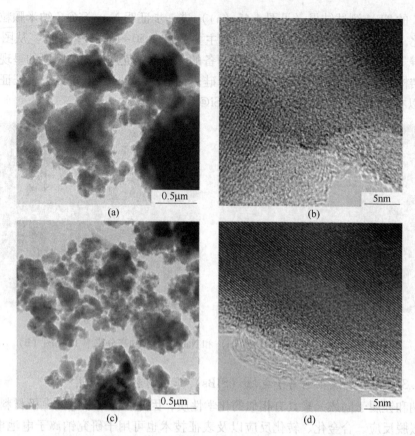

图 4-46　NVP/C（a）（b）和 NVP/C-O（c）（d）的 TEM 图

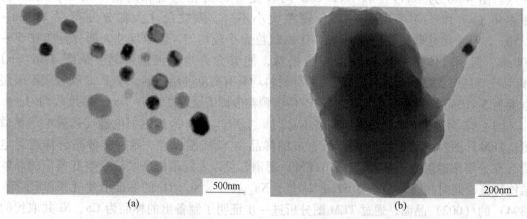

图 4-47　750℃煅烧后 $Na_{0.67}Mn_{0.67}Ni_{0.33-x}Co_xO_2$ 纳米颗粒的透射电镜图

（a）低分辨率观察；（b）高分辨率观察

钛网（0.15mm）在 220℃水热制备的 TiO_2/Ti 纳米线阵列记作 TiW-100-220，为了观察钛网（0.15mm）在 220℃水热温度下所制备的 TiO_2/Ti 纳米线阵列材料的微观形貌，进行了 TEM 测试。在图 4-48 中所观察到的纳米线形貌清晰，直径在 50~70nm，与 SEM 中所观察到的形貌及直径大小相符。由透射电镜（见图 4-48（b））可以观察到，该纳米线沿

[101] 晶向生长，晶面间距为 0.351nm，与锐钛矿型 TiO_2 (101) 晶面间距一致，证明 220℃ 水热温度下能生长出晶型完善的 TiO_2 纳米线。

(a)　　　　　　　　　　　　　　　　　(b)

图 4-48　TiW-100-220 纳米线阵列

从图 4-49 的 TEM 图中可以明显地观察到其外层薄纱状的碳层，而后的产物表面粗糙，有可能是煅烧过程中晶格变化、气体逸出造成的。煅烧后的 Bi/C 复合材料很好地保留了前驱体的棒状结构，内层则是由 Bi 的小颗粒构成。从高分辨 TEM 可以观察到，金属 Bi 的颗粒大小为 10~20nm，周围被指纹状的无定型碳所取代。

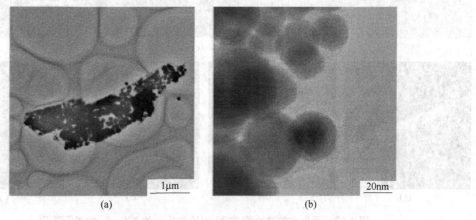

(a)　　　　　　　　　　　　　　　　　(b)

图 4-49　Bi/C-800℃ 的 TEM 图片
(a) 低分辨率观察；(b) 高分辨率观察

4.2.3.5　透射电镜在太阳能电池中的应用

太阳电池是一种可以将能量转换的光电元件，其基本构造是运用 P 型与 N 型半导体接合而成的。通过两步水热法在泡沫 Ni 上原位生长了 $NiCo_2S_4$ 纳米管阵列，如图 4-50 所示。首先在合成过程中避免了有毒气体的使用，而且原位生长法会使对电极材料和基底之间的连接更为紧密，降低对电极整体的串联电阻。泡沫 Ni 这种多孔的三维互联结构具有大比表面积，良好的导电性，还可以保证对电极材料和电解液的充分接触。一维结构的 $NiCo_2S_4$ 纳米管不仅可以提供有效的电子传输路径，而且相对于纳米线来说具有更大的比表面积，可以暴露出更多的催化活性位点。作者将生长在泡沫 Ni 上的 NiCo$_2$S$_4$ 纳米管阵列用作对电极取得了 8.29% 的光电转换效率。

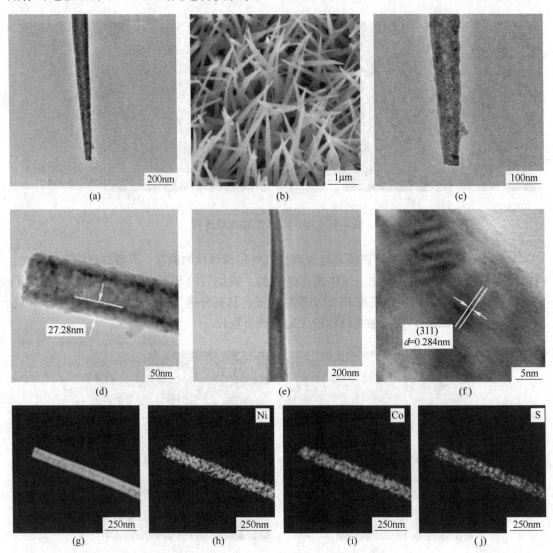

图 4-50   两步水热法在泡沫 Ni 上原位生长的 NiCo$_2$S$_4$ 纳米管阵列

（a）（c）（d）（e）NiCo$_2$S$_4$ 的 TEM 图；（b）NiCo$_2$S$_4$ 的 SEM 图；

（f）NiCo$_2$S$_4$ 的高分辨率晶格图；（g）～（j）NiCo$_2$S$_4$ 的元素映射图

5 X射线光电子能谱分析

用X射线照射固体物质的表面并测量由X射线引起的电子动能的分布最早始于20世纪初，但由于分辨率太低而没有使用价值。直到1954年以瑞典皇家科学院院士K. K. Siegbahn为首的瑞典研究小组首先使用了高分辨的电子能谱仪来分析X射线激发产生的低能电子，才观察到可分辨的光峰，同时发现用这种方法能准确测定光峰的位置，并很快发现了化学位移效应。由于这些化学位移效应非常有用，所以瑞典研究小组把这种方法命名为"化学分析光电子能谱法"，简称为"ESCA"，这个名字就与原来的"X射线光电子能谱"（XPS）作为同一名字被广泛应用了。

XPS能够通过化学位移效应得到分子化合物的信息，这为定量解释材料表面物质结构提供了其他测试法无法替代的作用。XPS对于金属和金属氧化物的测量深度为0.5～2.5nm，而对于有机物和聚合物的测量深度为4～10nm。由于XPS具有这样的特点，以致使得XPS成为材料表面分析方法中不仅被广泛应用而且具有独特的地位。经过多年来的研究X射线光电子能谱在理论和实验技术上都已获得了长足的发展，XPS已从刚开始主要用来对化学元素的定性分析发展为表面元素定性、半定量分析及元素化学价态分析的重要手段，其研究领域也不再局限于传统的化学分析，而扩展到现代迅猛发展的材料学科。

5.1 基本原理和特点

5.1.1 光电效应和X射线光电子能谱

入射光子打在样品上，可被样品原子内的电子吸收或散射。价层电子容易吸收紫外光量子，内层电子容易吸收X光量子。而真空中的自由电子由于没有原子核使系统的动量保持守恒，所以它对入射光子只能散射、不会吸收。如果入射光子的能量大于原子中电子的结合能及样品的功函数，则吸收了光子的电子可以逃逸样品表面进入真空中，且具有一定动能，这就是光电效应。

电子的结合能是指原子中某个电子吸收了一个光子的全部能量后，消耗一部分能量以克服原子核的束缚而到达样品的费米（Fermi）能级，这一过程消耗的能级也就是这个电子所在的Fermi能级，即相当于0K时固体能带中充满电子的最高能级。电子结合能是电子能谱要测定的基本数据。

样品的功函数是指到达Fermi能级的电子虽不再受原子核的束缚，但要继续前进还须克服样品晶格对它的引力，这一过程所消耗的能量称为样品的功函数。这时，这个电子离开了样品表面，进入真空自由电子能级。固体样品各种能级和功函数的关系如图5-1所示。在电子能谱中，常用的是X射线光电子能谱，下面主要讨论X射线光电子各能量的关系。

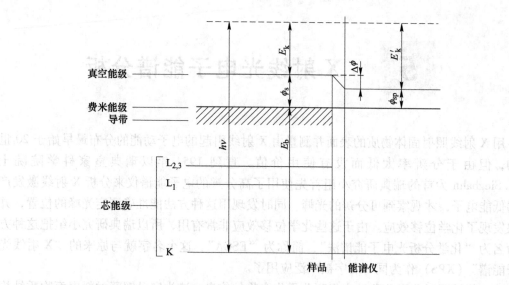

图 5-1　光电子能谱中各种能级的关系

所谓 X 射线光电子就是 X 射线与样品相互作用时，X 射线被样品吸收而使原子中的内层电子脱离原子成为自由电子，这就是 X 光电子。

对于气体样品来说，吸收 X 射线而产生 X 光电子过程中的各能量关系应符合下式：

$$hv = E_k + E_b + E_r \tag{5-1}$$

式中，hv 为入射光子能量；E_k 为光电子的动能；E_b 为原子或分子中某轨道上电子的结合能（这里是指将该轨道上一个电子激发为真空静止电子所需要的能量）；E_r 为原子的反冲能量，$E_r = l/2(M - m)v^2$；M，m 分别为原子和电子的质量；v 是激发态原子的反冲速度。

X 光电子能谱仪一般用 Mg 或 Al 靶作主激发源，对反冲能量的影响可以不计，这样 X 光电子的动能公式可写成：

$$E_k = hv - E_b \tag{5-2}$$

在光电子能谱图上，常以结合能代替动能来表示。

对于固体样品，在计算结合能时，不是以真空静止电子为参考点，而是选取 Fermi 能级作参考点。这里的结合能就是指固体样品中某道轨电子跃迁到 Fermi 能级所需要的能量。固体样品的电子由 Fermi 能级跃迁为真空静止电子（动能为零的电子）所需要的能量称为功函数 φ。这时入射 X 射线的能量分配关系应符合下式：

$$hv = E'_k + E'_b + \varphi_{样} \tag{5-3}$$

式中，E'_k 为光电子刚离开固体样品表面的动能；E'_b 为固体样品中的电子跃迁到 Fermi 能级时电子结合能；$\varphi_{样}$ 为样品功函数。

固体样品与仪器的金属样品架之间总是保持良好的电接触，当相互间电子迁移到平衡时，两者的 Fermi 能级将在同一水平。固体样品功函数 $\varphi_{样}$ 和仪器材料的功函数 $\varphi_{仪}$ 不同，要产生一个接触电势差 $\Delta V = \varphi_{样} - \varphi_{仪}$，它将使自由电子的动量从 E'_k 增加为 E''_k。

$$E'_k + \varphi_{样} = E''_k + \varphi_{仪} \tag{5-4}$$

将式（5-4）代入式（5-2）中得：

$$E'_b = hv - E''_k - \varphi_{仪} \tag{5-5}$$

其中，$\varphi_{仪}$主要由能谱仪材料和状态决定，对同一台能谱仪基本是一个常数，与样品无关，其平均值为 $3\sim4eV$；E''_k 由电子能谱测得，这样便可求出样品的电子结合能 E'_b。

　　除了光电效应与电子结合能外，弛豫效应（Koopmans）也是光电子产生的基本原理之一。弛豫效应是按照突然近似假定而提出的，即原子电离后除某一轨道的电子被激发外，其余轨道电子的运动状态不发生变化而处于一种"冻结状态"，但实际体系中这种状态是不存在的。电子从内壳层出射，结果使原来体系中的平衡势场被破坏，形成的离子处于激发态，其余轨道电子结构将做出重新调整，原子轨道半径会发生 $1\%\sim10\%$ 的变化，这种电子结构的重新调整称为电子弛豫。弛豫的结果使离子回到基态，同时释放出弛豫能。由于在时间上弛豫过程大体与光电发射同时进行，所以弛豫加速了光电子的发射，提高了光电子的动能，结果使光电子谱线向低结合能一侧移动。

　　弛豫可分为原子内项和原子外项。原子内项是指单独原子内部的重新调整所产生的影响，对自由原子只存在这一项。原子外项是指与被电离原子相关的其他原子电子结构的重新调整所产生的影响。对于分子和固体，这一项占有相当大的比例。在 XPS 能谱分析中，弛豫是一个普遍现象。例如，自由原子与由它所组成的纯元素固体相比，结合能要高出 $5\sim15eV$；当惰性气体注入贵金属晶格后其结合能比自由原子低 $2\sim4eV$；当气体分子吸附到固体表面后，结合能较自由分子时低 $1\sim3eV$。

5.1.2　X 射线光电子能谱仪基本原理

　　X 射线光电子能谱仪（X-Ray Photoelectron Spectroscopy，简写 XPS，又称为 ESCA），其基本原理是：用一定能量的光子束（X 射线）照射样品，使样品原子中的内层电子以特定概率电离产生光电子，光电子从样品表面逸出进入真空，被收集和分析。经 X 射线辐照后，从样品表面出射的光电子强度与样品中该原子的浓度有线性关系，可以利用它进行元素的半定量分析。鉴于光电子的强度不仅与原子的浓度有关，还与光电子的平均自由程、样品的表面光洁度、元素所处的化学状态、X 射线源强度以及仪器的状态有关，因此，XPS 技术一般不能给出所分析元素的绝对含量，仅能提供各元素的相对含量。由于元素的灵敏度因子不仅与元素种类有关，还与元素在物质中的存在状态、仪器的状态有一定的关系，因此不经校准测得的相对含量也会存在很大的误差。还须指出的是，XPS 是一种表面灵敏的分析方法，具有很高的表面检测灵敏度，可以达到 10^{-3} 原子单层，但对于体相检测灵敏度仅为 0.1% 左右。XPS 是一种表面灵敏的分析技术，其表面采样深度为 $2.0\sim5.0nm$，它提供的仅是表面上的元素含量，与体相成分会有很大的差别；而它的采样深度与材料性质、光电子的能量有关，也与样品表面和分析器的角度有关。虽然出射的光电子结合能主要由元素的种类和激发轨道所决定，但由于原子外层电子的屏蔽效应，芯能级轨道上的电子结合能在不同的化学环境中是不一样的，有一些微小的差异。这种结合能的微小差异就是元素的化学位移，它取决于元素在样品中所处的化学环境。一般地，元素获得额外电子时，化学价态为负，该元素的结合能降低；反之，当该元素失去电子时，化学价态为正，该元素的结合能增加。利用这种化学位移可以分析元素在该物质中的化学价态和存在形式，元素的化学价态分析是 XPS 分析最重要的应用之一。

5.1.3　X射线光电子能谱仪特点

XPS是一种对样品表面敏感，主要获得样品表面元素种类，化学状态及成分的分析技术，特别适宜对各元素的化学状态的鉴别。其特点：

（1）分析层薄，分析信息可来自固体样品表面0.5~2.0nm区域薄层；
（2）分析元素广，可分析元素周期表中除H和He以外的所有元素；
（3）主要用于样品表面中各类物质的化学状态鉴别，能进行各种元素的半定量分析；
（4）具有测定深度-成分分布曲线的能力；
（5）由于X射线不易聚焦，其空间分辨率较差，在微米级量；
（6）数据收集速度慢，对绝缘样品有一个充电效应问题。

5.1.4　样品

一般为固体样品，取为直径小于等于10mm、厚度为1mm左右的片状，必须没有手指印、油或其他表面污染物。

5.2　X射线光电子能谱图及谱线标志法

5.2.1　谱线识别

X射线照射在样品上，可使原子中各轨道电子被激发出来成为光电子，无能量碰撞损失的光电子，其能量的统计分布就代表了原子的能级分布情况。在无外磁场作用的情况下，电子能量用$E=E_{nlJ}$表示，n为主量子数，l为轨道角量子数，J为内量子数（又称为总角动量量子数）。对光电子的标志采用被激发电子原来所处的能级表示。例如，由K层激发出来的电子称为1s光电子；由L层激发出来的则分别记为2s，$2p_{1/2}$，$2p_{3/2}$光电子；由M层激发出电子可依次写成3s，$3p_{1/2}$，$3p_{3/2}$，$3d_{3/2}$，…。图5-2是以Mg K_α为激发源得到Ag片的典型ESCA谱图。由于Mg K_α能量所限，它只能激发出Ag原子的M、N层电子使其产生光电子，而不能激发出K、L层电子。由图5-2可见，Ag $3d_{3/2}$和Ag $3d_{5/2}$光电子是Ag的两个最强特征峰，两峰相距6eV。特征峰是鉴别元素的依据。Ag的第3壳层的光电子峰要比第4壳层强。一般来说，n小的壳层的峰比n大的壳层的峰要强；在同一壳层内，l越大（轨道越圆）峰越高，l越小（轨道越扁）峰越弱；自旋和轨道角动量同方向的（$j=l+1/2$），比反方向的（$j=l-1/2$）的峰要强些。

在ESCA法谱分析中，要注意把特征峰和其他峰相区别，避免混淆。如图5-2中的C 1s、O 1s是纯银片上的污染峰，如图5-2中的Ag 3d（$K_{\alpha 3,4}$）峰，这是由X射线的伴线产生的。另一个伴峰是由于样品受到辐照时除放出光电子外，在原子中还同时产生其他很复杂的物理过程，如Shake-up，Shake-off以及多重分裂效应等，它们也会产生伴峰。Shake-up称为甩激，这种光电离过程伴随有价电子从占有能级同时激发到空能级；Shake-off称为甩离，这种光电离过程伴随有价电子的电离。

由图5-3可见，在薄膜表面主要有Ti、N、C、O和Al元素存在。Ti、N的信号较弱，而O的信号很强。这个结果表明形成的薄膜主要是氧化物，氧的存在会影响Ti（CN）$_x$薄膜的形成。

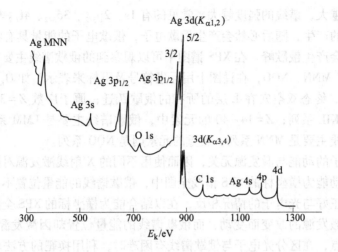

图 5-2　纯 Ag 片的 ESCA 全扫描图谱

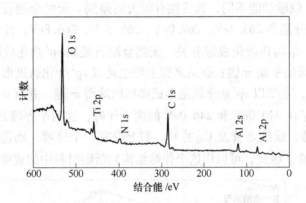

图 5-3　高纯 Al 基片上沉积的 Ti(CN)$_x$ 薄膜的 XPS 谱图

（激发源为 Mg K_α）

5.2.2　光电子谱图中峰的种类

由于光电子来自不同的原子壳层，因而有不同的能量状态，结合能较大的光电子将从激发源光子那里获得较小的动能；相反，结合能较小的光电子将从激发源光子获得较大的动能。这种量子化的光电子由能量分析器以每秒钟计数（cps）作为相对强度的形式记录在 X 光电子谱图的纵坐标上，而横坐标用结合能（E_k）或动能（E_b）来表示，单位是eV。一般用结合能为横坐标，其优点是比用动能更能反映出电子的壳层（能级）的结构。一张全扫描的光电子谱图一般由连续背底上叠加多个峰组成，这些峰的种类是不同的，一般有以下几种。

5.2.2.1　光电子峰和俄歇峰（Photoelectron Lines and Auger Lines）

光电子峰在谱图中是最主要的，它们是由具有特征能量的光电子所产生，光电子峰的特点是：谱图中强度最大、峰宽最小、对称性最好。每一种元素均有自己的最强的、具有自身表征的光电子线，它们是元素定性分析的主要依据。一般来说，来自同一壳层的光电子，内角量子数越大，谱线的强度越大，常见的有 1s、$2p_{3/2}$、$3d_{5/2}$、$4f_{7/2}$ 等。

由于光电子的产生，随后必然会产生俄歇电子，俄歇电子的能量具有特征值，在光电子谱图中必然也会产生俄歇峰。在 XPS 谱图中可以观察到的俄歇谱线主要有四个系列的谱线：KLL、LMM、MNN、NOO，在谱图上用元素符号及下标来表示，如 O_{KLL} 表示氧元素的初始空位在 K 层，终态双空穴在 L 层的所有的俄歇跃迁；原子序数 $Z = 3 \sim 40$ 的元素中，俄歇谱线主要是 KIL 系列；$Z = 14 \sim 40$ 的元素中，俄歇谱线主要是 LMM 系列；$Z = 40 \sim 79$ 元素中，俄歇谱线主要是 MNN 系列；更重的元素则是 NOO 系列。

由于俄歇电子的动能与激发源无关，因而使用不同的 X 射线激发源对同一样品进行采集谱线时，在以动能为横坐标的 XPS 谱线全图中，俄歇谱线的能量位置不会因改变激发源而发生变动，这正好与光电子的情况相反；在以结合能为横坐标的 XPS 全图中，光电子的能量位置不会因激发源的改变而变动，而俄歇谱线的能量位置却因激发源的改变而改变。显然，利用这一点，在区分光电子与俄歇谱线有困难时，利用换靶的方法就可以区分出光电子线和俄歇线。

如图 5-4 所示，俄歇动能不同，其线性有较大的差别。天然金刚石、石墨、碳纳米管以及 C_{60} 的俄歇动能分别是 263.4eV、267.0eV、268.5eV、266.8eV，此俄歇动能与碳原子在这些材料中的电子结构和杂化成键有关。天然金刚石是以 sp^3 杂化成键的；石墨则是以 sp^2 杂化轨道形成离域的平面 π 键；碳纳米管主要也是以 sp^2 杂化轨道形成离域的圆柱形 π 键；而在 C_{60} 分子中，主要以 sp^2 杂化轨道形成离域的球形 π 键，并有 o 键存在。因此，在金刚石的 C_{KLL} 谱上存在 240.0eV 和 246.0eV 的两个伴峰，这两个伴峰是金刚石 sp^3 杂化轨道的特征峰。在石墨、碳纳米管及 C_{60} 的 C_{KLL} 谱上仅有一个伴峰，动能为 242.2eV，这是 sp^2 杂化轨道的特征峰。因此，可以用这个伴峰结构判断碳材料中的成键情况。

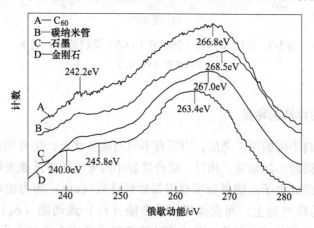

图 5-4　几种纳米碳材料的 XAES 谱

5.2.2.2　X 射线伴峰和鬼峰 （X-ray satellites and X-ray Ghosts）

在用于辐射的 X 射线中，除特征 X 射线外，还有一些光子能量更高的次要成分和能量上连续的背底辐射。在光电子谱图中，这些能量更高的次要成分，将在主峰低结合能处形成与主峰有一定距离，并与主峰有一定强度比例的伴峰，称为 X 射线伴峰。而背底辐射主要形成背景。

在靶材非正常情况下，如靶中有杂质、靶面污染或氧化等，X射线辐射不是来自阳极材料本身，其他元素的X射线也会激发出光电子，从而在距正常光电子主峰一定距离处会出现光电子峰，称为X射线鬼峰，这是要尽量避免的。

5.2.2.3　携上伴峰（Shake up Lines）

当内层电子电离时，使外层电子所受的有效核电荷发生变化，引起电荷重新分布，体系中的轨道电子，特别是价电子可能以一定概率激发跃迁到更高束缚能级，称为携上现象。这一过程使某些正常能量的光电子失去一部分固定能量，在主峰的高结合能端形成与主峰有一定距离、一定强度比及一定峰形的伴峰称为携上伴峰。携上伴峰是一种比较普遍的现象，特别是对于共轭体系会产生较多的携上伴峰。在有机体系中，携上伴峰一般由 π-π^* 跃迁所产生，也即由价电子从最高占有轨道（HOMO）向最低未占轨道（LUMO）的跃迁所产生。某些过渡金属和稀土金属，由于在3d轨道或4f轨道中有未成对电子，也常常表现出很强的携上效应。

图5-5是几种碳材料的C1s谱。从图5-5中可见，C1s的结合能在不同的碳材料中有一定的差别。在石墨和碳纳米管材料中，其结合能均为284.6eV；而在 C_{60} 材料中，其结合能为284.75eV。由于C1s峰的结合能变化很小，难以从C1s峰的结合能来鉴别这些纳米碳材料。但从图5-5中可见，其携上伴峰的结构有很大的差别，因此也可以从C1s的携上伴峰的特征结构进行物种鉴别。在石墨中，由于C原子以 sp^2 杂化存在，并在平面方向形成共轭 π 键，这些共轭 π 键的存在可以在C1s峰的高能端产生携上伴峰。这个峰是石墨的共轭 π 键的指纹特征峰，可以用来鉴别石墨碳。图5-5中，碳纳米管材料的携上伴峰基本和石墨的一致，这说明碳纳米管材料具有与石墨相近的电子结构，这与碳纳米管的研究结果是一致的。在碳纳米管中，碳原子主要以sp杂化并形成圆柱形层状结构。C_{60} 材料的携上伴峰的结构与石墨和碳纳米管材料的有很大区别，可分解为5个峰，这些峰是由 C_{60} 的分子结构决定的。在 C_{60} 分子中，不仅存在共轭 π 键，还存在 δ 键。因此，在携上伴峰中还包含了 δ 键的信息。综上所述，不仅可以用C1s的结合能表征碳的存在状态，也可以用它的携上指纹峰研究其化学状态。

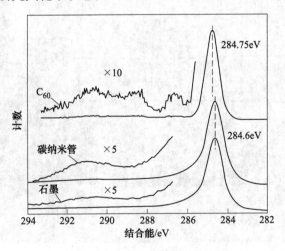

图5-5　不同碳材料的C1s谱

5.2.2.4 多重分裂峰（Multiplet Splitting Lines）

当电子轨道存在未成对的电子时，如果某个轨道电子电离形成空穴，电离后留下的不成对电子，可与原来不成对电子进行耦合，构成各种不同能量的终态，使光电子电离后分裂成的多个谱峰，称为多重分裂峰。

5.2.2.5 特征能量损失峰（Energy Loss Lines）

光电子经历非弹性散射，除形成连续背底外，还可能由于某些因素仅失去固定能量，这样在距主峰（高结合能端）一定距离处形成的伴峰，称为特征能量损失峰。对于固体样品最为重要的此类峰是等离子损失峰，是由于光电子激发等离子体激元，损失相应的能量后，在主峰高结合能端形成的等间距、一个比一个强度低的损失峰。

5.2.3 表面灵敏度

具有一定能量的光子束辐照到样品上，光子与样品发生相互作用，可进入样品内约微米量级的深度。在这样的深度内产生的光电子要逸出表面将经过很长的距离，它们和样品原子发生非弹性碰撞的概率较高，发生非弹性碰撞后，将会损失足够的能量，失去特征值。因此，只有从表面或表面以下几个原子层中产生的光电子，才会对 XPS 峰有贡献，所以 XPS 是一次表面灵敏度很高的表面分析技术。

5.3 X 射线光电子能谱仪

XPS 一般由激发源、样品台、电子能量分析器、检测器系统和超高真空系统等部分组成，实物如图 5-6 所示，结构框图如图 5-7 所示，工作原理如图 5-8 所示。

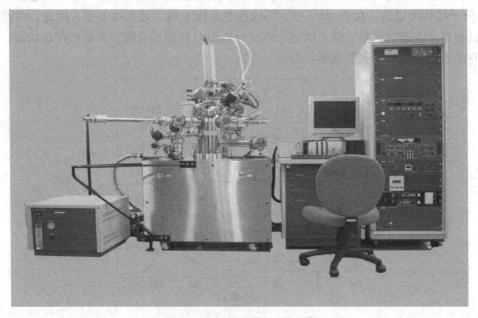

图 5-6 X 射线光电子能谱仪

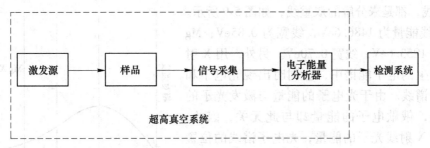

图 5-7 X 射线光电子能谱仪基本结构框图

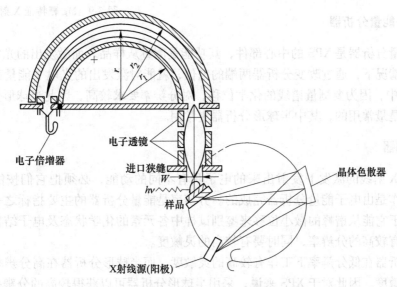

图 5-8 X 射线光电子能谱仪工作原理示意图

5.3.1 X 射线源

X 射线源由加热的灯丝及阳极靶等组成，其工作原理是：由灯丝发出的热电子被加速到一定的能量去轰击阳极靶材，引起其原子内壳层电离；当较外层电子以辐射跃迁方式填充内壳层空位时，释放出具有特征能量的 X 射线。X 射线的强度不仅与材料的性质有关，更取决于轰击电子束的能量高低。只有当电子束的能量为靶材材料电离能的 5~10 倍时才能产生强度足够的 X 射线。除了这些特征 X 射线外，还产生与初级电子能量有关的连续谱，称之为韧致辐射。因此，X 射线源产生的 X 射线能谱，是由一些特征线重叠在连续谱上所组成的。

光电子的动能取决于入射 X 射线的能量及电子的结合能，因此，最好用单色 X 射线源，否则韧致辐射和 X 射线的"伴线"均会产生光电子，而对光电子谱产生干扰，造成识谱困难。因此，可用 X 射线单色器来去掉韧致辐射和伴线，使分辨率得到改善，但光子的强度要损失很多。

XPS 适用的 X 射线，主要考虑谱线的宽度和能量，目前最常用的 X 射线是 Al 和 Mg

的 K_α 射线，都是未分解的双重线，如图 5-9 所示。
Al 的 K_α 线能量为 1486.6eV，线宽为 0.85eV；Mg
的能量为 1253.6eV，线宽 0.70eV。另外，用 X 射
线激发产生的电子能谱中，会同时出现光电子和
俄歇电子谱线。由于光电子的能量与激发光子的
能量有关，俄歇电子的能量却与此无关，因此，
只要改变 X 射线光子的能量，光电子谱线的位置
将发生变化，而俄歇电子谱线的位置不变，就可
以区分开这两种谱线。

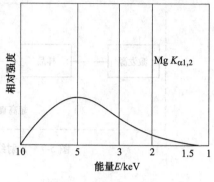

图 5-9 Mg 靶特征 X 射线

5.3.2 电子能量分析器

电子能量分析器是 XPS 的中心部件，其功能是测量从样品表面激发出的光电子的能量
分布。通常情况下，通过改变分析器两端的电位，就能对激发出的光电子能量范围进行扫
描。在 XPS 中，因为要测量谱线的化学位移，对分辨率要求较高，因此半球形分析器和筒
镜形分析器是最常用的，其中半球形分析器更常用。

5.3.3 检测器

样品在 X 射线的激发下发射出来的电子具有不同的动能，必须把它们按能量大小分
离，这个工作是由电子能量分析器完成的。分辨率是能量分析器的主要指标之一。XPS 的
独特功能在于它能从谱峰的微小位移来鉴别试样中各元素的化学状态及电子结构，因此能
量分析器应有较高的分辨率，同时要有较高的灵敏度。

筒镜分析器在低分辨率下工作有较高的灵敏度，而半球形分析器在高分辨率下工作且
有较高的灵敏度。因此对于 XPS 来说，采用半球形分析器可以获得较高的分辨率和强度较
高的谱图。

5.3.4 超高真空系统

XPS 的超高真空系统有两个基本功能，一个是光子辐射到样品时和从样品中激发出的
光电子进到电子能量分析器时，尽可能不和残余气体分子发生碰撞；另一个是必须在样品
分析所必需的时间内，要保持样品表面的原始状态，不发生表面吸附现象。

为保证超高真空系统，XPS 常用的真空泵有扩散泵、离子泵及涡流分子泵等，需要保
持的真空度约为 10^{-7}Pa。

5.3.5 能谱仪校准

XPS 中的定性分析及元素化学态的分析，都基于光电子谱图中峰位置的能量值。为确
保分析数据的准确性，能谱仪需定期进行能量校准。实验中最好的方法是用标样来校正能
谱仪的能量标尺，常用的标样是 Au、Ag、Cu，纯度均在 99.8% 以上。采用窄扫描
（≤20eV）以及高分辨（分析器的通过能量约 20eV）的收谱方式。目前国际上公认的清
洁 Au、Ag、Cu 的谱峰位置见表 5-1。由于 Cu $2p_{3/2}$、Cu L_3MM 和 Cu 3p 三条谱线的能量位
置几乎覆盖常用的能量标尺（0~1000eV），所以 Cu 样品可提供较快和简单的对能谱仪能

量标尺的检验。应用表 5-1 中的标准数据，可以建立能谱仪能量标尺的线性以及确定它的 E_b 位置。

表 5-1　清洁的 Au、Ag 和 Cu 各谱线结合能 E_b　　　　　　　（eV）

沿线	Al 的 K_α	Mg 的 K_α
Cu 3p	75.14	75.13
Au $4f_{7/2}$	83.98	84.0
Ag $3d_{5/2}$	368.26	368.27
Cu L_3MM	567.96	334.94
Cu $2p_{3/2}$	932.67	932.66
Ag M_4NN	1128.78	85.75

5.4　光电子能谱仪的主要功能

5.4.1　全扫描和窄扫描

全扫描是为识别分析样品中含有的所有元素，在大范围的能量内对电子按能量进行扫描分析的过程。对于 XPS 分析，对电子结合能在 1100~0eV 范围进行全谱图扫描，已能包括所有元素产生的光电子结合能，这种扫描能量分辨率在 2eV 左右；而窄扫描是对某一小段感兴趣的能量期间的电子按能量进行的扫描分析过程，其能量分辨率在 0.1eV 左右。

5.4.2　定性分析

实际样品的光电子谱图是样品所含元素谱图的组合。根据对样品进行全扫描获得的光电子谱图中峰的位置和形状与手册提供的纯元素的标准谱图，来识别元素是光电子能谱仪定性分析的主要内容。

一般的分析是，首先识别最强谱线，通常考虑 CIS 和 OIS 线，然后，找出被识别出元素的其他次强谱线，并将识别出的谱线标示出来。有时还需对部分谱线进行窄扫描后，再详细研究。具体分析可参照俄歇电子能谱仪的定性分析过程，两者基本相同。但需注意的是，标准光电子谱图中的能量坐标一般是结合能，而不是动能。尽管光电子的结合能与激发源光子能量（靶材）无关，但俄歇电子的结合能与靶材有关，并且不同的靶材使同一元素电离出的光电子各峰强度不一定都完全相同。因此，分析时最好选用与标准谱图中相同的靶材。

同样，这种定性分析也可由能谱仪上的计算机自动完成，但对某些重叠峰和微量元素的弱峰，还需通过人工分析来进一步确定。

5.4.3　定量分析

定量分析是根据光电子的信号强度与样品表面单位体积的原子数成正比，通过测得的光电子信号的强度来确定产生光电子的元素在样品表面的浓度。

目前光电子能谱仪中使用的方法为相对灵敏度因子法，其原理及分析过程与俄歇电子谱中的方法相同，元素 X 的原子分数有：

$$C_X = I_X / S_X / \sum_i I_i / S_i \tag{5-6}$$

式中，C_X 为元素 X 的原子分数；I_i 为样品中元素 i（i 包括 X）的光电子峰强度；S_i 为元素 i（i 包括 X）的相对灵敏度因子，其通常是以 FlS 谱线强度为基准，其他元素的最强谱线或次强谱线强度与其相比而得，可从相关手册中查出。

但注意，相对灵敏度因子有面积和峰高两类之分。用面积相对灵敏度因子，谱线强度就用面积表示，用峰高相对灵敏度因子，谱线强度就用峰高表示，这与俄歇电子能谱仪中不同。不过，理论上讲，面积法精度高些，具体分析过程参照俄歇电子能谱仪中的分析过程。

由于仪器类型、具体操作条件、样品表面状态等情况都可能影响光电子峰的强度，因此，目前定量分析还只能得到半定量结果。

5.4.4 化学态分析

化学态分析是 XPS 分析中最具有特色的分析技术。它是基于元素形成不同的化合物时，其化学环境发生变化，将导致元素内层电子的结合能变化，在谱图中产生峰的位移（这种位移称为化学位移）和某些峰形的变化，而这种化学位移和峰形的变化与元素化学态的关系是确定的。据此，可对元素进行化学态分析，即元素形成了哪种化合物。

目前，化学态的分析还处于一种基于与现有标准谱图和标样进行对比分析的定性分析状态，还不是一种精确分析，绝大部分元素的化学态已得到了大量研究，并且都具有各自的标准样品谱图。图 5-10（a）所示为 Cu 及其化合物的二维化学状态图，参照 Cu 的标准状态图，结合图 5-10（b）所得实验数据，可以有效地识别实际 Cu 元素不同的化学状态。

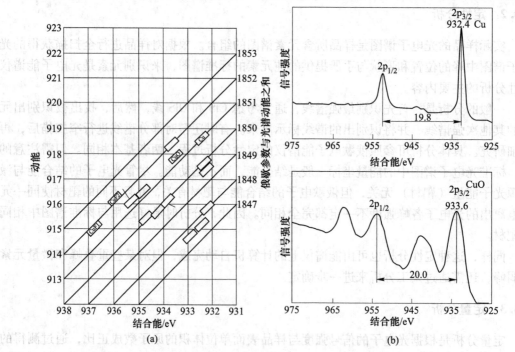

图 5-10　Cu 及其化合物的二维化学状态图（a）和 Cu 2p 元素的 XPS 图（b）

化合物种类有限和标样获取及制备困难，因此，化学态分析有很大的局限性。另外，当样品为非导体时，由于电荷效应，使谱图整体位移，或谱图校准得不精确，将对分析产生较大困难。此时，用谱峰间距的变化来识别元素的化学态更为有效。这样，常用的对比方法有化学位移法和俄歇参数法两种。

（1）化学位移法。在光电子谱图中，分析元素由于化学环境不同产生了化学位移，使元素的峰移到了新的结合能位置上，从而根据新的能量位置与标准谱图或标准图表进行对比，获得元素的化学态信息，确定元素形成的化合物。标准谱图或标准图表可从相关资料查得，这种方法主要是根据化学位移来确定元素的化学态，有时也可考虑峰形因素。

（2）俄歇参数法。俄歇参数 α 一般定义为最尖锐俄歇峰动能与最强光电子峰动能差，即：

$$\alpha = E_{kA} - E_{kP} \tag{5-7}$$

式中，E_{kA} 为俄歇峰动能；E_{kP} 为光电子峰动能。

因为 α 为相同样品中同一元素的两条谱线能量之差，这就不需对样品充电和逸出功等进行修正。由于 α 有可能出现负值，并且标准谱图中，光电子的能量坐标常用结合能表示，因此，实际应用中，常用修正俄歇参数 α' 定义为：

$$\alpha' = \alpha + h\nu \tag{5-8}$$

将式（5-7）代入式（5-8）得：

$$\alpha' = E_{kA} - E_{kP} + h\nu = E_{kA} + (h\nu - E_{kP}) = E_{kA} + E_{kB} \tag{5-9}$$

式中，$h\nu$ 为入射光子的能量；E_{kB} 为光电子的结合能。

从定义中可以看出，α' 也不需对样品充电和逸出功进行修正。

由于 E_{kA} 和 E_{kB} 都是只与样品有关的特征值，因此 α' 是一个与样品荷电位移、参考能级选择及激发源能量等无关的物理量，是一个表征样品特性的特征值，并总为正值。

这样从光电子谱图中，可计算出某元素的修正俄歇参数 α''。根据计算值 α' 与图表中的标准值（见图 5-10）对比，就可确定元素的化学态信息，即形成的化合物。注意：α' 的计算中，俄歇峰能量是动能值，光电子谱图中的能量坐标一般为结合能值，对应的俄歇峰能量也是结合能，需转换为动能值，即 $E_{kP} = h\nu - E_{kB}$，对于 Mg 靶，$h\nu = 1253.6\text{eV}$，而 Al 靶，$h\nu = 1486.6\text{eV}$。

对元素化学态的分析，其全过程为：

（1）对样品进行全扫描，获得全谱光电子谱图；

（2）对获得的光电子谱图进行定性分析，确定样品包含的所有元素；

（3）对感兴趣的元素进行窄扫描，获得该元素的光电子谱图；

（4）对元素的光电子谱图进行化学态分析，获得该元素的化合物结果；

（5）对获得的化合物进行检验，其所含元素应该都包含在定性分析结果中（H 和 He 除外），例如分析结果为 CuO，则定性结果中应含有 Cu 和 O 元素。

5.4.5 深度分析

深度分析主要是获得深度-成分分布曲线或深度方向元素的化学态的变化情况。目前常用的方法有离子溅射法和样品转动法。

（1）离子溅射法。用惰性气体离子束轰击样品，逐层剥离样品表面，然后对表面分别进行分析。但离子束轰击会给结果带来不确定因素，产生不均匀溅射，改变表面各种物质的原子价等。尽管如此，该方法仍是目前最实用的方法。

（2）样品转动法。通过倾斜样品，使表面切线与电子发射方向之间的夹角改变，可研究样品各种信息随深度的变化情况。

5.5　X光电子能谱在新能源材料领域的应用

X光电子能谱原则上可以鉴定元素周期表上除氢、氦以外的所有元素。通过对样品进行全扫描，在一次测定中就可以检测出全部或大部分元素。另外，X光电子能谱还可以对同一种元素的不同价态的成分进行定量分析。在对固体表面的研究方面，X光电子能谱用于对无机物表面组成的测定、有机物表面组成的测定、固体表面能带的测定及多相催化的研究。它还可以直接研究化合物的化学键和电荷分布，为直接研究固体表面相中的结构问题开辟了有效途径。下面介绍几个应用实例。

5.5.1　在钠离子电池中的应用

5.5.1.1　在钠离子电池负极材料中的应用

A　$Ce-NbS_2$

为了验证新型钠离子电池负极材料 $Ce-NbS_2$ 的化合价，图5-11提供了 Nb 元素的 3d 芯能级和 S 元素的 2p 芯能级谱图。由于 Nb 的多重态能级裂化，其 3d 芯能级谱图显示多个峰，分别对应着3个部分：位于210.3eV和207.7eV的为 Nb $3d_{3/2}$ 和 Nb $3d_{5/2}$ 能级，对应着 Nb 的+5化合价；位于206.8eV和203.9eV的也为 Nb $3d_{3/2}$ 和 Nb $3d_{5/2}$ 能级，对应着 Nb 的+4化合价；位于206.0eV和203.3eV的也是 Nb $3d_{3/2}$ 和 Nb $3d_{5/2}$ 能级，对应着 Nb 的+$(4-\delta)$化合价。证实 $Ce-NbS_2$ 样品中同时存在+5、+4和+$(4-\delta)$价态，有利于保持离子脱嵌过程中化合价的稳定。同时，从 S 元素的 XPS 图中可以观察到的2个卫星峰分别位于160.7eV和162.1eV，对应着 S $2p_{3/2}$ 和 S $2p_{1/2}$，说明 $Ce-NbS_2$ 样品中 S 的价态为-2，符合

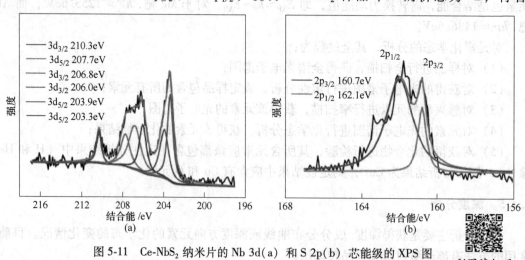

图5-11　$Ce-NbS_2$ 纳米片的 Nb 3d(a) 和 S 2p(b) 芯能级的 XPS 图

彩图请扫码

Ce-NbS$_2$化学式。

B   MoS$_2$/NCF-MP

通过 X 射线光电子能谱分析 MoS$_2$/NCF-MP 复合物中表面的化学组成和元素的化学状态，如图 5-12 所示，MoS$_2$/NCF-MP 的 XPS 全谱分析表明包含 Mo、O、S、N 和 C 元素。

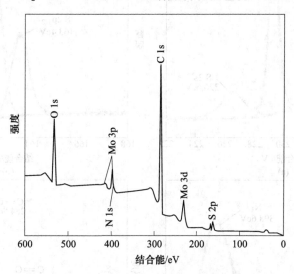

图 5-12   MoS$_2$/NCF-MP 的 XPS 谱图全扫描分析

进一步的高分辨图谱如图 5-13 所示，Mo 3d 的高分辨图谱有四个峰（图 5-13（a）），其中两个较强的峰位于 229.4eV 和 232.5eV，归因于 Mo 3d$_{5/2}$ 和 Mo 3d$_{3/2}$的结合能，表明在复合物中 Mo^{4+}占主导地位。另外两个峰位于 226.6eV 和 235.5eV，前者对应于 S 2s，后者是由 Mo^{6+}形成的，Mo^{6+}的出现可以解释为 MoS$_2$/NCF-MP 复合物表面 Mo^{4+}的氧化。如图 5-13（b）所示，S 2p 的图谱可以分为两个峰，分别位于 162.2eV 和 163.4eV，对应于 S^{2-} 2p$_{3/2}$和 S^{2-} 2p$_{1/2}$的结合能。图 5-13（c）为 N 1s 的窄谱，有三种不同类型的氮峰，分别为吡啶-N（N$_1$，398.6eV）、吡咯-N（N$_2$，401.9eV）及石墨-N（N$_3$，404.5eV）。N 元素的多样性有利于在嵌钠/脱钠过程中保护二硫化钼的稳定，使得电极具有优越的循环稳定性。C 1s 的 X 射线光电子图谱呈现一个较强的峰位于 284.8eV，对应键能 C—C，同时存在两个较宽的峰分别位于 286.2eV 和 288.6eV，对应 C＝O 和 C—N/C＝N 的键能（图 5-13（d））。

C   氮掺杂碳包裹中空 Sn$_4$P$_3$ 微球（Sn$_4$P$_3$@C）

Sn$_4$P$_3$ 是钠离子电池（SIBs）最有前途的阳极材料之一，主要是由于磷和锡与钠发生合金化反应形成 Na$_3$P 和 Na$_{15}$Sn$_4$，有利于获得高比容量，特别是高容量（6650mAh/cm^3）。然而，高容量产生大的体积变化，粉碎了阳极材料，导致差的循环稳定性，从而限制了它在钠离子电池中的应用。在这里，多巴胺衍生的氮掺杂碳封装中空 Sn$_4$P$_3$ 微球（中空 Sn$_4$P$_3$@C）复合材料是通过多巴胺在中空 Sn$_4$P$_3$ 微球表面的原位自聚合，随后碳化过程和使用 NaH$_2$PO$_2$ 作为磷源的低温磷化来制备的。通过粉末 X 射线衍射对样品的组成和晶体结构进行表征，在电子能谱仪 ESCALAB 250 上用 Al K_α X 光辐射进行了 X 光电子能谱分析。

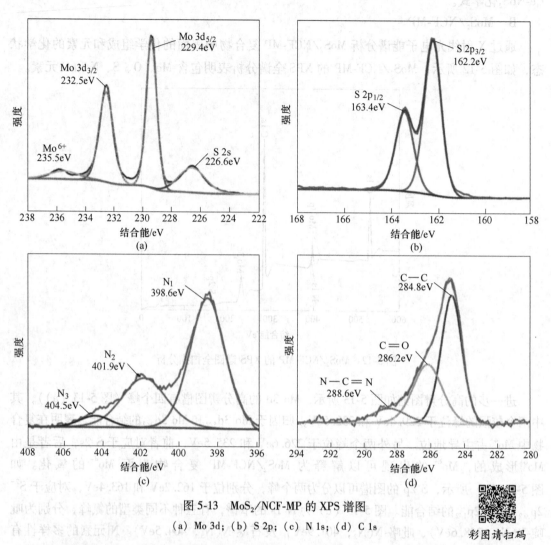

图 5-13　MoS$_2$/NCF-MP 的 XPS 谱图

(a) Mo 3d；(b) S 2p；(c) N 1s；(d) C 1s

彩图请扫码

通过 XPS 测量分析可以获得中空 Sn$_4$P$_3$@C 的元素组成。图 5-14 显示了主要元素的 XPS 核心级光谱。从图 5-14（a）中，位于 487.6eV 和 496.1eV 的两个峰分别对应于获得样品的 Sn 3d$_{5/2}$ 和 Sn 3d$_{3/2}$ 自旋轨道分裂光电子的结合能，这与 Sn^{3+} 的元素价是一致的。如图 5-14（b）所示，130eV 和 130.9eV 的峰分别归因于 P 2p$_{3/2}$ 和 P 2p$_{1/2}$ 的结合能。此外，在 134.1eV 的峰值可归因于样品表面的氧化磷酸盐物种。C 1s 的 XPS 光谱（图 5-14（c））用三种成分拟合，284.6eV、285.3eV 和 287.6eV 的峰值分别归因于 C═C、C—N 和 C—C═O 官能团。C—N 官能团的存在证实了氮元素被成功掺杂到碳基体中。N 1s 光谱（见图 5-14（d））被拟合成位于 399.2eV、400.2eV 和 401.7eV 的三个峰，分别对应于 N$_1$（吡啶-N）、N$_2$（吡咯-N）和 N$_3$（石墨-N）。这些结果进一步证实了 Sn$_4$P$_3$@C 复合材料的形成。

D　MoSe$_2$⊂PNC-HNTs

通过 X 射线光电子能谱（XPS）测量了 MoSe$_2$⊂PNC-HNTs 的表面化学状态。如

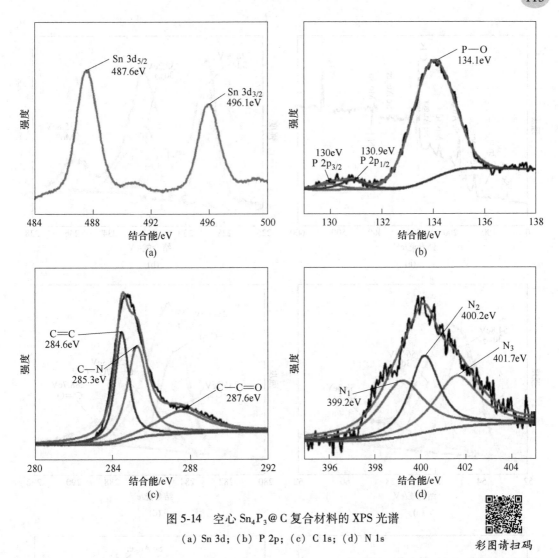

图 5-14　空心 Sn_4P_3@C 复合材料的 XPS 光谱

(a) Sn 3d；(b) P 2p；(c) C 1s；(d) N 1s

彩图请扫码

图 5-15（a）所示的总谱图，可以直观看到 Mo、Se、C、N、P 在复合材料中的存在。Mo 3d 的高分辨率光谱（见图 5-15（b））显示了五个峰，其中两个峰位于 228.9eV 和 232.2eV 分别归属于 Mo $3d_{5/2}$ 和 Mo $3d_{3/2}$，230.1eV 和 232.6eV 的峰被认为是卫星峰。在 235.8eV 处的峰可能与 Mo—O 键有关，这是由于 $MoSe_2$ 在空气气氛下的表面氧化所致。图 5-15（c）中 54.8eV 和 56.2eV 的两个峰分别对应于 Mo—Se 键的 Se $3d_{5/2}$ 和 Se $3d_{3/2}$，进一步证实了 $MoSe_2$ 相的形成。在 58.3eV 处的弱峰与表面氧化形成的 Se—O 键有关。C 1s 谱（见图 5-15（d））可以分解为四个峰，分别位于 284.6eV、285.3eV、286.3eV 和 288.7eV 处，分别对应于 sp^2 结合的 C＝C、sp^3 结合的 C—C、C—N/C—O 和 C＝O。如图 5-15（e）所示，吡啶-N（N_1）、吡咯-N（N_2）和石墨-N（N_3）的 N 1s 谱可以分解为三个峰，这三个峰的位置分别位于 398.3eV、400.1eV 和 403.4eV。P 2p 的谱图（图 5-15（f））证实了 P—C 键（133.6eV）的存在，证明了 P 成功掺杂到碳基体中。136.2eV 处的另一个宽峰是 P—O 信号，这可能是由于材料在空气环境下的表面氧化所致。根据 XPS 所得到的数据，也能侧面地佐证成功地制备了 $MoSe_2$ 材料。

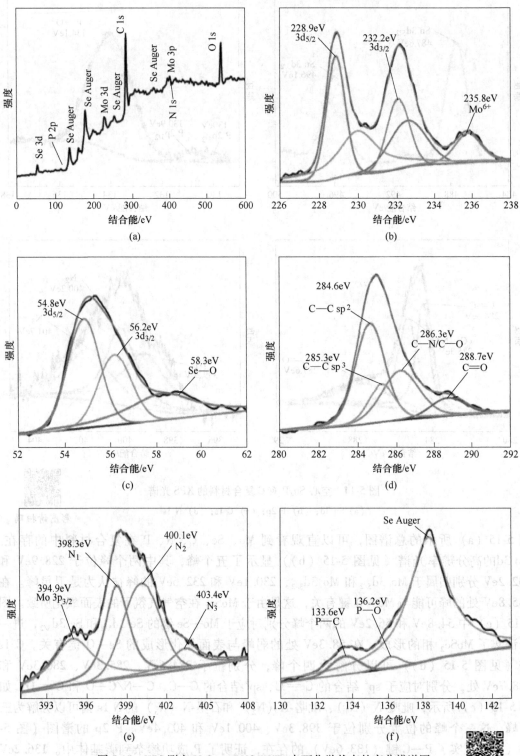

图 5-15   XPS 测定 MoSe₂⊂PNC-HNTs 表面化学状态的高分辨谱图

（a）总谱图；（b）Mo 3d；（c）Se 3d；（d）C 1s；（e）N 1s；（f）P 2p   彩图请扫码

E N掺杂的3D多孔石墨烯NiCo$_2$Se$_4$纳米针/纳米片

近年来，具有高理论比容量的金属氧化物作为电池电极材料引起了人们的关注。然而，导电性差和可怕的体积膨胀使其实际容量远低于理论值。与金属氧化物相比，金属硒化物表现出更好的电化学活性。硒化材料具有低带隙和高共价状态，这大大加快了电子传输，从而提高了电池的导电性。同时，金属硒化物的高氧化态也提供了更高的理论容量。在一些双金属硒化物中，NiCo$_2$Se$_4$表现了极其优异的电极性能。镍、钴和硒元素之间的轨道重叠使得每个原子具有更稳定的原子相互作用，并提高了阳极材料的稳定性。此外，镍的加入降低了成本，使其更有可能商业化。通过一种方便的溶剂热方法和随后的气相硒化过程，在氮掺杂的三维多孔石墨烯（NPG）的骨架上沉积了分级的NiCo$_2$Se$_4$纳米针/纳米片。与NiCo$_2$Se$_4$粉末相比，优化后的NiCo$_2$Se$_4$/N掺杂多孔石墨烯复合材料（称为NCS@NPG）作为自支撑阳极表现出优异的SiB电极活性。在这项研究中，沉积了分级的NiCo$_2$Se$_4$纳米针/纳米片的三维氮掺杂多孔石墨烯（NPG）复合材料作为SiBs的自支撑阳极，均匀地覆盖在NPG的骨架上，NiCo$_2$Se$_4$纳米针/纳米片可以暴露更多的活性位点并与电解质充分接触。高电导率和多孔NPG的引入改善了电子和离子的传输，这进一步增强了复合电极的电化学性能。通过粉末X射线衍射对样品的组成和晶体结构进行表征，在电子能谱仪ESCALAB 250上用Al K_α X光辐射进行了X光电子能谱分析。

NCS@NPG复合物的XPS分析揭示了钴、镍和硒元素的价态。图5-16（a）显示了Co 2p的高分辨光谱，它可分为Co 2p$_{3/2}$和Co 2p$_{1/2}$两种电子态，每个电子态可以分为三个特征峰。对于Co 2p$_{3/2}$，三个峰分别代表780.10eV的Co^{3+}、782.34eV的Co^{2+}和785.94eV的抖动卫星峰。对于Co 2p$_{1/2}$，特征峰归因于795.56eV的Co^{3+}、797.35eV的Co^{2+}以及位于802.33eV的卫星峰。类似的解释可以应用图5-16（b）中Ni 2p的高分辨率光谱。在854.40eV和872.92eV出现的峰属于Ni^{2+}，在855.91eV和878.48eV出现的峰属于Ni^{3+}，镍元素的振动卫星峰位于861.13eV和878.48eV。这表明在制备的复合材料中镍和钴元素都是由二价和三价金属离子共存组成的。此外，Se 3d的高分辨率光谱如图5-16（c）所示，Se 3d$_{5/2}$和Se 3d$_{3/2}$分别位于52.90eV和54.70eV的较低结合能位置。在60.71eV的较高结合能处的特征峰是由硒氧贡献的，它主要属于某些金属硒化物在表面发生的氧化反应。因此，这些结果进一步证实了NCS@NPG复合材料的形成。

5.5.1.2 在钠离子电池正极材料中的应用

A 碳包覆Na$_3$V$_2$(PO$_4$)$_2$F$_3$纳米立方体

在钠离子电池正极材料研究中，聚阴离子型氟磷酸钒钠Na$_3$V$_2$(PO$_4$)$_2$F$_3$（NVPF）具有三维的NASICON结构，约为3.95V的平均工作电压和128mAh/g的理论比容量，使NVPF具有理论能量密度约500Wh/kg的优势，是一种近年来备受关注的正极材料。然而，未经修饰的NVPF受本征电子电导率低的限制，无法充分发挥其理论优势。复合导电碳材料，形貌调控和离子掺杂都表明确对提高NVPF的性能具有一定的正向影响。其中，减小微粒粒径可增加离子传输扩散途径，缩短传输距离，并提高了电解液和材料本体接触面积，不仅有利于快速的离子扩散动力学，而且还能抑制颗粒粉碎。另外，构造导电碳骨架可以有效地促进电子的积累和转移，提高材料整体的电子电导率。Al元素掺杂从晶体结构的角度来提高材料的稳定性，但单一应用异原子掺杂的手段无法充分发挥材料较高的理论比容

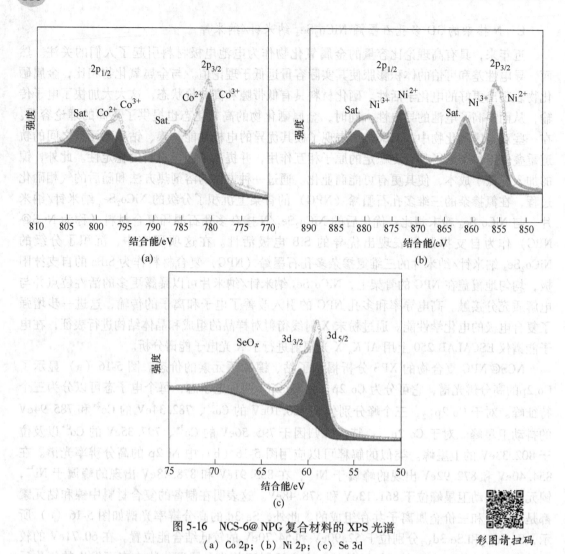

图 5-16　NCS-6@ NPG 复合材料的 XPS 光谱

(a) Co 2p；(b) Ni 2p；(c) Se 3d

彩图请扫码

量。进一步从微观形貌角度出发，探究缩小颗粒尺寸与复合导电碳材料两种改性手段对氟磷酸钒钠电化学性能的影响。

高温固相法是一种制备 NVPF 的简便方法，但是其技术障碍体现于所制备的材料微观形态的不可控制性、颗粒的不均匀性或包覆层的不完整性。在分析国内外研究进展过程中，发现在制备过程中添加表面活性剂对颗粒的微观形貌构造具有关键作用。通过改良的高温固相法制备了碳包覆的 NVPF 纳米立方体，使用石蜡作为分散剂与表面活性剂配合形成类"油包水"的结构，限制颗粒的生长，同时在 NVPF 颗粒表面原位形成精细的导电碳包覆层。特别的，使用十八胺作为表面活性剂所制备的 NVPF-NC 材料表现为均匀分布的纳米方块微观形貌，每个纳米方块单独被氮掺杂碳层包覆。其中 NVPF-P 作为空白样品，在制备过程中不加入任何表面活性剂。形貌调控和碳包覆的协同作用促进了 Na$^+$ 和电子在材料中的传输，有利于改善材料的电荷转移动力学性能，从而提高 NVPF-NC 的循环和倍率性能。在电子能谱仪 ESCALAB 250 上用 Al K_α X 光辐射进行了 X 光电子能谱分析。

通过图 5-17 谱图可以分析所制备 NVPF 的表面化学态。对比 NVPF-NC 和 NVPF-P 的 XPS 全谱可以发现，表面活性剂的加入没有改变 NVPF 的化学成分，也没有引入其他杂质。在 V 2p 窄区扫描谱图（见图 5-17（d））中位于 524.7eV 和 517.7eV 的两个明显信号峰表示了由 V 的自旋-轨道分裂形成的 V $2p_{1/2}$ 和 V $2p_{3/2}$，说明 V 元素在材料中的价态为+3 价。图 5-17（c）为 F 1s 高分辨谱，结合能为 684.8eV 单个信号峰代表 F 元素在材料晶格中以成键形式结合，而不是单纯吸附在材料表面，这与 FTIR 测试结果中的 V—F 键相吻合。从 N 1s 窄谱（见图 5-17（e））中可以看到，三个位于 402.0eV、400.5eV 和 397.8eV 的特性信号峰分别来自于石墨型氮、吡咯型氮和吡啶氮，证实了由十八胺衍生的包覆层中含有氮元素掺杂。此外，在 C 1s 窄谱（见图 5-17（f））中位于 285.5eV 所代表的 C—N 键也确认了氮掺杂的存在。选择十八胺作为表面活性剂，在高温碳化的过程中，十八胺分子中的 N 会替代部分 C 原子在晶格中的位置，这种同步的氮掺杂作用为材料提供了更多的缺陷位点，提高了材料对 Na^+ 的储存性能。

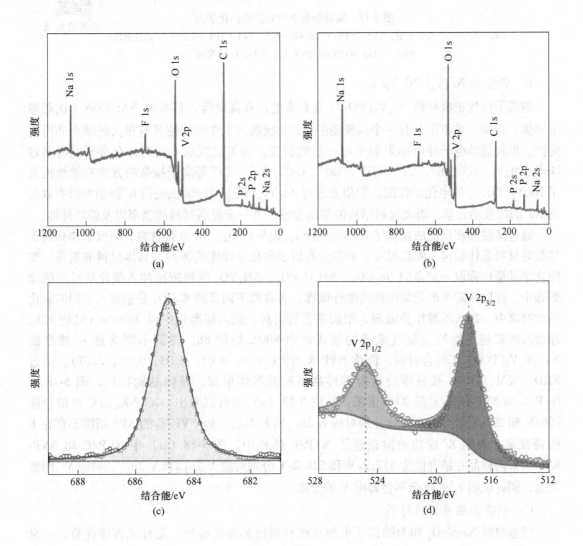

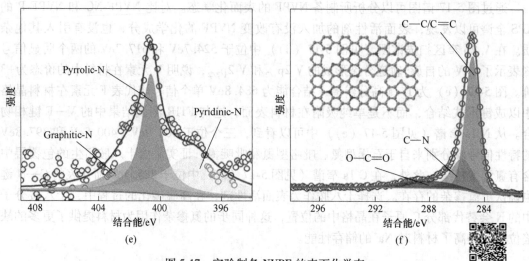

图 5-17　实验制备 NVPE 的表面化学态

（a）NVPF-P 的 XPS 全谱；（b）NVPF-NC 的 XPS 全谱；（c）NVPF-NC 的 F 1s 高分辨谱；
（d）～（f）NVPF-NC 的 V 2p、N 1s、C 1s 窄谱

B　钾掺杂 $Na_3V_2(PO_4)_3/C$

钠离子电池正极材料 $Na_3V_2(PO_4)_3$ 具有高电位和高电势，且具有 NASICON（钠超离子导体）框架，该框架具有一个高流动的 Na^+ 和较高的工作电压使其有很大的潜力和可研究性，但较低的电子导电率限制了进一步的研究。为了克服这一问题，众多研究者通过 Mn^{2+}、Mg^{2+}、Al^{2+}、K^+、Ca^{2+}、Ti^{4+}、La^{3+}、Ce^{3+}、Fe^{3+}、Zr^{4+} 等离子掺杂的方法有效地提高了 $Na_3V_2(PO_4)_3$ 的电化学性能，期望通过对 $Na_3V_2(PO_4)_3$ 的 Na 位进行 K^+ 掺杂可以有效提高 Na^+ 的扩散动力学，增大材料结构的晶胞参数，进一步提高材料的倍率以及循环性能。

通过高温固相反应法制备了 K^+ 掺杂的 $Na_{3-x}K_xV_2(PO_4)_3/C$ 复合材料，研究了体相离子掺杂对材料晶体结构、颗粒尺寸、粒径分布以及电化学性能的影响。具体材料的制备：按照化学计量比称取一定量的 Na_2CO_3、$NH_4H_2PO_4$、NH_4VO_3 原料依次加入氧化锆材质的球磨罐中，称取一定量的葡萄糖酸内酯作碳源，再称取不同量的 K_2CO_3 分别加入不同的氧化锆球磨罐中，加入乙醇作分散剂，用胶带进行密封，放入球磨机中以 300r/min 球磨 12h，球磨后的浆料干燥后在氩气流通的管式炉中 800℃烧结 8h，得到不同含量 K^+ 掺杂的 $Na_{3-x}K_xV_2(PO_4)_3/C$ 复合材料，简称 NVP-K_x/C（x = 0, 0.01, 0.03, 0.05, 0.07）。通过 XRD、SEM、TEM、拉曼等分析得到样品呈现的具体形貌、晶体结构特征。图 5-18 为 NVP/C 和 NVP-$K_{0.05}$/C 的 XPS 谱图。从图 5-18（a）中可以看出，NVP-$K_{0.05}$/C 在结合能 296eV 和 293eV 处有两个弱峰分别对应 K $2p_{1/2}$ 和 K $2p_{3/2}$，而 NVP/C 的 XPS 谱图不存在 K 的特征峰，表明 K^+ 成功地掺杂进了 NVP 体相中。图 5-18（b）中 NVP/C 和 NVP-K0.05/C 两样品在结合能为 517.2eV 和 524.2eV 分别对应 V $2p_{3/2}$ 和 V $2p_{1/2}$，对应 V^{3+} 的氧化态，同时说明 K^+ 的掺杂不会影响 V 的价态。

C　铌掺杂锰基正极材料

锰基材料 Na_xMnO_2 作为钠离子电池正极材料因其高比容量、无毒无害等优势，一直是研究的热点。但是，在充放电过程中，此类材料受 Mn^{3+} 的 Jahn-Teller 效应和相变的影

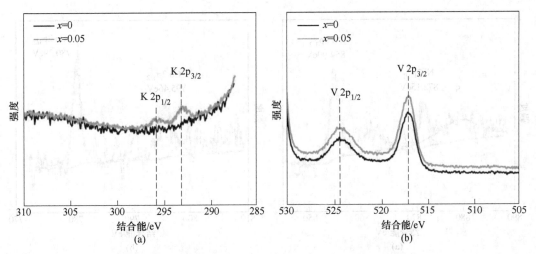

图 5-18　NVP-K$_{0.05}$/C（a）和 NVP/C（b）的 XPS 谱图

响，通常具有比较差的循环稳定性。此外，随着钠离子嵌入/脱出，电压衰减严重，这直接降低了电池的能量密度，从而阻碍钠离子电池的实用化。为了获得性能优异的电极材料，主要的改进方法有体相掺杂、表面改性、制造氧空位和制备混相材料等。在层状氧化物中掺入适量的杂原子可以稳定晶体结构，调节钠离子扩散通道，促进钠离子的传输，从而提升材料的电化学性能。目前，掺杂元素多为+1、+2、+3、+4 等价态的元素，而+5 和+6 价的高价态元素掺杂的相关研究比较少。电压衰减问题在富锂层状材料中得到充分研究，但是对于钠电正极材料，这一问题并未得到较好的解答。因此，提升材料的循环稳定性和抑制电压衰减是促进钠离子电池实用化的根本所在。

利用共沉淀法和高温烧结法，制备了铌掺杂 Na$_{0.7}$(Ni$_{0.3}$Co$_{0.1}$Mn$_{0.6}$)$_{0.98}$Nb$_{0.02}$O$_2$ 材料，其循环稳定性得到明显提升，0.5C 倍率下循环 200 圈后容量保持率可以达到 87.9%。通过和对比样品 Na$_{0.7}$Ni$_{0.3}$Co$_{0.1}$Mn$_{0.6}$O$_2$ 的结构、形貌以及电化学性能的分析对比，探究高价态铌元素对 P2 相锰基正极材料电化学性能的影响，发现铌掺杂不仅可以稳定材料的结构，还可以抑制循环过程中的电压衰减。同时，铌掺杂材料具有突出的低温性能和倍率性能。

利用 XRD、SEM、TEM 和 EDX 能谱对材料的形貌结构以及各元素分布进行了详细的分析，发现样品具有良好的结晶性，铌元素均匀地分布于体相中。为了进一步研究材料中各元素的存在和结合形式，对铌掺杂材料中 Ni、Co、Mn 和 Nb 的 X 射线光电子能谱（XPS）进行拟合分析，确定了各元素的价态，如图 5-19 所示。

从图 5-19（a）中可以观察到，在 854.90eV 和 872.15eV 的位置有两个尖锐的特征峰，这属于 Ni 2p 谱线峰，代表镍离子主要价态为+2，而另外两个"鼓包"形的小峰则为 Ni 的卫星峰。图 5-19（b）是钴元素的 XPS 图，其中 Co 2p$_{3/2}$ 和 Co 2p$_{1/2}$ 特征峰的结合能分别为 780.29eV 和 795.46eV，说明材料中 Co 的化合价为+3 价。在图 5-19（c）中，642.47eV 和 653.95eV 处的强峰分别对应于 Mn 2p$_{3/2}$ 和 Mn 2p$_{1/2}$ 两个主峰，其中位于 642.47eV 处的 Mn 2p$_{3/2}$ 主峰表明材料中 Mn^{4+} 的存在，两个主峰则说明 Mn^{3+} 和 Mn^{4+} 共存于材料中。在图 5-19（d）中，铌离子的特征峰 Nb 3d$_{3/2}$ 和 Nb 3d$_{5/2}$ 分别位于 209.53eV 和 206.64eV 处，

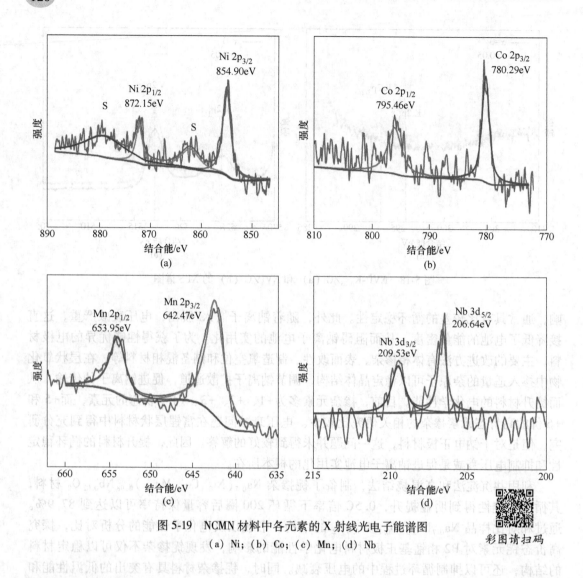

图 5-19   NCMN 材料中各元素的 X 射线光电子能谱图

（a）Ni；（b）Co；（c）Mn；（d）Nb

彩图请扫码

这表明铌离子的价态为+5，材料中的铌元素不具有电化学活性。P2-$Na_x$$MnO_2$ 化合物中锰离子的价态是+3 和+4 价；前面提到 Mn^{4+} 的氧化态比较稳定，一般不具有电化学活性而 Mn^{3+} 的 Jahn-Teller 效应会破坏晶体结构，进而影响材料的电化学性能。由于 Nb^{5+} 的离子半径比较接近 Mn^{3+} 和 Co^{3+}，Nb^{5+} 成功掺入到结构中，稳固的 Nb—O 离子键可以稳定材料的结构，减弱整体的 Jahn-Teller 效应；同时，铌掺杂还能使氧化还原电位较高的钴离子和镍离子反应，提高材料的工作电压，改善材料的性能。可以预想到，铌掺杂材料的倍率和循环性能将优于未掺杂的。

5.5.2   在锂离子电池中的应用

5.5.2.1   在锂离子电池负极材料中的应用

A $FeS_{1.6}Se_{0.4}$ 材料

近年来，FeS_2 因其高理论容量（894mAh/g）、元素分布广泛、环境友好等优点受到很

多关注，但是 FeS_2 的低电导率和严重的体积膨胀，使其库仑效率和倍率性能一直不能令人满意。此外，在放电过程中产生的聚硫化物 Li_2S_x（2<x<8）会溶解在电解液中导致容量损失。与 FeS_2 相似，$FeSe_2$ 也具有高理论容量的优点，虽然 $FeSe_2$ 的电导性略好于 FeS_2，但是 $FeSe_2$ 也存在体积膨胀的问题，故通过掺杂、复合、纳米化的改性手段，提高了上述过渡金属硒化物储锂/钠的电化学性能。通过简单的水热法，制备了 FeS_2 和掺杂 Se 的 $FeS_{1.6}Se_{0.4}$，两者形貌相似，均为微球形，但 $FeS_{1.6}Se_{0.4}$ 的直径只有 FeS_2 的一半，为 1~1.5μm，这意味着 $FeS_{1.6}Se_{0.4}$ 具有更高的比表面积。$FeS_{1.6}Se_{0.4}$ 兼具硫化物、硒化物特性，S/Se 固溶体使 $FeS_{1.6}Se_{0.4}$ 表现出比 FeS_2 更好的性能。将 $FeS_{1.6}Se_{0.4}$ 应用于锂离子电池中，在 200mA/g 的电流密度下循环 200 次后可逆容量为 481.0mAh/g，即使在 2A/g 的大电流密度下可逆容量也达到了 290.6mAh/g。

通过 XPS 了解样品 $FeS_{1.6}Se_{0.4}$ 的表面组分，如图 5-20 所示。图 5-20（a）中，C 峰和 O 峰很明显，这是由于样品暴露在空气中，不可避免地被 C 和 O 污染所致。在 Fe 2p 高清

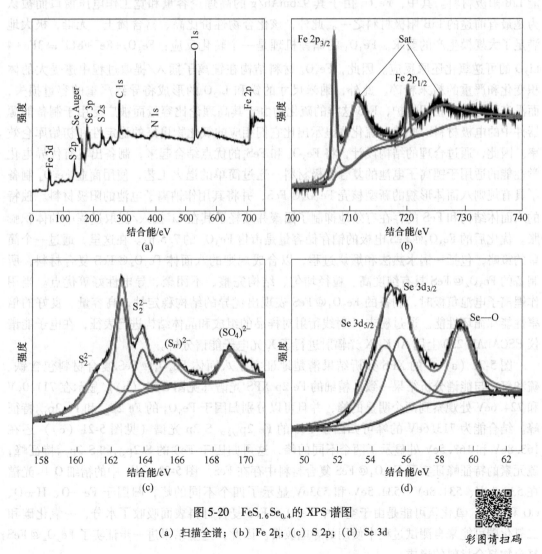

图 5-20　$FeS_{1.6}Se_{0.4}$ 的 XPS 谱图

（a）扫描全谱；（b）Fe 2p；（c）S 2p；（d）Se 3d

彩图请扫码

图谱图 5-20（b）中，结合能为 707.3eV 和 720.2eV 的峰分别对应 Fe $2p_{3/2}$ 和 Fe $2p_{1/2}$，源于 FeS_2 中的 Fe^{2+}，711.5eV 和 724.9eV 处的峰是 Fe 2p 的伴峰，对于过渡金属来说，出现伴峰的情况很常见。在 S 2p 高清图谱图 5-20（c）中，结合能为 161.3eV 的峰，对应 FeS_2 表面的过硫化物 S_2^{2-}；结合能为 162.7eV（S $2p_{3/2}$）和 163.9eV（S $2p_{1/2}$）的峰来自 FeS_2 体相的过硫化物 S_2^{2-}；过硫化物（S_2^{2-}）在表面和体相的结合能的变化可以用空间电荷能带弯曲来解释。169.0eV 的峰来自 $FeSO_4$ 或 $Fe_2(SO_4)_3$ 中的（SO_4）$^{2-}$，161.3eV 的峰可能与聚硫化物（S_n）$^{2-}$ 有关或核孔效应有关。在 Se 3d 高清图谱图 5-20（d）中，结合能为 54.8eV 和 55.8eV 的峰分别对应于 Se $3d_{5/2}$ 和 Se $3d_{3/2}$，源自 Fe-Se 或 Se-Fe-Se。59.3eV 的峰来自亚硒酸盐 Se-O。XPS 的结果进一步支持了固溶体的形成。

B   八面体 $Fe_3O_4@FeS$ 复合物

近年来，过渡金属氧化物因其高理论容量（为 700～1000mAh/g）而被探索作为高性能 LiB 阳极材料。其中，Fe_3O_4 由于其 926mAh/g 的高理论容量和宽工作电压窗口而被认为是最有前途的 LiB 阳极材料之一。此外，该化合物性价比高、富含稀土、无毒，极大地满足了大规模生产的要求。Fe_3O_4 的储锂机理是一个转化反应：$Fe_3O_4+8e^-+8Li^+ \rightleftharpoons 3Fe+4Li_2O$ 的可逆氧化还原反应。因此，Fe_3O_4 材料结构在锂离子插入/提取过程中遭受大的体积变化和严重的粉末粉碎。此外，纳米尺寸的铁和 Li_2O 的形成将导致严重的容量损失，而没有强有力的相间保护，FeS 这样的硫化物由于其高理论比容量而被广泛用于制备能源器件中的电极材料。此外，硫化物显示出比它们相应的氧化物更好的稳定性和初始库仑效率。因此，通过合理的结构设计，将 Fe_3O_4 和 FeS_x 的优点结合起来，制备出具有优异电化学性能的适用于锂离子电池的复合电极材料。通过简单的退火工艺，使用商业 Fe_3O_4 制备了具有规则八面体形貌的新型核壳 $Fe_3O_4@FeS$，并将其用作钠离子电池的阳极材料。独特的八面体结构和 FeS 的存在有效地抑制了团聚并减轻了其在 Li^+ 插入/提取过程中的体积膨胀。优化后的 $Fe_3O_4@FeS$ 电极的钠存储容量是市售 Fe_3O_4 的 7.5 倍。在这里，通过一个简单的策略，包括一锅水热法和煅烧过程，以合成规则的八面体 $Fe_3O_4@FeS$ 复合材料，所制备的 $Fe_3O_4@FeS$ 具有纯度高、粒径均匀、结构完整、不团聚、导电性好等优点。当用作锂离子电池负极时，制备的 $Fe_3O_4@FeS$ 表现出优异的结构稳定性、高容量、良好的倍率性能和循环性能。通过粉末 X 射线衍射对样品的组成和晶体结构进行表征，在电子能谱仪 ESCALAB 250 上用 Al K_α X 光辐射进行了 X 光电子能谱分析。

图 5-21（a）中的 XPS 分析结果清楚地证实了八面体 $Fe_3O_4@FeS$ 复合材料包含铁、硫和氧，与能谱分析结果一致。精细的 Fe 2p XPS 光谱（见图 5-21（b））显示在 711.0eV 和 724.6eV 处观察到两个明显的峰，并且可以分别归因于 Fe_3O_4 的 Fe $2p_{3/2}$ 和 Fe $2p_{1/2}$ 特征峰。结合能为 713.6eV 的峰可归因于 FeS 的 Fe $2p_{1/2}$。S 2p 光谱（见图 5-21（c））还在 163.8eV 和 168.5eV 处显示了两个不同的峰，这可归因于 FeS 的 S $2p_{3/2}$ 和 S $2p_{1/2}$ 特征峰，硫元素的特征峰证实了 $Fe_3O_4@FeS$ 复合材料中存在 FeS。图 5-21（d）中的精细 O 1s 光谱在 530.1eV、531.8eV、531.5eV 和 533eV 显示了四个不同的峰，归因于 Fe—O、H—O、CO 和 CO_2。氧化氢可能是由于空气中 $Fe_3O_4@FeS$ 复合材料表面吸收了水分，一氧化碳和二氧化碳可能来自测试过程中使用的导电胶带。因此，这些结果进一步证实了 $Fe_3O_4@FeS$ 复合物复合材料的形成。

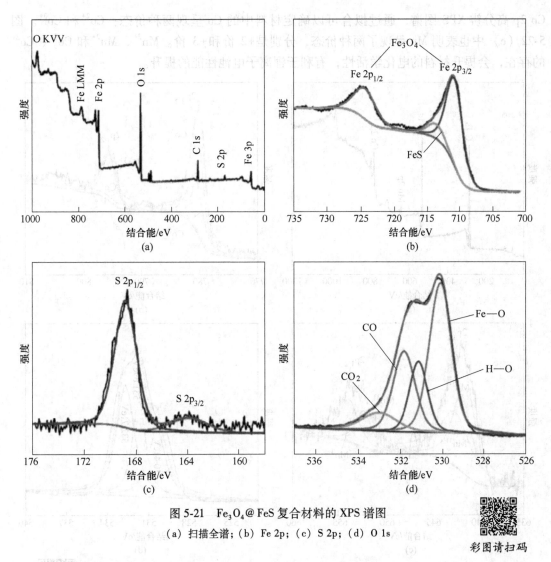

图 5-21　Fe$_3$O$_4$@FeS 复合材料的 XPS 谱图

（a）扫描全谱；（b）Fe 2p；（c）S 2p；（d）O 1s

彩图请扫码

C　多孔 MnCo$_2$O$_4$ 纳米棒

Co$_3$O$_4$ 具有较好的电化学活性，理论比容量（890mAh/g）远超过石墨负极的理论容量而备受关注；但是，由于 Co$_3$O$_4$ 的生产成本较高、导电性差、循环过程中易团聚，限制了 Co$_3$O$_4$ 作为新型电极材料的发展。考虑到自然界中 Mn 的储量丰富，并且价格只有 Co 的二十分之一；同时，如果将 Mn 引入到 Co$_3$O$_4$ 中也有助于提升材料的电导率、降低材料的放电平台。所以，研究人员在尖晶石结构 Co$_3$O$_4$ 的 A 位置引入了 Mn 离子，取代了原位置的 Co 离子，得到了性能更加优越的尖晶石型复合过渡金属氧化物 MnCo$_2$O$_4$。在这里，以草酸作为沉淀剂，利用共沉淀的方法制备了 Mn$_{0.33}$Co$_{0.67}$C$_2$O$_4$ 纳米棒，然后让 Mn$_{0.33}$Co$_{0.67}$C$_2$O$_4$纳米棒在高温下分解，得到了多孔的 MnCo$_2$O$_4$ 纳米棒。通过 XPS 的测试，确定了材料中各种元素的价态。

图 5-22（a）是 MnCo$_2$O$_4$ 纳米棒的 XPS 谱图，从图中可以确定材料中含有 Mn、Co、O 三种元素，并且 Co 与 Mn 的原子比大约为 2：1，符合材料的化学计量比。图 5-22（b）是

Co 2p 高分辨 XPS 图谱，通过拟合可以确定材料中的 Co 呈现两种价态：Co^{2+} 和 Co^{3+}。图 5-22（c）中也表明 Mn 呈现了两种价态，分别是+2 价和+3 价。Mn^{3+}、Mn^{2+} 和 Co^{3+}、Co^{2+} 的存在，会提升材料的电化学活性，有利于锂离子电池性能的提升。

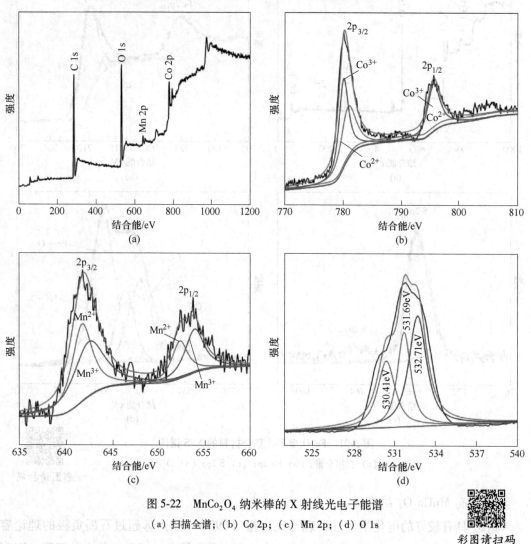

图 5-22　$MnCo_2O_4$ 纳米棒的 X 射线光电子能谱

（a）扫描全谱；（b）Co 2p；（c）Mn 2p；（d）O 1s

彩图请扫码

D　$FeSe_2$/rGO 复合材料

过渡金属硒化物 $FeSe_2$ 理论容量达到 501mAh/g，且具有较窄的禁带宽度、较高的电子电导率，这些优势使 $FeSe_2$ 吸引了很多关注。然而，$FeSe_2$ 在放电/充电过程中的大体积变化和内应力可能导致电极材料的结构性破坏和容量衰减。为了解决上述问题，利用溶剂热法，将 $FeSe_2$ 与氧化石墨烯复合，获得 $FeSe_2$/rGO 复合材料。对 $FeSe_2$/rGO 和纯相 $FeSe_2$ 进行材料表征和电化学性能测试，并分析其反应机理。

采用 X 射线光电子能谱（XPS）对制备的 $FeSe_2$/rGO 粉体的化学状态和分子环境进行表征，如图 5-23 所示。图 5-23（a）证实了样品中存在 Fe、Se、C 元素，O 元素信号强烈可能是由于样品暴露在空气中被污染所致。图 5-23（b）中，C 1s 的峰位于 284.7eV、

285.0eV 和 286.0eV 处，分别对应于 C＝C、C—C、C—O。在 Fe 2p 图谱中，707.35eV 和 720.14eV 的峰分别对应于 Fe $2p_{3/2}$ 和 Fe $2p_{1/2}$，是 $FeSe_2$ 的特征峰；711.5eV 和 724.9eV 处的峰是 Fe 2p 的伴峰。在 Se 3d 图谱中，54.8eV 的峰和 55.8eV 的峰分别代表了 Se $3d_{5/2}$ 和 Se $3d_{3/2}$ 的结合能，这两个峰是 $FeSe_2$ 的特征峰，表明 Se 的价态为－2 价；59.3eV 的峰为 Se 表面的氧化态。

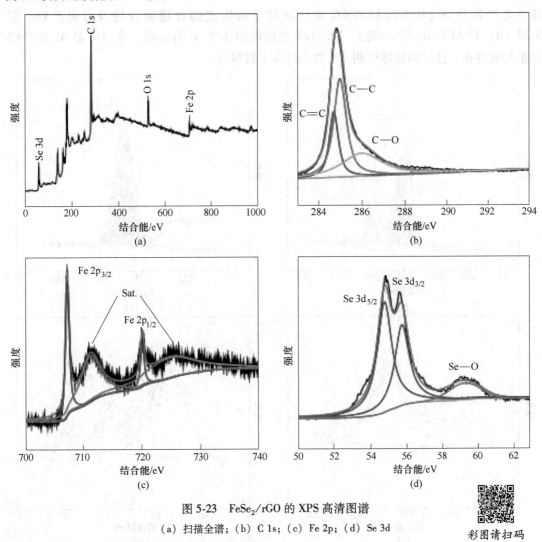

图 5-23　$FeSe_2$/rGO 的 XPS 高清图谱

(a) 扫描全谱；(b) C 1s；(c) Fe 2p；(d) Se 3d

彩图请扫码

5.5.2.2　在锂离子电池正极材料中的应用

A　Al 掺杂 $LiNi_{0.493}Co_{0.214}Mn_{0.293}O_2$ 正极材料

运用 $Al(BOB)_3$-EC/DEC 新型电解液组装 $LiNi_{0.493}Co_{0.214}Mn_{0.293}O_2$/Li 半电池进行预循环，实现 $LiNi_{0.493}Co_{0.214}Mn_{0.293}O_2$ 材料 Al^{3+} 掺杂和表面钝化膜包覆的同步双重改性。为了进一步探究表面钝化膜的组分，对 Al-NCM 材料进行了 XPS 测试。图 5-24 (a) 展现的是在 $Al(BOB)_3$ 基电解液进行预循环后材料的 C 1s 谱图，位于 285.54eV 和 288.94eV 位置处的两峰分别是 C—O 和 C＝O，这主要是由于电解液的分解产生的。根据 O 1s 谱图（见

图 5-24（b）），在 532.21eV 附近处有一强度很大的峰，主要代表的是电解液分解产物 C—O 和 C ＝ O；在 530.02eV 处的峰很微弱，它代表的是表面活性氧物质（如 LiOH，Li_2CO_3）。很显然，LiOH 和 Li_2CO_3 的含量很少，这意味着形成较厚的表面钝化膜。如图 5-24（c）所示，在 191.94eV 位置附近有一单峰归属于 B 1s 信号峰，主要是由于 BOB^- 阴离子分解生成的分解产物，分解产物主要为线性含硼聚合物，这进一步证明正极表面钝化膜主要产物是 $Al(BOB)_3$-EC/DEC 电解液的分解生成的含硼聚合物及有机产物。图 5-24（d）是 Al 2p 的 XPS 谱图，74.51eV 处的峰归属于 Al $2p_{3/2}$峰，这意味着 Al 是以+3 价的形式存在，这样间接地证明 Al^{3+} 掺杂进入了材料内。

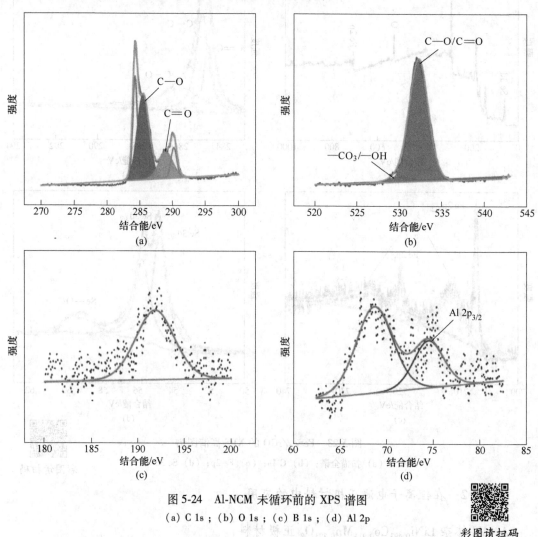

图 5-24　Al-NCM 未循环前的 XPS 谱图
(a) C 1s；(b) O 1s；(c) B 1s；(d) Al 2p

彩图请扫码

B　NCM@PPy 复合材料

收集 XPS 数据来观察 PPy 包覆后样品表面组分的变化。如图 5-25（a）所示，样品 NCM 中位于 855.5eV 和 873.3eV 附近的结合能分别归属于 Ni $2p_{3/2}$ 和 Ni $2p_{1/2}$，Ni 离子的价态是+2 与+3 的混价。Co $2p_{3/2}$和 Mn $2p_{3/2}$的结合能分别为 780.8eV（见图 5-25（b））和 642.6eV（见图 5-25（c）），对应于 Co^{3+}和 Mn^{4+}。PPy5 中 Ni 2p、Co 2p 和 Mn 2p 峰的移动

与 NCM 中对应峰的结合能位置相比可以忽略不计，说明 PPy 包覆并没有改变 NCM 表面 Ni、Co、Mn 离子的配位环境。与 NCM 不同的是，PPy5 样品在约 400.0eV 处表现出明显的 N 1s 信号（见图 5-25（d）），该光电子信号来源于 PPy 结构中氮元素的信号，可以合理地推断出 PPy 成功地包覆在了 NCM 的表面，并没有改变过渡金属离子的价态。

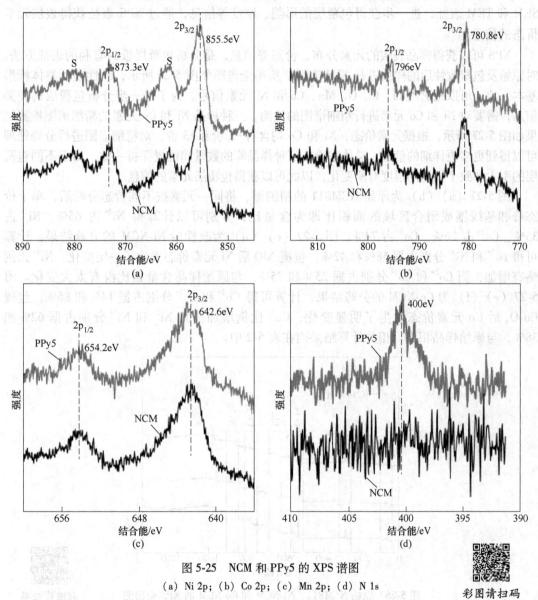

图 5-25　NCM 和 PPy5 的 XPS 谱图

（a）Ni 2p；（b）Co 2p；（c）Mn 2p；（d）N 1s

彩图请扫码

C　单金属氧化物包覆改性 NCM811

循环寿命不够长是目前三元锂电在动力电池大规模应用的障碍之一，表面包覆作为常见的改性手段在基础研究和工业生产中都运用得比较普遍，利用成本低廉、工艺简单的氧化物包覆就能取得不错的改性效果。考虑到 NCM811 在循环过程中，在界面处会生成岩盐相的 NiO 钝化膜起到保护基体的作用，因此会选用氧化镍作为一种包覆材料。另外，考虑基体 NCM811 中少量 Co 的添加能起到提高导电性的作用，而氧化镍本身导电性较差，因此再选用氧化钴作为另一种包覆材料。通过计算确定金属源溶液中阳离子浓度和包覆后包覆层的含量，并以此为统一，每种包覆层均保证相同。首先对包覆层（NiO、Co_3O_4）的物相进行 XRD 表征，以确定所包覆的物质是否为想要的氧化物，然后对改性后的三元 Ni-NCM 和 Co-NCM 进行 XRD 表征，确保三元的物相不会因包覆而发生改变。然后再进行 SEM 和 TEM 表征，进一步获得包覆层的形貌、厚度等信息，通过 XPS 表征获得表层元素价态的信息。

XPS 可以获得样品表层的元素分布、价态等信息，是分析包覆层极为有利的表征方法。对原始及包覆改性后的样品进行 XPS 表征，所得全谱图如图 5-26 所示，改性前后整体峰形基本一致，可以检测出 Li、C、O、Mn、Co 和 Ni 元素信号。为了进一步分析包覆层的相关信息，需要对 Ni 和 Co 元素进行精细谱图的检测。三种样品 Ni 和 Co 元素的精细谱图检测结果如图 5-27 所示，根据元素价态，Ni 和 Co 均含有+2 价和+3 价，对精细谱图进行分峰处理可以得到更多更详细的信息。总体来看，三种样品峰的数量和位置保持一致，由于不同包覆层的引入导致个别峰的强度有所变化，以此可以获得包覆层元素的信息。

图 5-27（a）（b）为原始 NCM811 的精细谱，将同一元素按不同价态分峰后，单个价态峰和基线围成闭合区域的面积比即为含量比，分别可以计算得 Ni^{2+} 占 65%、Ni^{3+} 占 35%、Co^{2+} 占 26%、Co^{3+} 占 74%。图 5-27（c）（d）为改性后 Ni-NCM 的分峰结果，计算可得 Ni^{2+} 和 Ni^{3+} 分别占据58%和42%，包覆 NiO 后 Ni 元素价态发生了一定变化，Ni^{3+} 比例略有增加，而 Co^{2+} 和 Co^{3+} 分别占据25%和75%，与原始样品含量相比没有太大变化。图 5-27（e）（f）为 Co-NCM 的分峰结果，计算可得 Co^{2+} 和 Co^{3+} 分别占据14%和86%，包覆 Co_3O_4 后 Co 元素价态发生了明显变化，Co^{3+} 比例增加，而 Ni^{2+} 和 Ni^{3+} 分别占据62%和38%，与原始样品相当。相关计算结果列在表 5-2 中。

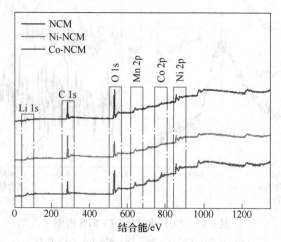

图 5-26　原始 NCM811、Ni-NCM 和 Co-NCM 的 XPS 全谱图　　　彩图请扫码

表 5-2　原始 NCM811、Ni-NCM 和 Co-NCM 的 Ni 和 Co 元素不同价态的含量　　（%）

物质	Ni^{2+}	Ni^{3+}	Co^{2+}	Co^{3+}
NCM	64.76	35.24	25.62	74.38
Ni-NCM	57.98	42.02	24.51	75.49
Co-NCM	62.28	37.72	14.40	85.60

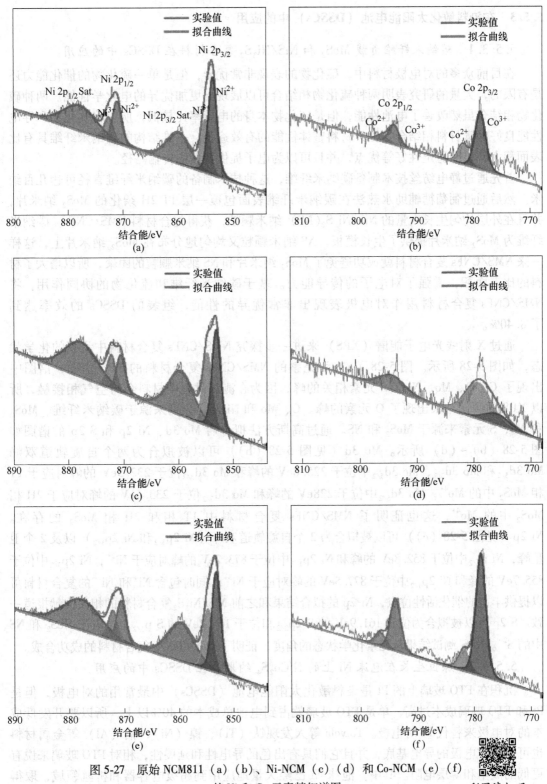

图 5-27 原始 NCM811（a）（b）、Ni-NCM（c）（d）和 Co-NCM（e）（f）
的 Ni 和 Co 元素精细谱图

彩图请扫码

5.5.3　在染料敏化太阳能电池（DSSCs）中的应用

5.5.3.1　碳纳米纤维负载 MoS_2 和 NiS/Ni_3S_2 复合材料在 DSSCs 中的应用

在目前众多的对电极材料中，硫化物的表现非常优异，但是单一硫化物的催化能力还是有限的，大量的研究表明两种硫化物相结合可以展现出更加优异的电化学性能。两种硫化物相结合虽然改善了电池性能，但是硫化物本身的电导率比较低，所以将硫化物和导电性能良好的碳材料相结合是提升材料整体性能的有效途径。一维结构的碳纳米纤维具有比表面积大、机械稳定性好等优点，并且可以为电子提供快速的传输路径。

首先通过静电纺丝技术制备碳纳米纤维，这种技术制备的碳纳米纤维直径可达几百纳米。然后通过葡萄糖辅助水热法在碳纳米纤维表面包覆一层 1T-2H 杂化的 MoS_2 纳米片，并且在外层均匀生长大量的 NiS/Ni_3S_2(NS) 纳米颗粒，获得复合材料 NMS/CNFs。碳纳米纤维为 MoS_2 纳米片提供了生长模板，NS 纳米颗粒又均匀地分布在 MoS_2 纳米片上，这样一来 NMS/CNFs 复合材料就成功避免了 MoS_2 纳米片和 NS 纳米颗粒的团聚，所以增大了材料的比表面积，增强了对电子的传导能力。基于碳纳米纤维和硫化物的协同作用，将 NMS/CNFs 复合材料用作对电极表现出非常优异的性能，组装的 DSSCs 的效率达到了 8.40%。

通过 X 射线光电子能谱（XPS）来进一步探究 NMS/CNFs 复合材料中元素的化学状态，如图 5-28 所示。图 5-28（a）为完整的 NMS/CNFs 复合材料的 XPS 谱图，谱图中出现了 C、O、Mo、Ni 和 S 元素相关的峰，因为在测试过程中材料会与空气相接触，所以 XPS 的测试结果出现了 O 元素的峰。C、Mo 和 Ni 元素分别来源于碳纳米纤维、MoS_2 和 NS，S 元素来源于 MoS_2 和 NS。通过高斯方法拟合后 Mo 3d、Ni 2p 和 S 2p 的谱图如图 5-28（b）~（d）所示。Mo 3d（见图 5-28（b））可以被拟合为两个自旋轨道双峰 Mo $3d_{5/2}$ 和 Mo $3d_{3/2}$，Mo $3d_{5/2}$ 中位于 225.8eV 的峰和 Mo $3d_{3/2}$ 位于 232.5eV 的峰对应于 1T 相 MoS_2 中的 Mo^{4+}，Mo $3d_{5/2}$ 中位于 228eV 的峰和 Mo $3d_{3/2}$ 位于 233.6eV 的峰对应于 2H 相 MoS_2 中的 Mo^{4+}，这也证明了 NMS/CNFs 复合材料中 1T 相和 2H 相 MoS_2 的存在。Ni 2p（见图 5-28（c））可以被拟合为 2 个自旋轨道双峰（Ni $2p_{3/2}$ 和 Ni $2p_{1/2}$）以及 2 个卫星峰，Ni $p_{3/2}$ 中位于 852.8eV 的峰和 Ni $2p_{1/2}$ 中位于 873.2eV 的峰对应于 Ni^{2+}，Ni $2p_{3/2}$ 中位于 855.7eV 的峰和 Ni $2p_{1/2}$ 中位于 877.5eV 的峰对应于 Ni^{3+}。同时包含 Ni^+ 和 Ni^{3+} 的复合材料可以提供丰富的催化活性位点，Ni 2p 的拟合结果和之前 NiS/Ni_3S_2 复合材料的相关文献报道一致。S 2p 可以被拟合为位于 161.9eV 的 S $2p_{3/2}$ 和位于 164.2eV 的 S $p_{1/2}$，对应于 MoS_2 和 NS 中的 S^{2-}。XPS 测试结果从元素化学状态的角度，证明了 NMS/CNFs 复合材料的成功合成。

5.5.3.2　原位生长在泡沫 Ni 上的 $NiCo_2S_4$ 纳米管在 DSSCs 中的应用

沉积在 FTO 玻璃上的 Pt 是染料敏化太阳能电池（DSSCs）中最常用的对电极，但是 Pt 和 FTO 玻璃成本过高，单是 FTO 玻璃就占到电池总成本的 40% 以上，所以要开发低成本的对电极来替代 Pt 对电极。Toivola 等人发现钛（Ti）、镍（Ni）、铝（Al）等金属材料也可以用作电极的导电基底，并且它们具有出色的导电性和延展性，相对 FTO 玻璃来说有更低的成本和薄层电阻。其中，泡沫 Ni 已经大量地应用到超级电容器和析氢领域，取得了非常不错的效果。然而在 DSSCs 领域，泡沫 Ni 的应用却相对较少。另外，与二元硫化

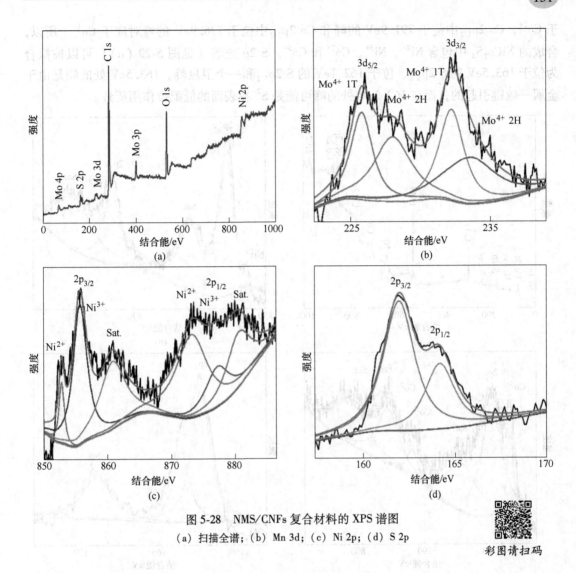

图 5-28　NMS/CNFs 复合材料的 XPS 谱图
(a) 扫描全谱；(b) Mn 3d；(c) Ni 2p；(d) S 2p

彩图请扫码

物 NiS 和 CoS 相比，$NiCo_2S_4$ 具有更高的电导率和化学稳定性，而且同时拥有两种阳离子（Co 和 Ni）会大大提升它的催化活性。在这里，通过两步水热法在泡沫 Ni 上原位生长了 $NiCo_2S_4$ 纳米管阵列，并将其用作对电极取得了 8.29% 的光电转换效率。

通过 X 射线光电子能谱（XPS）来进一步研究 $NiCo_2S_4$ 的化学组成和状态，如图 5-29 所示。图 5-29 (a) 是 $NiCo_2S_4$ 完整的 XPS 谱图，谱图中的峰对应于 Ni、Co、S、O 和 C 五种元素。因为样品被暴露在空气中，所以在 XPS 测试过程中探测到了 O 和 C 元素，其他三种元素都来源于 $NiCo_2S_4$。通过高斯方法拟合后 Ni 2p、Co 2p 和 S 2p 的谱图如图 5-29 (b)~(d) 所示。Ni 2p（见图 5-29 (b)）和 Co 2p（见图 5-29 (c)）可以拟合为 2 个自旋轨道双峰以及 2 个卫星峰。在 Ni 2p 谱图中，Ni $2p_{1/2}$ 中位于 870.2eV 的峰和 Ni $2p_{3/2}$ 中位于 852.9eV 的峰对应于 Ni^{2+}，Ni $2p_{1/2}$ 中位于 873.5eV 的峰和 Ni $2p_{3/2}$ 中位于 855.9eV 的峰对应于 Ni^{3+}，两个比较强的卫星峰（标记为 Sat.）表明晶格中的 Ni 元素中大部分为 Ni^{2+}。在 Co 2p 光谱中，Co $2p_{1/2}$ 中位于 795.5eV 的峰和 Co $2p_{3/2}$ 中位于 779.8eV 的峰对应

于 Co^{2+}，$Co\ 2p_{1/2}$ 中位于 791.9eV 的峰和 $Co\ 2p_{3/2}$ 中位于 776.9eV 的峰对应于 Co^{3+}。所以，合成的 $NiCo_2S_4$ 中包含 Ni^{2+}、Ni^{3+}、Co^{2+} 和 Co^{3+}。S 2p 光谱（见图 5-29（d））可以被拟合为位于 163.5eV 的 $S\ 2p_{1/2}$、位于 162.1eV 的 $S\ 2p_{3/2}$ 和一个卫星峰，163.5eV 处的峰是由于金属—硫键引起的，而在 162.1eV 处的峰可能是 S^{2-} 在表面的低配位作用所致。

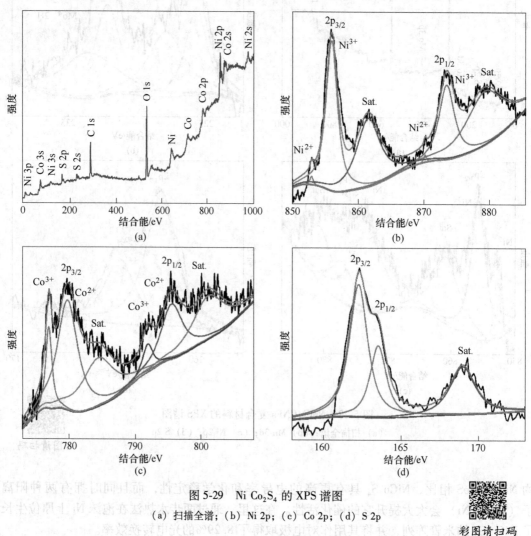

图 5-29　$Ni\ Co_2S_4$ 的 XPS 谱图

(a) 扫描全谱；(b) Ni 2p；(c) Co 2p；(d) S 2p

彩图请扫码

　　由于 X 光电子能谱功能比较强，表面（约 5nm）灵敏度又较高，所以它目前被广泛地用于冶金和材料科学领域，其大致应用可用表 5-3 加以概括。

表 5-3　XPS 在各个领域的应用

应用领域	可提供的信息
冶金学	元素的定性，合金的成分设计
材料的环境腐蚀	元素的定性，腐蚀产物的化学（氧化）态，腐蚀过程中表面或体内（深度剖析）的化学成分及状态的变化
摩擦学	滑润剂的效应，表面保护涂层的研究

应用领域	可提供的信息
薄膜（多层膜）及黏合	薄膜的成分、化学状态及厚度测试，薄膜间的元素互扩散，膜/基结合的细节，黏结时的化学变化
催化科学	中间产物的鉴定，活性物质的氧化态，催化剂和支撑材料在反应时的变化
化学吸附	衬底及被吸附物在发生吸附时的化学变化，吸附曲线
半导体	薄膜涂层的表征，本体氧化物的定性，界面的表征
超导体	价态、化学计量比、电子结构的确定
纤维和聚合物	元素成分、典型的聚合物组合的信息，指示芳香族形成的携上伴线，污染物的定性
巨磁阻材料	元素的化学状态及深度分布，电子结构的确定

6 热分析技术

6.1 差热分析（DTA）

6.1.1 差热分析原理与 DTA 曲线

差热分析（DTA）是在程序控制温度下，测量物质和参比物之间的温度差与温度关系的一种技术。图 6-1（a）是差热分析原理图。将两副材质相同的热电偶分别与装试样和参比物的坩埚接触，并将两支热电偶冷端的一个同极相连，两支热电偶的另一极和测量仪表相连，由此给出试样和参比物之间的差热电势。由于差热电势与试样和参比物之间的温度差（ΔT）呈函数关系，故差热分析是记录温度 T-温度差 ΔT 的曲线，称为 DTA 曲线或差热曲线，如图 6-1（c）所示。

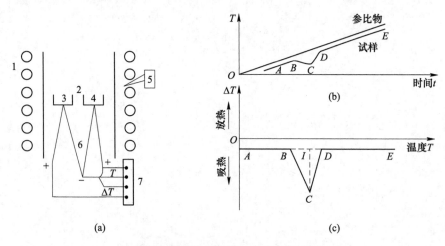

图 6-1　差热分析仪结构与分析原理图

（a）分析仪结构简图；（b）升温曲线；（c）DTA 曲线

1—加热炉；2—坩埚；3—试样；4—参比物；5—控温仪；6—差热电偶；7—接记录仪

参比物（基准物）要求在研究的温度范围内不发生任何物理或化学变化，即不发生热效应，故参比物温度曲线是一条线性升温（或线性降温或恒温）曲线，如图 6-1（b）所示。试样在加热过程中，发生某种物理或化学变化，有热效应产生，导致试样和参比物产生温度差。假如试样发生一个吸热过程，将使试样温度降低，并低于参比物的温度（偏离参比物升温曲线的 BC 曲线）。DTA 曲线上产生偏离 ΔT≈0 水平线（AB）的一个向下曲线（BC）。当试样的吸热速率等于供热速率时，达到曲线 C 点。吸热过程在 CD 间的某个温度结束，试样温度上升，在 DTA 曲线上产生一个向下的吸热峰（BCD）。自 D 点以后不再吸收热量，升温曲线上试样和参比物又以相同的速率升温（*DE*），在 DTA 曲线上出现一个新的 $\Delta T \approx 0$ 的水平线 *DE*。若试样发生放热过程，那么 DTA 曲线上就产生一个向上的放热峰。

DTA 曲线上相应 ΔT 近似为零的线段称为基线（图中 *AB* 和 *DE* 线）。把 DTA 曲线离开基线和回到基线之间的温度间隔 *BD* 称为峰宽。把自峰顶画一条与温度轴垂直的直线与内插基线相交，峰顶与交点之间距离称为峰高（*CI*）。把 DTA 曲线和内插基线包围的面积 *BCDIB* 称为峰面积。

6.1.2 差热曲线方程与影响因素

对差热曲线进行理论分析，建立差热曲线方程，可阐明差热曲线所反映的热力学过程和各种影响因素。

应用热传递定律和能量守恒原理，在一定假设条件下，可以推导出下面的差热曲线方程：

$$C_s \frac{\mathrm{d}\Delta T}{\mathrm{d}t} = \frac{\mathrm{d}\Delta H}{\mathrm{d}t} - K(T_s - T_r) + \Delta\alpha(T_p - T_r) + \Delta r(T_0 - T_r) - \Delta C \frac{\mathrm{d}T_r}{\mathrm{d}t} \qquad (6\text{-}1)$$

根据基线性质，$\dfrac{\mathrm{d}\Delta H}{\mathrm{d}t} = 0$ 和 $\dfrac{\mathrm{d}\Delta T}{\mathrm{d}t} = 0$，由式（6-1）得出基线方程：

$$\Delta T_a = \frac{1}{K}\left[\Delta\alpha(T_p - T_r) + \Delta r(T_0 - T_r) - \Delta C \frac{\mathrm{d}T_r}{\mathrm{d}t}\right] \qquad (6\text{-}2)$$

将式（6-2）代入式（6-1）得到差热曲线方程的另一形式：

$$C_s \frac{\mathrm{d}\Delta T}{\mathrm{d}t} = \frac{\mathrm{d}\Delta H}{\mathrm{d}t} = \Delta T - \Delta T_a \qquad (6\text{-}3)$$

式中，ΔH 为试样总热效应；T_0，T_p，T_s，T_r 分别为室温、炉温、试样和参比物的温度；C_s 为试样热容量；ΔC 为试样与参比物热容量差；$\Delta\alpha$ 为炉子对试样和参比物的热传导系数差；Δr 为试样和参比物通过热电偶的热损失系数差；K 为总传热系数。

差热曲线方程（6-1）表明，由于试样发生热效应，使 ΔT 值逐渐变大，即产生 ΔT-T（或 t）的峰形。另外，影响差热曲线和基线的因素有许多项，减小 $\Delta\alpha(T_p - T_r)$、$\Delta r(T_0 - T_r)$ 和 $\Delta C \dfrac{\mathrm{d}T_r}{\mathrm{d}t}$ 项的变化，可以减小基线漂移（倾斜或弯曲等）。

（1）加热炉及炉温程序控制：加热炉要求温度均匀，能匀速升降温。炉温均匀一致，可以使试样部分（包括试样、坩埚、坩埚座和热电偶接点）和相对应的参比物部分处于均温区，使 $T_p = T_r$。采用直热式比间接外加热式更容易实现 $\Delta\alpha(T_p = T_r)$ 等于或接近零。

（2）样品容器、托盘和差热电偶：试样和参比物两边对应的材质、大小、形状和接触状况要完全相同，可以使 $\Delta\alpha$ 和 Δr 等于零，也有利于减小基线漂移。

坩埚材料常用 Al_2O_3 和 Pt，另外还有不锈钢、铜、石英、石墨等，要求在分析的温度范围内具有物理和化学稳定性，对试样、产物（包括中间产物）、气氛等都是惰性的，并且不起催化作用。

（3）参比物：除要求参比物在分析的温度范围内是热惰性外，还希望参比物和分析试样的热导率和热容相近。ΔC 接近零有利于减小基线漂移。但很难实现参比物和分析试样的热导率和热容完全相同，故 $\Delta T_a \neq 0$，即基线通常偏离 $\Delta T = 0$ 的零线。

6.1.3 研究技术与实验条件选择

差热分析结果的不一致性大部分是由于实验条件不相同引起的，因此，在进行热分析时必须严格控制选择实验条件，注意实验技术条件对所测数据的影响，并且在公布数据时应注明测定时所采用的实验条件。

6.1.3.1 升温速率

升温速率可以影响差热曲线峰的形状、位置和相邻峰的分辨率，是热分析重要的实验条件之一。升温速率越快，差热曲线向高温方向移动，峰顶温度也越高，峰的形状越陡越高，因此提高了检测灵敏度，有利于热效应小的过程（如有些相变）的检测。但是快速升温可使相邻峰之间的分辨率降低，如 $CuSO_4 \cdot 5H_2O$ 的脱水反应，在极慢速升温的条件下，可以看到每个结晶水脱除的过程，而在一般升温速度下，仅能看到三个脱水峰，更高速度下仅能看到两个脱水峰。快速升温导致样品内外温差增大（尤其对热导率小的样品）、气体产物来不及逸出等原因，都会使毗连反应过程重叠，使差热曲线峰相互重叠。升温速率的影响和研究的反应类型有关，一般化学反应要比相变对升温速率的依赖性更加显著。

6.1.3.2 样品数量及状态

在差热分析中试样的热传导性和热扩散性都会对差热曲线产生较大影响。

（1）试样用量：样品用量越多，总热效应也越大，差热曲线峰面积也越大，有利于提高检测灵敏度。对一些热效应较小的物理、化学过程，可适当提高试样用量。但是试样用量增大，使热传导和扩散阻力也增加，导致差热曲线加宽和相邻反应峰的重叠，使相邻峰之间的分辨率降低。通常试样量范围从几毫克到数十毫克，近代由于仪器灵敏度的提高，多采用微量分析。

（2）试样粒度及装填状态：试样粒度对差热曲线的影响比较复杂，它与热传导、气体扩散和堆积程度等因素有关。此外，还要注意试样破碎过程对试样物理和化学性质的影响，如表面活性、结晶度、晶体结构和气体吸附等。

试样在坩埚中的装填状态对差热曲线也有影响。密堆积有利于热传递，而妨碍气体扩散；而松堆积效果相反。通常所测定的试样应磨细和过筛。对不能研磨的试样要尽量做到细而均匀，使试样能装填均匀。

（3）稀释剂的影响：在差热分析中有时需要在试样中均匀添加稀释剂，以改善基线，防止试样烧结或喷溅，调节试样的热导性和透气性。在定量分析中常配制不同浓度的试样。在易爆炸材料研究中，可以降低所记录的热效应。常用的稀释剂有参比物或其他惰性材料。虽然有时加入稀释剂可改善差热曲线，但是由于稀释剂的加入会产生许多不良的或不可估计的影响，所以在使用稀释剂时一定要考虑可能产生的所有的影响因素，必要时还要做不加稀释剂的对比试验。因此，一般情况下稀释剂以尽可能不用为好。

6.1.3.3 气氛和状态

不同性质的气氛（如氧化性、还原性和惰性气氛）以及它们的流动状态（静态或动态）都对差热曲线有很大的影响。每种物质只有在一定的压力、温度和气氛组成的条件下，才是稳定的。按照热力学第二定律，如果改变任一参量，体系就会发生变化，并将呈现一新的平衡态。图 6-2 和图 6-3 分别为 $CaCO_3$ 和 $Ni(COOH)_2$ 的差热曲线。在静态空气和动态（60mL/min）N_2 及 He 条件下，对 $CaCO_3$ 的热分解 DTA 曲线影响显著。由于 $CaCO_3$ 的热分解反应是可逆反应，在静态空气下，$CaCO_3$ 的分解使试样周围的 CO_2 浓度升高，不利于分解反应的进行。而通入流动的 N_2 或 He，使得分解产物 CO_2 不断被带走，有利于分解反应的进行，导致分解吸热峰向较低温度移动。由于 He 的扩散速度比 N_2 大，所以在通入 He 的情况下 $CaCO_3$ 的热分解峰的温度更低。

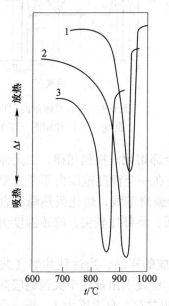

图 6-2　$CaCO_3$ 的 DTA 曲线

1—静态空气；2—N_2，60mL/min；3—He，60mL/min

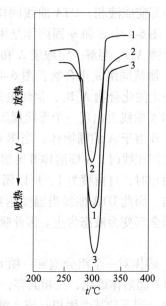

图 6-3　$Ni(COOH)_2$ 的 DTA 曲线

1—He，60mL/min；2—静态 N_2；3—N_2，60mL/min

对于 $Ni(COOH)_2$ 的热分解反应，由于它是不可逆反应，因此动态和静态气氛对分解吸热峰的位置影响不明显。在研究物质晶型转变时，也有相似的结果。

采用动态气氛可以将反应气体产物带出，通过质谱或红外光谱直接分析气体产物组成，因此更易于识别反应类型及产物。

6.1.4　相图测定

差热分析法测定相图具有方便、快速等优点，它属于用动态法研究相平衡。一级相变有热熔的变化，所以在差热曲线上有相变峰出现。对于高级相变，虽然没有热熔变化，但有热容等变化，差热曲线上也会显示出不连续性。如玻璃化转变，由于热容的变化，在 DTA 曲线上会有相对应的台阶出现。根据差热曲线上的这些变化，可以确定相转变温度和相变热。

为了描述典型相变的差热曲线特性，以假设的某复杂二元体系（见图 6-4）中若干个有代表性组成样品的差热分析为例，介绍 DTA 测定相图的方法和原理。

（1）纯组分：当温度加热到纯组分 A 或 B 的熔点时，有液相出现，此时液、固两相共存，根据相律 $F=C-P+1=0$，自由度为零，相变在恒温下进行，DTA 曲线上应出现一个形状规则尖锐的吸热峰。

（2）低共熔（共晶）混合物：当图 6-4 中 4 组成的样品，加热到共熔（共晶）点时，发生 β 和 γ 固溶体共溶过程，三相共存，自由度为零，表明共熔过程有确定的温度，平衡各相组成均固定不变，直至 β+γ 共晶体全部变成液相。DTA 曲线同样出现一个尖锐的吸热峰。图 6-4 中 β 和 γ 固溶体是由不稳定化合物和稳定化合物 A_mB_n 溶解一定浓度 A 和 B 而形成的。

（3）固液同组成化合物：图 6-4 中 5 组成的样品是一种稳定的化合物 A_mB_n，像纯组分那样有一固定的熔点，DTA 曲线上出现一个形状规则尖锐的吸热峰。

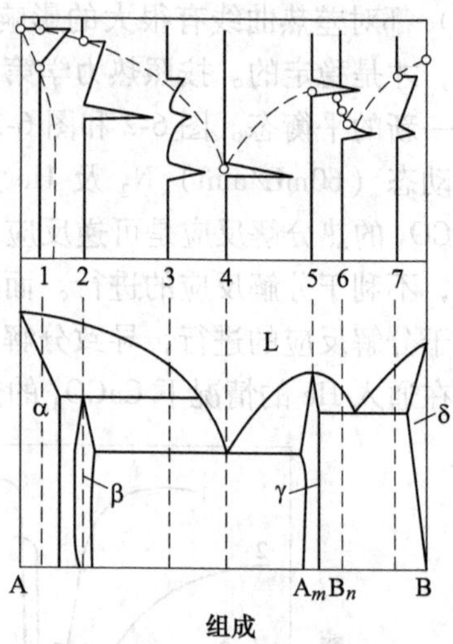

图 6-4　某二元体系的 DTA
曲线（上）和相图（下）

（4）B 溶于 A 的固溶体：当图 6-4 中 1 组成的样品加热到固相线时，α 固溶体开始熔化，直到液相线全部熔化。根据相律，二元体系当处于固液两相时，自由度为 1，所以固溶体的熔化过程是在一个温度范围内不断升温的条件下完成的，因此 DTA 曲线当温度达到固相线时，开始偏离基线，熔化吸热峰一直延续到整个体系全部变为液态为止。因此吸热峰比较宽而平缓，尾部比较尖，峰顶温度为液相线的温度。

（5）熔体对一个组分饱和：图 6-4 中的 6 和 7 组成的样品，当达到共熔（共晶）点时，γ 和 δ 固溶体熔化，三相共存，自由度为零，DTA 曲线上出现一个尖锐的吸热峰。继续加热时，剩下的某个固相 γ 或 δ 继续熔化，固液两相共存，自由度为 1，是一个逐步偏离基线、尾部比较尖的吸热峰。达到液相线后 DTA 曲线又再次回到基线，DTA 曲线相当于前面（2）和（4）的 DTA 曲线类型的组合。

（6）固液异组成化合物：图 6-4 中 2 组成的样品是一种不稳定化合物，当熔化时发生转熔（包晶）反应，分解成两个新相（L+α），出现三相平衡，自由度为零，DTA 曲线上出现一个尖锐的吸热峰。该化合物全部分解完毕后，DTA 曲线回到基线。继续升高温度，发生 α 相的熔解，DTA 曲线又逐渐偏离基线。由于是两相共存（L+α），自由度为 1，因此也是峰前沿平缓、尾部比较尖的熔化吸热峰，直到 α 相全部熔化后，DTA 曲线又再次回到基线。通常以峰顶温度作为液相线温度。

（7）有晶型或相转变的体系：图 6-4 中 3 组成的样品，在加热过程中当达到共熔温度时，首先发生 β 和 γ 固溶体共熔过程，DTA 曲线峰形同（2），是一个尖锐的吸热峰。继续升高温度，发生 β 相的熔化过程，这时 β 相和液相共存，自由度为 1，DTA 曲线上出现一个逐步偏离基线的熔化吸热峰，但要注意此峰形与（5）类型不同。因为在 β 相未完全熔化前，发生了 β⇌α+L 的转变，故三相共存，自由度为零，所以在第二个峰的尾部叠加上一个尖锐的峰（图 6-4（上）），峰顶温度为转熔温度。最后一个峰是 α 相熔化吸热峰，峰形类似（4），是一个前沿平缓而宽、尾部比较尖陡的熔化吸热峰。

采用差热分析测绘相图时，应注意以下问题：

（1）相图是由平衡态下所得数据绘制而成的，而差热分析是一种动态方法，因此和平衡态下物质的相变点有差异。为了缩小其差异，要求升温速率尽量小，或采用一系列不同升温速率下的结果，再外推到零升温速率时的数值。

（2）相图测定需要测定许多条DTA曲线（包括重复测定），因此要求各次测定条件和热阻相同。为了减少试样内部产生温度梯度，试样的量不宜过大。

（3）对相变速度很慢或有相变滞后现象的体系，用动态热分析法测定误差较大，甚至测不出来。因此，近代差热分析法常和高温显微镜、高温X射线衍射法相结合来测定相图。

6.2　差示扫描量热法（DSC）

差示扫描量热法是在程序控制温度下，测量输入到物质和参比物的功率差与温度关系的一种技术。根据测量方法的不同，又分为两种类型：功率补偿型DSC（power-compensation DSC）和热流型DSC（heat-flUx DSC）。

由于热流型DSC结构及原理和差热分析仪相近，所以重点介绍功率补偿型DSC。

功率补偿型DSC的主要特点是试样和参比物分别具有独立的加热器和传感器，其结构如图6-5（a）所示。

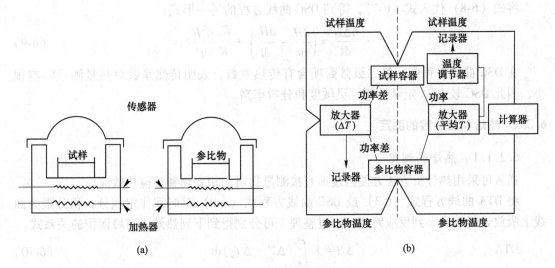

图6-5　功率补偿型DSC
（a）示意图；（b）线路图

整个仪器由两个控制系统进行监控，如图6-5（b）所示。其中一个控制温度，使试样和参比物在预定的速度下升温或降温；另一个用于补偿试样和参比物之间所产生的温差，这个温差是由试样的放热或吸热产生的。通过功率补偿使试样和参比物的温度始终保持相同，这样就可以从补偿的功率直接求出单位时间内的焓变，即热流率 $\dfrac{dH}{dt}$，其单位为 mJ/s 或 mW。因此DSC记录的是热流率随温度或时间变化的曲线，称为DSC曲线。一般向上峰表示吸热，向下峰表示放热，恰好与DTA曲线相反。

DSC 由于形成结构紧凑，热质量很小的夹层结构，容易做到试样和参比物两部分的完全对称，因此受热和热损失情况相同，使 $\Delta\alpha=0$，$\Delta r=0$。曲线方程式（6-1）可简化为：

$$\frac{\mathrm{d}\Delta H}{\mathrm{d}t} = K(T_\mathrm{s} - T_\mathrm{r}) + \Delta C\frac{\mathrm{d}T}{\mathrm{d}t} + C_\mathrm{s}\frac{\mathrm{d}(T_\mathrm{s} - T_\mathrm{r})}{\mathrm{d}t} \tag{6-4}$$

根据热传导定律，样品和参比物之间热流率差为：

$$\frac{\mathrm{d}H}{\mathrm{d}t} = K(T_\mathrm{p} - T_\mathrm{s}) - K(T_\mathrm{p} - T_\mathrm{r}) = -K(T_\mathrm{s} - T_\mathrm{r}) \tag{6-5}$$

式（6-5）两边对时间微分，得：

$$\frac{\mathrm{d}(T_\mathrm{s} - T_\mathrm{r})}{\mathrm{d}t} = -\frac{1}{K}\frac{\mathrm{d}^2H}{\mathrm{d}t^2} \tag{6-6}$$

将式（6-5）和式（6-6）代入式（6-4），得到 DSC 曲线方程：

$$\frac{\mathrm{d}\Delta H}{\mathrm{d}t} = -\frac{\mathrm{d}H}{\mathrm{d}t} + (C_\mathrm{s} - C_\mathrm{r})\frac{\mathrm{d}T}{\mathrm{d}t} - \frac{C_\mathrm{s}}{K}\frac{\mathrm{d}^2H}{\mathrm{d}t^2} \tag{6-7}$$

当 $\dfrac{\mathrm{d}H}{\mathrm{d}t}=0$、$\dfrac{\mathrm{d}^2H}{\mathrm{d}t^2}=0$ 时得到 DSC 的基线方程：

$$\frac{\mathrm{d}H_0}{\mathrm{d}t} = (C_\mathrm{s} - C_\mathrm{r})\frac{\mathrm{d}T}{\mathrm{d}t} \tag{6-8}$$

将式（6-8）代入式（6-7），得到 DSC 曲线方程的另一形式：

$$-\frac{\mathrm{d}\Delta H}{\mathrm{d}t} = \left(\frac{\mathrm{d}H}{\mathrm{d}t} - \frac{\mathrm{d}H_0}{\mathrm{d}t}\right) + \frac{C_\mathrm{s}}{K}\frac{\mathrm{d}^2H}{\mathrm{d}t^2} \tag{6-9}$$

在 DSC 曲线方程中，仅二级微商项含有传热系数，表明传热系数对热量测量影响很小，因此 DSC 较 DTA 定量性好、灵敏度和分辨率高。

6.2.1 热焓和比热容的测定

6.2.1.1 热焓的测定

通常可采用热分析方法方便迅速地直接测量物质的相变热和反应热效应。

将 DTA 曲线方程式（6-3）或 DSC 曲线方程式（6-9）对时间作定积分，积分限为曲线上吸放热起始点 a 到反应终点，经过整理，可分别得到下列热效应与峰面积的关系式。

DTA：
$$\Delta H = K\int_a^\infty (\Delta T - \Delta T_\mathrm{a})\mathrm{d}t \tag{6-10}$$

DSC：
$$\Delta H = -\int_a^\infty \left(\frac{\mathrm{d}H}{\mathrm{d}t} - \frac{\mathrm{d}H_0}{\mathrm{d}t}\right)\mathrm{d}t \tag{6-11}$$

表明 DTA 或 DSC 曲线与基线所构成的峰面积与热焓成正比。因此只要计算曲线的峰面积，便有可能获得相应过程的热效应。

在热效应与差热峰面积关系式（6-10）中，包含有传热系数 K。而差示扫描量热法是直接记录热流率随时间变化的曲线，因此定量性更好、量热校准更简单。

在反应热的实际测定中，应充分考虑反应容器的选择、试样的处理（如研磨和掺和）和实验条件的确定等问题。固-固反应中除了试样组分之间发生的化学反应之外，还应考虑它们之间形成低共熔体的可能性及影响。固-液反应中要尽量减少液相挥发对测定的影响。固-气反应中实验前应进行固相表面除气处理，以防止污染物的干扰。

6.2.1.2 比热容的测定

比热容是物质最重要的特征参数之一，可通过比热容来研究物质的结构、相变特性、临界现象、被吸附物质的状态以及测定物质中的杂质含量等。

比热容是指把单位质量物质温度升高 1℃ 需吸收的热量。在 DSC 中，试样是处在线性的程序温度控制下，流入试样的热流率是连续测定的，并且在任意瞬间所测定的热流率是与试样的比热容成正比，即 DSC 曲线能给出试样比热容随温度的变化规律。热流率可用下式表示：

$$\frac{\mathrm{d}H}{\mathrm{d}t} = mc_p \frac{\mathrm{d}T}{\mathrm{d}t} \tag{6-12}$$

式中，m 为试样质量；c_p 为试样比定压热容；$\mathrm{d}T/\mathrm{d}t$ 为升温速率；$\mathrm{d}H/\mathrm{d}t$ 为试样 DSC 曲线对空白基线的纵坐标位移。

但是应用式（6-12），$\mathrm{d}H/\mathrm{d}t$ 和 $\mathrm{d}T/\mathrm{d}t$ 的任何测量误差，都将使比热容的测量精度大为降低。为提高测量精确度，一般多采用所谓的"比值测量法"。具体方法如下：首先测定空白基线，即空试样盘的 DSC 曲线，然后在相同实验条件下使用同一个试样盘依次测定标准物质和试样的 DSC 曲线。在比热容测定中通常是以蓝宝石作标准物质，其比热容值可从热力学手册中查到，除此之外根据测量对象，也有采用已知比热容的其他物质作标准物质的。用比值测量法测定试样比热容的温度程序如图 6-6 所示。这样只需在同一温度下量出两条曲线（标准物质和试样）相对于空白基线的纵坐标偏移量 y' 和 y，便可按式（6-13）计算试样的比热容 c_p。

$$c_p = \frac{y}{y'} \cdot \frac{m'}{m} \cdot c_p' \tag{6-13}$$

式中，m，m' 为试样和标准物质的质量；c_p，c_p' 为试样和标准物质的比定压热容。

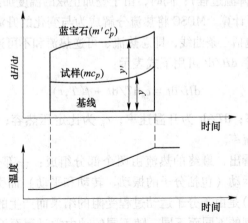

图 6-6 比值法测定比热容的温度程序（上）及有关参量（下）

为提高测量准确度，应注意以下几点：

（1）由于比热容变化所导致的热焓改变量较小，在测量比热容时，往往应采用较高的仪器灵敏度和较高的升温速率（5~20℃/min），以便增大纵坐标的偏移量；

（2）试样和标准物质在形状及数量上要尽量相同；

（3）对仪器做一系列调整，使其空白基线达到最佳平直状态；

（4）三次 DSC 曲线测量样品盘的位置、接触情况等应尽可能相同。

DSC 测定比热容的最佳精度可达 0.3%，接近绝热量热计的精度。图 6-7 给出了测量金刚石比热容的实例。

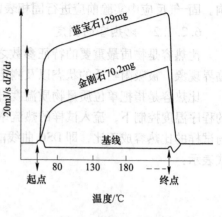

图 6-7　用比值法测定金刚石的比热容

6.2.2　调制温度式差示扫描量热法

随着近代温度控制技术的发展，程序控制温度已经不局限在线性升降温和恒温的模式，先后出现了调制 DSC 和调制 TGA 新型仪器。在 20 世纪 90 年代发展了一种新的差示扫描量热技术，即调制温度式差示扫描量热仪（modulated differential scanning calorimeter，MDSC）技术，简称调制 DSC，是近代温控技术发展的代表。

6.2.2.1　MDSC 基本原理与参数设定

MDSC 技术是在传统 DSC 技术的线性变温程序上叠加一个正弦变化的温度。MDSC 除线性加热外，另外再重叠一正弦波振荡方式加热。

对于调制 DSC，由于调幅温度的使用，使得升温的速率不再是一个常数，而是在有固定周期的很小温度范围内上下振荡。相对于传统 DSC，平均的升温速率称为基本升温速率。振荡升温速率在一个最大值和最小值之间变化，具体的变化由所施加的平均升温速率、调幅式振幅和周期所决定，三者的结合可以使最小的振荡升温速率为正值（只加热过程）、零（恒温过程）和负值（加热-降温过程）；同时，由于叠加正弦的温度加热速率，可以利用傅里叶变换不断对调幅热流进行计算。MDSC 将热流分解成为与变化的升温速率相关和不相关的两部分，最后 MDSC 结果包括三条曲线，即总热流、可逆热流和不可逆热流。

DSC 和 MDSC 热流率 dH/dt 可用下式表示：

$$dH/dt = c_p dT/dt + f(T,t) \qquad (6-14)$$

式中，dH/dt 为总热流率；dT/dt 为升温速率；c_p 为比定压热容；$f(T,t)$ 为与温度和时间有关的动力学过程的热流率。

由式（6-14）可以看出，最终的热流由两个部分组成：一部分是样品比热容 c_p 的函数，是由于样品分子的运动（包括分子的振动、转动和平动）而引起的，与温度变化的速率有关；另一部分 $f(T,t)$ 是由于分子运动过程受阻的结果而产生的热流，与绝对的温度和时间有关，它随转变类型的不同而不同，随不同的动力学过程而不同。传统 DSC 所检测到的是这两部分之和，称为总热流。而在 MDSC 中，热流的图谱可解析为可逆部分（与材料的比定压热容有关，即 $c_p = dT/dt$）和不可逆部分（与动力学有关，即 $f(T,t)$），这些信号能通过时间、振荡温度和振荡热流三个参数计算得到。总热流是从平均振荡热流计算得到的，这个平均热流相当于在相同的升温速率下传统 DSC 的总热流。可逆的热流是由 c_p 乘

以升温速率 dT/dt，可逆热流对应样品内部热熔变化，如玻璃化转变以及大部分熔融等过程。不可逆热流部分的算法与总热流和可逆热流的算法有所不同，是时间和温度的函数。不可逆热流对应样品的相变过程，如结晶、挥发、分解（热解）、热固化、玻璃化转变附近的热熔松弛等过程。

升温速率和周期的选择一般要以研究的转变温度范围内至少有四个周期的振荡为准进行考虑。研究熔融/重结晶现象的时候，参数的设定要保证振荡升温速率的变化从零到一个正值，而不包含冷却的过程。研究微小的转变需使用较大的温度振幅（±1.0℃）。研究发生在较接近温度范围内的不同转变，则要求使用较小的温度振幅（±0.5℃）。

6.2.2.2 MDSC 曲线分析与应用

（1）材料的比定压热容。MDSC 还可以进行所谓的逐步拟恒温过程，方法是：使样品在一恒定温度下保持一定时间，然后将恒定温度提高 1~2℃，再恒温一定的时间，重复上面的过程直至这样的过程覆盖整个转变的温度范围。由于温度的振荡，使得恒温下的热流值不再是零，而是在一个有固定周期的很小温度范围内上下振荡，因而能同时获得振荡热流和振荡升温速率的值，两者之比就是材料的比定压热容 c_p。

（2）材料导热系数。MDSC 还可测定隔热材料在不同温度下的导热系数，方法是：分别测量薄样品（一般为几百微米）的比热容和已知几何结构的厚样品（一般为几毫米）的表观比热容。对于厚样品，由于材料有限的导热性质使得温度形成梯度，因此所得到的表观比热容要比由薄样品所得到的实际 c_p 值低。这样，从表观比热容的下降、参比材料的校正，可以得到材料的导热系数，误差在 5% 以内。

6.3 热重法（TG）

热重法是在程序控制温度下，测量物质质量与温度关系的一种技术。

6.3.1 热重分析仪

热重分析仪的基本构造是由精密天平和线性程序控温的加热炉组成，所以又称为热天平。天平部分具有化学分析天平的一般特性，还必须具有对质量变化连续跟踪及反应快等特点，多采用微量电子天平，精度达 $1\mu g$ 或 $0.1\mu g$。通常质量是根据天平梁的倾斜与质量变化的关系进行测定，天平梁的倾斜可采用差动变压器或光电系统检测。

热天平主要有立式和卧式两种，其中立式又分上皿式和下皿式，如图 6-8 所示。

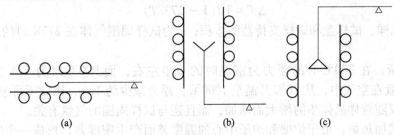

图 6-8 热天平结构示意图
(a) 卧式（水平式）；(b) 立式（上皿式）；(c) 立式（下皿式）

6.3.2　热重曲线及其表示方法

由热重仪测得的记录质量变化对温度或时间的关系曲线称为热重曲线（TG 曲线），如图 6-9 所示。纵坐标可以是实际称重（mg），也可用失重百分数（%）或剩余份数 $C(1→0)$ 表示。

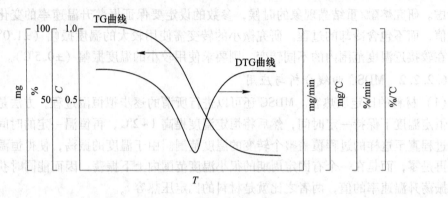

图 6-9　TG、DTG 曲线

TG 曲线上质量基本不变的部分称为平台。累积质量变化达到热天平可以检测时的温度称为反应起始温度。累积质量变化达到最大值时的温度称为反应终止温度。反应起始温度和终止温度之间的温度间隔称为反应区间。

把热重曲线对时间或温度一阶微商的方法，记录为微商热重曲线（DTG 曲线），即把质量变化速率作为时间或温度的函数连续记录下来（见图 6-9），DTG 曲线纵坐标为 mg/min、mg/℃或%/min、%/℃。

6.3.3　热重曲线的影响因素

影响热重曲线的主要因素包括仪器因素（如浮力、对流、挥发物冷凝等）和实验条件（如升温速率、气氛、试样特性及数量等）。

6.3.3.1　浮力和对流的影响

当温度改变时，炉内试样周围的气氛密度也随之变化。在升温过程中，炉气密度减小，使对连接到天平梁上的试样支架、试样盘等相应部分的浮力降低，这样在试样质量毫无变化的情况下，由于升温，似乎试样在增重，这种现象通常称为表观增重 ΔW，可用下式计算：

$$\Delta W = Vd(1 - 273/T) \tag{6-15}$$

式中，V 为试样、试样盘和试样支持器的体积；d 为试样周围气体在 273K 时的密度；T 为温度，K。

由此推断，在 300℃时的浮力为室温时的一半左右，而 900℃时为 1/4 左右。若将 1cm³ 样品放置在空气中，从 20℃升温至 1000℃，浮力减少约 1mg，因此不可忽视其影响。这种影响不仅随着样品体积的增大而增加，而且还与试样周围的气氛有关。

对于立式加热炉，由于炉壁和炉子中心的温度差而产生密度差，形成一个向上的热气流，作用在样品盘上，相当于减重，即产生表观失重。失重大小取决于炉子结构和试样容器支架的大小。从炉子结构上看，卧式加热炉对流的影响比立式加热炉小。而卧式加热炉由于天平梁有部分在高温区，要防止热膨胀伸长而产生假增重。

除了改进热重分析仪的结构，以最大限度减小浮力和对流的影响外，采用真空下测定或用惰性材料在相同实验条件下测定一条 TG 曲线，以扣除表观增重值；后者是精确测定时经常采用的校正曲线法。

6.3.3.2　升温速率和样品量

升温速率越高，所产生的热滞后现象越严重，往往导致热重曲线上的起始温度和终止温度向高温移动。升温速率增大，导致样品内部温度梯度增加，尤其对导热性差的样品，使得相邻反应过程重叠，相邻反应的分辨率降低。总之，提高升温速率，使非平衡过程加剧。在热重法中一般采用低的升温速率，有利于相邻反应过程的检出，如 10℃/min 或更低的速率。

用热重法，在仪器灵敏度范围内试样用量应尽量少，因为试样量大对热传导和气体扩散都是不利的，从而对提高检测中间产物或相邻反应过程的灵敏度不利。

6.3.4　反应动力学的研究

用热重法研究反应动力学有等温法和非等温法。等温法是在恒温下测定反应物或产物浓度变化率和时间的关系，是经典动力学研究方法。而非等温法是在线性升温下测定反应物变化率和时间的关系。

6.3.4.1　基本原理和分析方法

设有一热分解反应：

$$A(s) \longrightarrow B(s) + C(g)$$

由热重分析仪测得的典型 TG 和 DTG 曲线如图 6-10 所示。

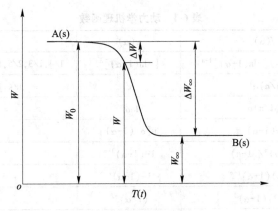

图 6-10　典型的热重曲线

图 6-10 中，W_0、W、W_∞ 分别为起始、$T(t)$ 时和最终质量；ΔW、ΔW_∞ 分别为 $T(t)$ 时失重量和最大失重量。

根据热重曲线，可按下式计算出反应分数（或失重率）：

反应分数
$$\alpha = \frac{W_0 - W}{W_0 - W_\infty} = \frac{\Delta W}{\Delta W_\infty} \tag{6-16}$$

$$\frac{d\alpha}{dt} = \frac{\dfrac{dW}{dt}}{W_\infty - W_0} \tag{6-17}$$

根据动力学质量作用定律，对于 n 级反应有下列速率方程：

$$\frac{d\alpha}{dt} = k(1-\alpha)^n \tag{6-18}$$

非均相反应动力学一般由多步过程所组成，其控速环节可以是扩散、成核或界面反应等，动力学速率是各不相同的。可以把式（6-18）写成更为一般的形式：

$$\frac{d\alpha}{dt} = kf(\alpha) \tag{6-19}$$

代入阿伦尼乌斯公式：　　　　$k = Ae^{-E/(RT)}$

得到：　　　　$$\frac{d\alpha}{dt} = Ae^{-E/(RT)}f(\alpha) \tag{6-20}$$

式中，$f(\alpha)$ 为决定反应机理的 α 函数；A 为指前因子；k 为反应速率常数；E 为反应活化能；T 为热力学温度；R 为摩尔气体常数。

对于非等温法在恒定升温速率 ϕ 下，$\phi = \dfrac{dT}{dt}$，则：

$$\frac{d\alpha}{dT} = \frac{A}{\phi}e^{-E/(RT)}f(\alpha) \tag{6-21}$$

式（6-20）和式（6-21）分别是等温法和非等温法研究动力学的基本方程。

表 6-1 列出了各种反应机理，如扩散、相界反应和形核长大等，并同时给出反应机理函数的微分形式 $f(\alpha)$ 和积分形式 $g(\alpha)$。

表 6-1　动力学机理函数

机理	$f(\alpha)$	$g(\alpha)$	n 值
形核长大	$(1/n)(1-\alpha)[-\ln(1-\alpha)]^{1-n}$	$[-\ln(1-\alpha)]^n$	$1/4,1/3,2/5,1/2,2/3,3/4,1,3/2,2,3,4$
幂定律	$(1/n)\alpha^{1-n}$	α^n	$1/4,1/3,1/2,1,3/2,2$
指数法则	$(1/n)\alpha$	$\ln\alpha^n$	$1,2$
枝状成核	$\alpha(1-\alpha)$	$\ln[\alpha/(1-\alpha)]$	
相界反应	$(1-\alpha)^n/(1-n)$	$1-(1-\alpha)^{1-n}$	$1/2,2/3$
化学反应	$(1/n)(1-\alpha)^{1-n}$	$1-(1-\alpha)^n$	$1/4,2,3,4$
化学反应	$(1/2)(1-\alpha)^3$	$(1-\alpha)^{-2}$	
化学反应	$(1-\alpha)^2$	$(1-\alpha)^{-1}-1$	
化学反应	$2(1-\alpha)^{3/2}$	$(1-\alpha)^{-1/2}$	
化学反应	$\dfrac{2}{3}(1-\alpha)^{5/2}$	$(1-\alpha)^{-3/2}$	
化学反应	$1-\alpha$	$-\ln(1-\alpha)$	
一维扩散	$\dfrac{1}{2}\alpha^{-1}$	α^2	
二维扩散	$[-\ln(1-\alpha)]^{-1}$	$\alpha+(1-\alpha)\ln(1-\alpha)$	

续表6-1

机理	$f(\alpha)$	$g(\alpha)$	n 值
二维扩散	$(1-\alpha)^{1/2}[1-(1-\alpha)^{1/2}]^{-1}$	$[1-(1-\alpha)^{1/2}]^2$	
二维扩散	$4(1-\alpha)^{1/2}[1-(1-\alpha)^{1/2}]^{1/2}$	$[1-(1-\alpha)^{1/2}]^{1/2}$	
三维扩散	$(3/2)(1-\alpha)^{2/3}[1-(1-\alpha)^{1/3}]^{-1}$	$[1-(1-\alpha)^{1/3}]^2$	
三维扩散	$6(1-\alpha)^{2/3}[1-(1-\alpha)^{1/3}]^{1/2}$	$[1-(1-\alpha)^{1/3}]^{1/2}$	
三维扩散	$(3/2)[(1-\alpha)^{-1/3}-1]^{-1}$	$1-2\alpha/3-(1-\alpha)^{2/3}$	
三维扩散	$(3/2)(1+\alpha)^{2/3}[(1+\alpha)^{-1/3}-1]^{-1}$	$[(1+\alpha)^{1/3}-1]^2$	
三维扩散	$(3/2)(1-\alpha)^{4/3}[(1-\alpha)^{-1/3}-1]^{-1}$	$[(1-\alpha)^{-1/3}-1]^2$	

由式（6-20）和式（6-21）可分别得到下列积分方程式：

$$g(\alpha) = Ae^{-E/(RT)}t \tag{6-22}$$

$$g(\alpha) = \frac{ART^2}{\phi E}\left(1 - \frac{2RT}{E}\right)e^{-E/(RT)} \tag{6-23}$$

当 $1 \gg 2RT/E$ 时，式（6-23）简化为：

$$g(\alpha) = \frac{ART^2}{\phi E}e^{-E/(RT)} \tag{6-24}$$

式中，$g(\alpha) = \int \dfrac{\mathrm{d}\alpha}{f(\alpha)}$ 为反应机理函数的积分形式。

由 TG 和 DTG 曲线可获得一组 T、α 和 $\dfrac{\mathrm{d}\alpha}{\mathrm{d}t}$ 的动力学数据，应用式（6-20）~式（6-22）和式（6-24），可以进行等温法或非等温法的动力学研究。

6.3.4.2 反应机理和动力学参数

由实验测定的动力学曲线及数据，用下列方法可确定反应机理并计算动力学参数（速率常数、活化能和指前因子）。

A 计算机线性拟合法

对式（6-20）和式（6-24）两边取对数，得到下列公式：

$$\ln\left[\frac{\dfrac{\mathrm{d}\alpha}{\mathrm{d}t}}{f(\alpha)}\right] = \ln A = \frac{E}{RT} \tag{6-25}$$

$$\ln\left[\frac{g(\alpha)}{T^2}\right] = \ln\left(\frac{AR}{\phi E}\right) - \frac{E}{RT} \tag{6-26}$$

由动力学数据 T、α 和 $\dfrac{\mathrm{d}\alpha}{\mathrm{d}t}$，应用上述方程之一，在计算机上对表 6-1 中各反应机理函数进行拟合，得到线性关系最好、偏差最小的机理函数作为该反应的动力学机理，并由直线斜率和截距计算出相应机理的活化能和指前因子。

B 微分法和积分法比较

为了计算动力学参数，须求出式（6-20）或式（6-21）的解，主要是微分法和积分法。用微分法和积分法分析非等温动力学数据时，如果用这两种方法所得结果很一致，即

如果选择的函数 $f(\alpha)$ 和 $g(\alpha)$ 合理，那么从微分法式（6-25）和积分法式（6-26）中所求出的活化能 E 和指前因子 A 的数值相近，从而可得到该反应的反应机理。

例如，用热重法研究 $MnCO_3$ 分解反应动力学，选择不同的 $f(\alpha)$ 和 $g(\alpha)$，微分法和积分法计算的 E 和 A 值见表6-2。

表6-2　$MnCO_3$ 热分解动力学处理方法和动力学参数

机理及 $g(\alpha)$	积分法		微分法	
	$E/\mathrm{kJ \cdot mol^{-1}}$	$A/\mathrm{min^{-1}}$	$E/\mathrm{kJ \cdot mol^{-1}}$	$A/\mathrm{min^{-1}}$
相界反应（圆柱）：$1-(1-\alpha)^{\frac{1}{2}}$	99.9	7.0×10^6	76.5	1.1×10^5
相界反应（球）：$1-(1-\alpha)^{\frac{2}{3}}$	106.6	2.6×10^7	90.7	1.8×10^6
形核长大：$(n=1)-\ln(1-\alpha)$	120.4	4.1×10^8	120.0	4.7×10^8
形核长大：$\left(n=\frac{1}{3}\right)\left[-\ln(1-\alpha)\right]^{\frac{1}{3}}$	98.7	6.1×10^3	97.0	1.6×10^4
二维扩散：$\alpha+(1-\alpha)\ln(1-\alpha)$	194.0	1.7×10^{14}	164.3	4.3×10^{11}
三维扩散：$\left[1-(1-\alpha)^{\frac{1}{3}}\right]^2$	224.1	6.5×10^{15}	208.6	4.4×10^{14}

由表6-2结果比较，可认为 $MnCO_3$ 热分解反应动力学机理是转变指数 $n=1$ 的形核长大，动力学方程是 $-\ln(1-\alpha)=kt$，表观活化能是 $120\mathrm{kJ/mol}$。

C　等温法和非等温法比较

当由一条热重曲线研究动力学时，若难以确定动力学机理，可能有以下原因：（1）热分析实验条件的影响，需要改变实验条件；（2）可能反应初期、中期和后期有不同的反应机理，建议将热重曲线分三段分别处理。另外，还可用等温热重法，由式（6-20）和式（6-22）得到下列公式：

$$\ln f(\alpha) = \left(\frac{E}{RT} - \ln A\right) + \ln\left(\frac{\mathrm{d}\alpha}{\mathrm{d}t}\right) \tag{6-27}$$

$$\ln g(\alpha) = \left(\ln A - \frac{E}{RT}\right) + \ln t \tag{6-28}$$

由一个温度下的 TG 和 DTG 曲线，可获得一系列 t、α 和 $\dfrac{\mathrm{d}\alpha}{\mathrm{d}t}$ 的数据，应用式（6-27）和式（6-28），对表6-2中各反应机理函数进行线性拟合，由相关系数最大、偏差最小的 $f(\alpha)$ 或 $g(\alpha)$ 作为该反应的动力学机理。由三个温度下的 $\left(\ln A - \dfrac{E}{RT}\right)$ 值，计算动力学参数 E、A 和 k。

等温法三个温度下的机理函数应该相同。正确的动力学研究方法，非等温法和等温法应该有相同的结果。

6.4　热分析时温度和热量的标定

热分析是测定物质的各类性质与温度关系的技术，为了提高实验数据的可靠程度，必须对温度和其他物理量进行校准。

6.4.1　DTA 曲线的特征温度与温度校准

根据 DTA 基线方程（6-2），由于试样、参比物之间热容等不同，以及其他的不对称性，因此在发生热效应之前，DTA 曲线不会完全在零线上，而表现出一定的基线偏离 ΔT_a，如图 6-11 所示。当有热效应发生时，曲线便开始离开基线，此点称为始点温度 T_i。这点显然与仪器的灵敏度有关，灵敏度越高，则 T_i 出现得越早，即 K 值越低，故一般重复性较差。基线延长线与曲线起始边切线交点的温度 T_e 称为外推起始温度。峰顶温度 T_p 和 T_e 的重复性较好，常以此作为特征温度，以资比较。

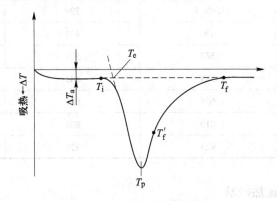

图 6-11　DTA 曲线与特征温度

从外观上看，曲线回复到基线的温度是反应终点温度 T_f，但反应的真正终止温度是在峰温和 T_f 之间的某个温度 T_f'。当反应达到终点时，应无热效应产生，即 $\dfrac{dH}{dt} = 0$。DTA 曲线方程（6-3）可简化为：

$$C_s \frac{d\Delta T}{dt} = -K(\Delta T - \Delta T_a) \tag{6-29}$$

分离变量积分后得：

$$\Delta T - \Delta T_a = e^{-\frac{K}{C_s}t} \tag{6-30}$$

从反应终点 T_f' 以后，ΔT 将按指数函数衰减返回基线。由于整个体系的热惰性，反应虽已结束，热量仍有一个平衡过程，使曲线不能立即回到基线。

为确定反应终点 T_f'，通常可作 $\lg(\Delta T - \Delta T_a)$-$t$ 图，它应为一直线。当从峰的高温侧的底部逆向取点时，就可找到开始偏离直线的那个点，即为反应终点 T_f'。

国际热分析协会（ICTA）确定四种低温标准物质和十种温度范围为 125～940℃ 的标准物质用于温度校准，见表 6-3。

更高温度还可以用 Au、Ni、Pt 等纯金属的熔点为标准。校准时标样测定的实验条件应与试样条件相同，并选择热导率尽可能接近试样的标准物质。

表 6-3　热分析温度校准标准

标准物质	平衡温度/℃	DTA 平均值/℃	
		外推起始温度	峰温
1,2-二氯乙烷	−35.6	−35.8	−31.5
环己烷	−86.9	−86.1	−81.5
	6.7	4.8	7.0
二苯醚	26.9	25.4	28.7
邻-联三苯	56.2	55.0	57.9
KNO_3	127.7	128	135
In	157.0	154	159
Sn	231.9	230	237
$KClO_4$	299.5	299	309
Ag_2SO_4	430	424	433
SiO_2	573	575	574
K_2SO_4	583	582	588
K_2CrO_4	665	665	673
$BaCO_3$	810	808	819
$SrCO_3$	925	928	938

6.4.2　DSC 的温度和量热校准

与 DTA 一样，DSC 温度也是用高纯物质的熔点或相变温度点进行校准，标准物质通常使用容易获得高纯度而且又稳定的物质。

式（6-10）和式（6-11）分别是 DTA 和 DSC 量热的基础，热效应和峰面积之间有下列关系：

$$\Delta H = \frac{K}{m} A \tag{6-31}$$

式中，ΔH 为单位质量热焓；m 为试样质量；A 为峰面积；K 为校准常数。

对于 DTA 来说，校准常数还与传热系数有关。校准常数是通过测定已知相变热焓标准物质的峰面积由式（6-29）计算得到。通常采用高纯物质熔化热或多晶转变热进行量热校准，如 In、Au 等高纯金属。

6.4.3　TG 的温度校准

在热重分析仪中，由于热电偶不与试样接触，更有必要进行温度校准。目前多采用铁磁性物质来标定热重分析仪的温度，这些物质在磁场作用下达到居里点时有表观失重，几种物质的实测数据见表 6-4。

表 6-4 五种磁性材料的居里点温度　　　　　　　　　　　　　　　（℃）

磁性材料	实验值	文献值
镍铝合金	155	163
镍	355	354
派克合金	599	596
铁	788	780
Hisat	1004	1000

TG 曲线测得的磁性转变温度并不正好是居里点（文献值），故称为"磁性参考点"。

6.5 案例分析

6.5.1 粗铅精炼除铜反应的热分析动力学

硫化铅和铜是固相反应，反应过程中没有气体产生，因此整个升温过程几乎没有质量变化。在氩气气氛下，不同升温速率下硫化铅和铜反应过程中热效应与温度的关系如图 6-12 所示。

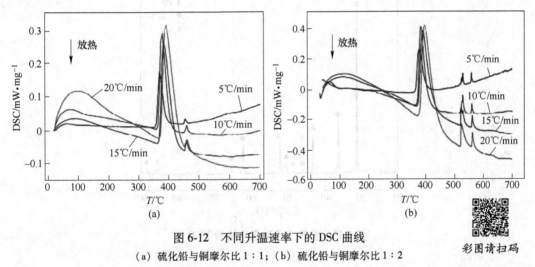

图 6-12　不同升温速率下的 DSC 曲线
（a）硫化铅与铜摩尔比 1∶1；（b）硫化铅与铜摩尔比 1∶2

彩图请扫码

从图 6-12（a）可以看出，升温过程出现两个吸热峰，表明在 350~430℃内出现较宽的热效应为硫化铅和铜反应产生的吸热峰，由于硫化铅过量，除产生 Cu₂S 外，还有少量 CuS 生成，在 450℃之后产生一个小的吸热效应。随着升温速率的增大，峰形越宽，峰值温度越高，同时产生反应滞后现象，这与物料间的传热、传质有关。慢速升温时，样品受热较均匀，试样内外温差较小，反应速率较快；快速升温时，样品内温度梯度增大，当样品表面开始反应时，颗粒内部温度还没达到反应温度，因此反应发生的温度范围更大。某些反应尚未进行便进入高温阶段，使反应开始温度向高温方向移动，出现反应滞后。升温速率从 5℃/min 到 20℃/min 的峰值温度依次为 370.3℃、378.3℃、385℃、390.4℃，都比热力学计算的反应温度高；由于硫化铅和铜混合不均匀，造成升温过程中受热不均，且两者是固-固反应，使实际反应温度与理论温度产生一定偏差。

图 6-12（b）为硫化铅和铜按摩尔比 1∶2 混合时不同升温速率下的差热曲线图。升温过程出现三个热效应，升温速率越大，基线漂移越大，峰宽越大，吸热峰向高温方向移动。第一个温度范围较宽的热效应为硫化铅和铜反应的吸热峰，升温速率从 5℃/min 到 20℃/min 的峰值温度依次为 376.6℃、382.7℃、388.3℃、395.1℃，与 PbS∶Cu = 1∶1 混合相比，升温过程的峰值温度较高，反应发生需要的能量也更多。差热分析结果显示，在 560℃左右出现一个吸热峰，硫化亚铜发生晶型转变。

上述结果表明，升温速率和硫化铅的量对铜反应都有影响，升温速率越快，反应温度越高，反应速率越快；同样条件下，硫化铅过量时的反应温度更低，随之发生的副反应也较少，这正是粗铅除铜过程所需要的，尽可能降低铜含量，同时避免与其他物质发生反应。

图 6-13 为差热实验反应产物的 XRD 图谱，主要成分为 Pb、Cu₂S、Cu，表明硫化铅和铜发生反应生成铅和硫化亚铜。从两组差热实验结果可以看出，硫化铅和铜在 350~360℃ 开始反应，这时两者没有熔化成液相，是固-固反应，随着温度的升高，两者表面接触越紧密，反应速率越快，生成的铅为液态，促进了硫化铅和铜反应的进行。

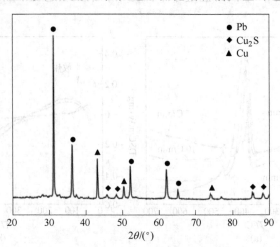

图 6-13   差热实验反应产物的 XRD 图

6.5.2   粉末冶金高温合金差热曲线的相变温度分析方法

6.5.2.1   试验参数对曲线的影响

实验中首先研究了样品质量及升温速率对差热分析曲线的影响。图 6-14 为 FGH96 高温合金升温过程中的差热分析曲线。由于降温过程受过冷度影响，因此研究工作都是基于升温过程。试样为直径约 3mm 的圆柱体，这类试样常见于差热分析实验中。图 6-14（a）反映出样品质量越大，熔化过程中样品吸收的热量越大，吸热峰表现得更高更陡。由图 6-14（a）可知：（1）曲线偏离基线开始下降和回升到基线的位置基本相同；（2）样品质量越大，γ′相溶解吸热峰与合金熔化吸热峰之间的峰高差距越大。质量过大，一方面有可能导致内部传热滞后熔化吸热峰向高温漂移，另一方面则是合金的熔化吸热峰太高导致掩盖掉 γ′ 相溶解的吸热峰。结合设备使用的坩埚尺寸，选择 φ3mm×2mm、质量约为 120mg 的样品比较合适。图 6-14（b）所示的升温速率分别为 10℃/min 和 20℃/min，结果表明，随着升温速率的增大，曲线在高温方向会有少量的偏移。理论上升温速率越慢，传热滞后的影响越小，测得值也越准确；但升温速率过小会导致吸热峰变宽，选择的速率应满足不使差热曲线产生大偏移，同时吸热峰不能过宽，实验中常选择 10℃/min 或 5℃/min。

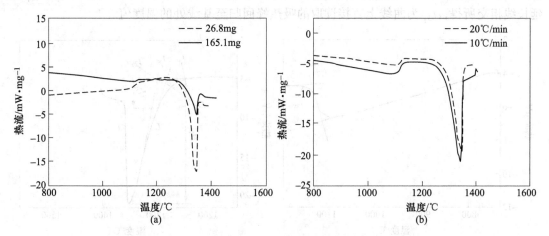

图 6-14　FGH96 高温合金升温过程中的差热分析曲线

（a）样品质量不同；（b）升温速率不同

6.5.2.2　相变温度判定

图 6-15 为 FGH96 合金典型的差热分析曲线，曲线上存在两个吸热峰，分别为 γ′ 相溶解吸热峰和合金熔化吸热峰。随着温度的升高，γ′ 相在 600℃ 后很宽的温度范围内逐渐溶解，900℃ 后溶解速度加快。差热分析曲线表明，曲线上的 γ′ 相吸热峰在很宽的温度区间逐渐下降到达峰底，而后迅速回升到基线。γ′ 相的溶解反应属于固态相变，其溶解吸收热量远小于合金熔化吸收的热量，因此，γ′ 相溶解吸热峰比合金熔化吸热峰低。观察合金的熔化吸热峰还可以发现，曲线在到达峰值之前出现了弯折，合金完全熔化后曲线迅速回归至基线。

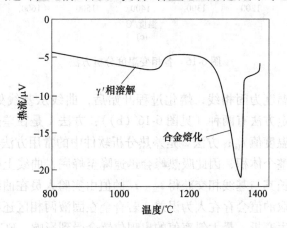

图 6-15　FGH96 合金典型的差热分析曲线

　　基于差热分析的曲线会随着升温速率的增加向高温区漂移的特征，实验中设计了 FGH96 热挤压试样分别以 5℃/min、10℃/min、20℃/min 的速率升温，分析和讨论固相线、液相线及 γ′相完全溶解温度的不同判定方法。

　　FGH96 高温合金中的析出相 γ′相随着温度升高逐渐溶解，到达一定温度时，合金中 γ′相完全消失，该温度值为 γ′相完全溶解温度。该温度对于高温合金热处理制度的确定是非常重要的参数。γ′相完全溶解温度有两种取值：（1）差热曲线上 γ′相吸热峰峰值对应的温度；（2）吸热峰回归至基线处的温度。分析方法如图 6-16（a）所示，其中 $t_{1\gamma'}$、$t_{2\gamma'}$ 为延长线相交所得，$t_{3\gamma'}$ 为曲线上直接读取的吸热峰回归至基线处的温度值。

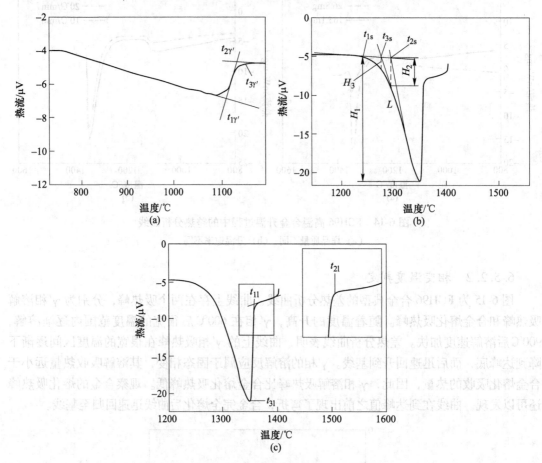

图 6-16　各相变温度分析方法

　　合金熔化的起始温度为固相线，熔化过程开始后，曲线从基线处开始迅速下降至峰底。常用的固相线判定方法有两种（见图 6-16（b））：方法 1 是在差热曲线上读取曲线开始偏离基线处对应的温度值 t_{1s}；方法 2 是差热分析软件中的常用方法，该方法假定熔化过程一旦开始后会席卷整个体积，因此吸热峰会迅速降至峰底，曲线上会出现一个最大斜率值，在该处作切线延长其与基线相交获得 t_{2s}。t_{1s} 的值由实验人员在曲线上读取，同一条曲线不同的实验人员读取的值会存在人为误差。若合金在固液两相区还存在其他相，则该相熔化吸热时曲线会发生弯折，最大斜率值的出现位置会受到影响。FGH96 高温合金中固液两相区存在碳化物相，差热曲线的熔化吸热峰会发生弯折或出现新的吸热峰，这会影响最大斜率的判定，从而影响相变温度的判定结果。

对于 $t_{2\gamma}$ 判定的不适用性，实验中对方法 2 进行了改进。从差热曲线上可以观察到吸热峰在偏离基线后，碳化物溶解（曲线发生弯折）前有一段曲线接近直线段（见图 6-16（b）中 L）。方法 3 为作一条直线与该线段重合并延长其与基线相交得到 t_{3s}，取该值为合金熔化的起始温度。三种方法判定的固相线温度见表 6-3。差热分析的结果显示 FGH96 高温合金在熔化完全后差热曲线迅速回升至基线。在差热分析升温曲线上常用的确定合金液相线的方法如图 6-16（c）所示：（1）作切线延长其与基线相交获得 t_{1l}；（2）将图中方框内区域放大，可以看到曲线回归基线，直接在曲线上读取曲线回归至基线处的温度，记作 t_{2l}；（3）取峰值处温度 t_{3l}。

6.5.3 热重法测定三元正极材料中游离锂含量

6.5.3.1 水含量的测定

实验的第一阶段为室温~200℃，主要目的是测量材料中的水分含量。三元正极材料实验第一阶段所得的水含量测定热重实验曲线如图 6-17 所示。

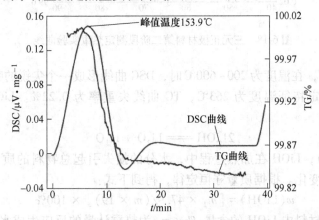

图 6-17　三元正极材料第一阶段所得的水含量测定热重实验曲线

由图 6-17 可知，从室温升高到 200℃时，TG 曲线出现第 1 个失重台阶，DSC 曲线形成一个尖锐的吸热峰，吸热峰值在 150℃左右，通过查阅实验原始数据，确定吸热峰值温度的最大值为 153.9℃，失重率为 0.14%，即材料的含水率为 0.14%。

卡尔-费休法（库仑法）测定样品含水量的结果见表 6-5。

表 6-5　卡尔-费休法（库仑法）测定样品的含水量结果

样品编号	样品质量/%	空白值/μg	含水量/μg	含水率/%	平均值/%
1	0.4290	141	670	0.117	
2	0.6273	141	950	0.123	
3	1.6567	141	2300	0.124	0.12
4	1.5736	141	2100	0.118	
5	1.8490	141	2580	0.125	

对比卡尔-费休法和热重法的结果可知，卡尔-费休法测量的水分平均值为 0.12%，与热重法的检测结果基本一致，从而验证了热重法测定电池正极材料中含水率的可靠性。

6.5.3.2　LiOH 形态及含量的分析测定

热重实验第二阶段的温度变化范围为 200~600℃，主要目的是分析测量游离锂中 LiOH 的变化形态，并得到 LiOH 的含量。三元正极材料第二阶段测定热重实验曲线如图 6-18 所示。

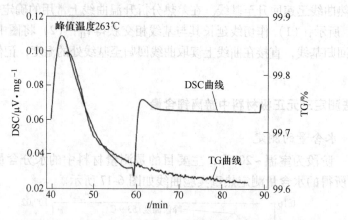

图 6-18　三元正极材料第二阶段测定热重实验曲线

由图 6-18 可知，在温度为 200~600℃时，DSC 曲线形成一个尖锐的吸热峰，通过查阅实验原始数据，确定特征温度为 263℃，TG 曲线失重率为 0.22%。LiOH 分解化学反应式为：

$$2LiOH === Li_2O + H_2O \qquad (6-32)$$

根据式（6-32），LiOH 在加热过程中，水分的损失引起总物料的质量变化，在 TG 曲线表现为失重率的变化。根据质量守恒定律，得到下式：

$$w(LiOH) = [m_1 \times 47.9/(m \times 19)] \times 100\% \qquad (6-33)$$

式中，$w(LiOH)$ 为材料中 LiOH 的含量，%；m_1 为热重计量的反应生成水的质量，g；m 为材料的总质量，g。

m_1/m 为 TG 曲线的失重率。由图 6-18 可知，TG 曲线失重率为 0.22%，得到材料游离锂中 LiOH 的含量为 0.55%。

用容量法对样品中 LiOH 的含量进行 5 次平行测定，样品质量约为 5g，定容体积为 100mL，结果均为 0.07%。

热重法与容量法检测结果差异的原因可能是：从特征峰的角度来看，样品中的游离锂含量应该没有或较低，因为在 462℃时曲线未形成特征吸收峰；但容量法的结果表明，游离锂中存在 LiOH，只是含量很低，以至于 DSC 曲线在 462℃时没有形成特征峰。用热重法测试时，游离锂里面可能包含 H_2O 和 CO_2，颗粒破裂时，质量损失较多，导致检测数据高于容量法；或者是游离锂还包含了其他复杂的物质形态，在 200℃时发生分解。

由图 6-18 也可看出，DSC 曲线在 263℃时形成了最高峰，与理论上 LiOH 的熔点 462℃相差了近 200℃。在 462℃左右时，DSC 曲线没有形成 LiOH 的特征峰，SEM、X 射线能谱分析（EDS）和 X 射线光电子能谱（XPS）分析结果表明：Li_2CO_3 在材料中存在两种形式，一种为单独颗粒状，另一种为包裹颗粒表面形式。游离锂中 LiOH 的形态可能为单独颗粒状，当固相反应结束后，电池材料表面剩余的 Li_2O 与空气中的 CO_2、H_2O 接触，生成性质稳定的 Li_2CO_3 和 LiOH 颗粒，同时可能包裹了一部分 H_2O 或 CO_2。当热重温度提高到 200℃ 以上时，包裹的 H_2O、CO_2 使颗粒层破裂，释放 H_2O 和 CO_2，是造成实验第二阶段 TG 曲线在 263℃ 下降的原因。游离锂中 LiOH 的含量较低，是因为颗粒中的 LiOH 不断与空气中的 CO_2 发生反应，生成了更稳定的 Li_2CO_3 杂质。

6.5.3.3 Li_2CO_3 形态及含量的分析测定

热重实验第三阶段的温度变化范围为 600~800℃，主要是分析测定游离锂中的 Li_2CO_3 的变化形态及含量。三元正极材料第三阶段测定热重实验曲线如图 6-19 所示。

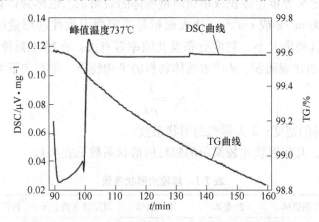

图 6-19　三元正极材料第三阶段测定热重实验曲线

由图 6-19 可知，在温度为 600~800℃ 时，TG 曲线失重明显，DSC 曲线形成一个尖锐的吸收峰，此峰的位置与 Li_2CO_3 的熔点温度 723℃ 很接近，实际测量峰值为 737℃。升温至 800℃ 保温 60min 后，TG 曲线失重为 0.80%，此时的游离锂形态主要为 Li_2CO_3。由此可知，游离锂中 LiOH 的含量很低，对 TG 曲线的影响不大，因此这个阶段主要以 Li_2CO_3 为研究目标。

Li_2CO_3 分解化学反应方程式为：

$$Li_2CO_3 \xmapsto{\quad\quad} Li_2O + CO_2 \tag{6-34}$$

Li_2CO_3 在加热过程中，CO_2 的损失引起总物料的质量变化，在 TG 曲线表现为失重率的变化。根据方程式（6-34）的质量守恒定律，得到式（6-35）。

$$w(Li_2CO_3) = [m_2 \times 73.88/(m \times 44)] \times 100\% \tag{6-35}$$

式中，$w(Li_2CO_3)$ 为材料中 LiOH 的含量，%；m_2 为热重计量的反应生成的 CO_2 的质量，g；m 为材料的总质量，g。

m_2/m 为 TG 曲线的失重率。根据实验，TG 曲线失重率为 0.80%，材料游离锂中 Li_2CO_3 的含量为 1.34%。

用容量法对样品中 Li_2CO_3 的含量进行 5 次平行测定，样品质量约为 5g，定容体积为 100mL，结果分别为 1.32%、1.31%、1.31%、1.31% 和 1.30%，平均含量为 1.31%。可以看出，容量法和热重法测得的结果基本一致。

7 比 表 面 积

7.1 概　述

比表面积可以定义为单位体积或单位质量粉体的表面积，也称为体积比表面积或者质量比表面积，单位为 m^2/g 或 cm^2/g。比表面积是确定表面改性剂用量的主要依据，粉体颗粒的比表面积与其粒度大小、粒度分布及孔隙率等有关。在粉体颗粒无孔隙的情况下，设 S_w 代表粉体物料的比表面积，d 代表粉体物料的平均粒径，则有如下关系：

$$S_w = \frac{k}{\rho d} \tag{7-1}$$

式中，ρ 为粉体物料的密度；k 为颗粒的形状系数。

球形粒子 $k=6$，几何形状比较简单的颗粒的形状系数见表 7-1。

表 7-1　颗粒的形状系数

颗粒形状系数	正圆锥体	四面体	正八面体	薄片状（滑石等）	极薄片状（石墨、云母等）
k	9.71	9.96	8.49	16.67~17.5	55.67~160

表 7-1 中的数据是假设颗粒为球形换算得来的，对于非球形颗粒应根据表 7-1 的形状系数进行修正。

气体吸附法测定比表面积是依据气体在固体表面的吸附特性，在一定的压力下，被测样品颗粒（吸附剂）表面在超低温下对气体分子（吸附质）具有可逆物理吸附作用，并对应一定压力存在确定的平衡吸附量。通过测定该平衡吸附量，利用理论模型来等效求出被测样品的比表面积。由于实际颗粒外表面的不规则性，严格来讲，该方法测定的是吸附质分子所能到达的颗粒外表面和内部通孔总表面积之和。

气体吸附法测定的比表面积称为"等效"比表面积。实际测定出氮气分子在样品表面平衡饱和吸附量（V），通过不同理论模型计算出单层饱和吸附量（V_m），进而得出分子个数；采用表面密排六方模型计算出氮气分子等效最大横截面（A_m），即可求出被测样品的比表面积。计算公式如下：

$$S_g = \frac{V_m N A_m}{22400 W} \times 10^{-18} \quad (m^2/g) \tag{7-2}$$

式中，S_g 为被测样品比表面积，m^2/g；V_m 为标准状态下氮气分子单层饱和吸附量，mL；A_m 为氮分子等效最大横截面积，密排六方理论值 $A_m = 0.162 nm^2$；W 为被测样品质量，g；N 为阿伏伽德罗常数，6.02×10^{23}。

7.2 比表面积分析方法

7.2.1 气体吸附法（BET 法）

BET 法是在朗格缪尔单分子层吸附理论的基础上，由 Brunauer、Emmett 和 Teller 三人于 1938 年进行推广，从而得出的多分子层吸附理论方法。其中常用的吸附质为氮气，对于很小的表面积也用氪气。在液氮或液态空气的低温条件下进行吸附，可以避免化学吸附的干扰。图 7-1 是硫掺杂的介孔碳（COCNT/S）的气体吸附曲线及孔径分布曲线，p/p_0 代表相对压力，其中 p_0 为测试温度下被吸附物质的饱和蒸气压，p 为吸附平衡时的压力。通过图 7-1 中曲线可计算出 COCNT/S 材料的比表面积和平均孔径。

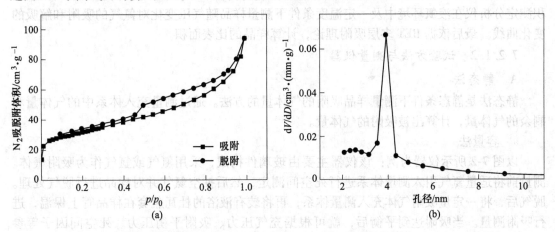

图 7-1 COCNT/S 的氮气吸脱附曲线（a）和孔径分布曲线（b）

7.2.1.1 原理

任何置于吸附气体环境中的物质，其固态表面在低温下都将发生物理吸附。根据 BET 多层吸附模型，吸附量与吸附质气体分压之间满足 BET 方程：

$$\frac{p}{X(p_0 - p)} = \frac{1}{X_m C} + \frac{(C - 1)p}{X_m C p_0} \tag{7-3}$$

式中，p 为测定吸附量时的吸附质气体压力，Pa；p_0 为吸附温度下气体吸附质的饱和蒸气压，Pa；p/p_0 为相对压力；X 为测定温度下气体吸附质分压为 p 时的吸附量，kg（或 m^3）；X_m 为单分子层吸附质的饱和吸附量，kg（或 m^3）；C 为 BET 常数。

式（7-3）中的 X 可由吸附等温线来计算。将 $p/[X(p_0-p)]$ 对 p/p_0 作图，一般得到一条直线，由直线斜率 a 和截距 b 可得出单分子层的气体吸附量 $X_m = 1/(a + b)$。通常 C 足够大，故可将直线的截距取为零。通过饱和单层吸附量就可计算出测定样品的总表面积：

$$S = \left(\frac{X_m}{M}\right)NA = \frac{X_m NA}{M} \tag{7-4}$$

式中，N 为 Avogadra 常数；A 为吸附质分子的横截面积，m^2；M 为吸附质的摩尔分子质量，kg/mol。

因此，试样的比表面积为：

$$S_m = \frac{S}{M_x} \tag{7-5}$$

$$S_v = \frac{S}{V_x} \tag{7-6}$$

式中，S_m 为质量比表面积，m^2/kg；S_v 为体积比表面积，m^2/m^3；M_x 为试样的质量，kg；V_x 为试样的体积，m^3。

BET 法测定吸附量广泛采用 Emmett 吸附仪，还可利用电子吸附天平以及气相色谱法等测定仪器。首先需要将样品经过真空干燥脱气处理，必须确保脱气条件才能够产生可信赖的 BET 图，要保证测试粉末的质量恒定，且测试粉末中不能出现可检测的物理或化学变化，同时需选择合适的温度、压力和时间。随后将样品放入弯管中进行测量，使用比表面积测定分析仪在液氮环境中及一定温度条件下测量样品随气压变化对氮气的吸附和解吸的变化曲线。最后依据 BET 多层吸附理论，计算样品的比表面积。

7.2.1.2　试验方法与测量仪器

A　静态法

静态法是静态条件下测量样品吸附的气体量的方法。通过测量充入体系中的气体量和剩余的气体量，计算出被吸附的气体量。

a　容量法

以图 7-2 所示仪器为例：该仪器主要由玻璃件构成，采用氮气或氩气作为吸附气体。测量前将适量氦气引入测量体系进行死空间测定，然后抽空氦气并对样品进行脱气处理。脱气后，将一定量吸附气体充入测量体系，再将装有液浴的杜瓦瓶套在样品管上保温，进行吸附测量。当吸附达到平衡后，就可根据充气压力、吸附平衡压力、死空间因子等参数，分别计算充入和剩余的吸附气体体积，从而求出吸附的气体体积，计算公式为：

$$V = V_e - V_r \tag{7-7}$$

式中，V_e 为充入的吸附气体体积（标准态），m^3；V_r 为吸附平衡后剩余的吸附气体体积（标准态），m^3。

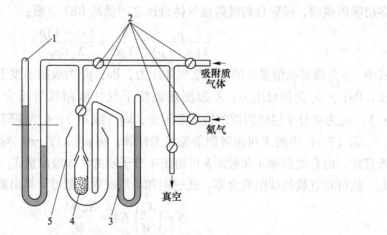

图 7-2　容量比表面仪示意图

1—压力计；2—二通阀；3—蒸气压力温度计；4—样品泡；5—杜瓦瓶

吸附的气体质量为：

$$X = \frac{V}{V_0} \times M \qquad (7\text{-}8)$$

式中，V_0 为 1mol 吸附气体的标准态体积，约为 24.414×10^{-3} m^3；M 为吸附气体的摩尔分子质量，氮气为 28.0134×10^{-3} kg/mol。

b 重量法

重量法通常采用弹簧天平或电子天平来测量样品吸附的气体量，如图 7-3 所示。

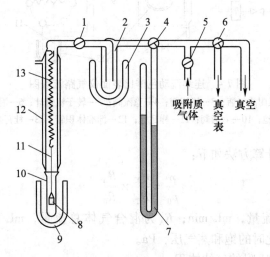

图 7-3 重量比表面仪示意图

1，5—二通活塞；2—冷阱；3，9—杜瓦瓶；4，6—三通活塞；7—压力计；
8—试样瓶；10—样品室；11—玻璃吊丝；12—恒温浴；13—石英弹簧

测量前，将装有样品的试样瓶通过玻璃丝挂在石英弹簧钩上，然后抽空系统。当真空度达到要求后充入适量的吸附气体，并将装有液浴的杜瓦瓶套在样品室上，进行吸附测量。当吸附达到平衡时，测量平衡压力、石英弹簧伸长值以及吸附的气体质量。样品吸附的气体体积由下式求出：

$$X = (m_4 - m_2) - (m_3 - m_1) \qquad (7\text{-}9)$$

$$V = \frac{X}{\rho_0} = \frac{(m_4 - m_3) - (m_3 - m_1)}{p} \qquad (7\text{-}10)$$

式中，m_1 为真空状态下试样瓶的质量，kg；m_2 为处于平衡压力下试样瓶的质量，kg；m_3 为真空状态下试样瓶与试样的质量总和，kg；m_4 为处于平衡压力下试样瓶与试样的质量总和，kg；ρ_0 为标准状态下吸附气体的密度，kg/m^3。

B 动态法

动态法是在气体流动状态下测量样品吸附的气体量的方法。图 7-4 为典型的连续流动色谱比表面仪气路流程图。

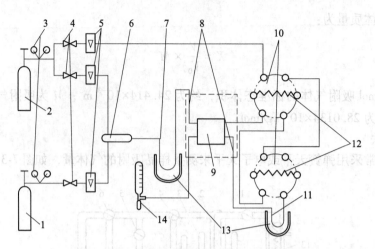

图 7-4　连续流动色谱比表面仪气路流程图

1—载气瓶；2—吸附质气瓶；3—稳压阀；4—稳流阀；5—转子流量计；6—混气缸；7—冷阱；

8—恒温管；9—热导池；10—六通阀；11—样品管；12—标准体积管；13—杜瓦瓶；14—皂泡流量计

相对压力 p/p_0 的计算方法如下：

$$\frac{p}{p_0} = \frac{R_X}{R_T} \times \frac{R_A}{R_0} \tag{7-11}$$

式中，R_X 为吸附气体流量，mL/min；R_A 为混合气体总流量，mL/min；R_T 为大气压力，Pa；R_0 为吸附气体液化时的饱和蒸气压，Pa。

根据以上计算可得吸附的气体体积：

$$V_s = V_t \times \frac{273.15 R_A}{1.01325 \times 273.15 t} \tag{7-12}$$

式中，V_s 为充入标准体积管中吸附气体的体积（标准态），cm^3；V_t 为标准体积管的体积（标准态），cm^3；t 为体系的温度，℃。

$$V = V_s \frac{A_d}{A_s} \tag{7-13}$$

式中，A_d 为脱附峰面积，$\mu V \cdot s$；A_s 为标准峰面积，$\mu V \cdot s$。

图 7-5（a）为 $NiCoSe_2$ 三元钠离子电池负极材料，以 ZIF-67 为载体模板，通过水热反应生成具有 12 面体的几何纳米粒子，粒径大约 500nm。图 7-5（b）是其 N_2 吸附曲线，可以看出吸附等温线为典型的 IV 型等温线，其滞回压力范围为 $p/p_0 = 0.4 \sim 1$，说明样品中孔结构的存在。

C　单点法与多点法

一般采用氮气作吸附气体时，BET 方程中的 C 值较大（常为 100 左右），此时截距 $b \approx 0$，斜率 $\alpha \approx 1/X_m$，故 BET 方程式可简化成：

$$X_m = X\left(1 - \frac{p}{p_0}\right) \tag{7-14}$$

因此实验时只需测量一点。单点法所得结果相对于多点法的误差不大于 5%，但单点法应在相对压力为 0.2~0.3 内测量吸附的气体量。

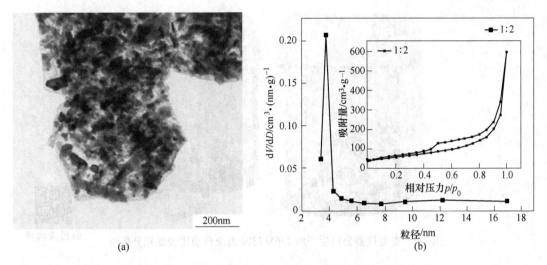

图 7-5　NiCoSe$_2$ 纳米 12 面体的 TEM 图（a）和氮气吸附曲线（b）

D　吸附质

通常选用惰性气体或在测量条件下呈惰性的气体作为吸附质气体。多数情况下选用氮气，当多孔体的比表面小于一定值时，尽可能选用低饱和蒸气压的气体，如氩气、氪气等。

美国麦克仪器公司研制的全自动比表面积分析仪有 2020 系列（见图 7-6）、2365/2380（见图 7-7）和 3000（见图 7-8）等型号，工作原理为等温物理吸附的静态容量法。

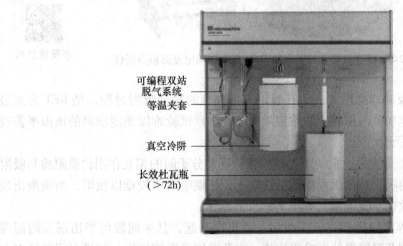

可编程双站
脱气系统

等温夹套

真空冷阱

长效杜瓦瓶
（＞72h）

彩图请扫码

图 7-6　麦克仪器公司生产的 2020 型全自动比表面积分析仪

E　吸附等温线和回滞环的类型

（1）Ⅰ型等温线　Langmuir 型吸附等温线。只有在非孔性或者大孔吸附剂上，该饱和值相当于在吸附剂表面上形成单分子层吸附，但这种情况很少见。大多数情况下，Ⅰ型等温线反映微孔吸附剂上的微孔填充现象，饱和吸附值等于微孔的填充体积，可逆的化学吸附也应该是这种吸附等温线，如图 7-9（a）所示。

图 7-7 麦克仪器公司生产的 2365/2380 型全自动比表面积分析仪   彩图请扫码

图 7-8 麦克仪器公司生产的 3000 型全自动比表面积分析仪   彩图请扫码

（2）Ⅱ型等温线反映非孔性或者大孔吸附剂上典型的物理吸附过程，是 BET 公式最常说明的对象。达到饱和蒸汽压时，吸附层无穷多，导致试验难以测定准确的极限平衡吸附值，如图 7-9（b）所示。

（3）Ⅲ型等温线十分少见。曲线下凹是因为吸附质分子间的相互作用比吸附质与吸附剂之间的强，第一层的吸附热比吸附质的液化热小，初期吸附质较难以吸附，而吸附出现自加速现象，吸附层数也不受限制，如图 7-9（c）所示。

（4）Ⅳ型与Ⅱ型等温线类似，但曲线后一段再次凸起，且中间段可能出现吸附回滞环。在中压段，Ⅳ型较Ⅱ型等温线上升得更快。中孔毛细凝聚填满后，如果吸附剂还有大孔径的孔或者吸附质分子相互作用强，可能继续吸附形成多分子层，吸附等温线继续上升。但在大多数情况下毛细凝聚结束后，并不发生进一步的多分子层吸附，如图 7-9（d）所示。

（5）Ⅴ型与Ⅲ型等温线类似，但达到饱和蒸汽压时吸附层数有限，吸附量趋于一极限值。同时由于毛细凝聚的发生，在中压段等温线上升较快，并伴有回滞环，如图 7-9（e）所示。

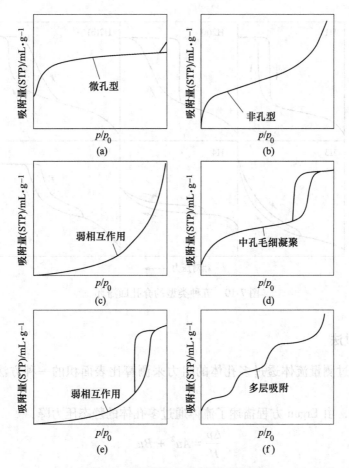

图 7-9　吸附等温线和回滞环的类型

(a) Ⅰ型；(b) Ⅱ型；(c) Ⅲ型；(d) Ⅳ型；(e) Ⅴ型；(f) Ⅵ型

（6）Ⅵ型等温线是一种特殊类型的等温线，反映的是无孔均匀固体表面多层吸附的结果（如洁净的金属表面），但实际很难遇到这种情况，如图 7-9（f）所示。

按照 IUPAC 的分类，划分出了五种类型的介孔回滞环，如图 7-10 所示。

（1）H1 和 H2 型有饱和吸附平台，反映孔径分布较均匀。H1 是均匀孔模型，可视为直筒孔，可在孔径分布相对较窄的介孔材料和尺寸较均匀的球形颗粒聚集体中观察到。H2 型孔径分布比 H1 型回线更宽。H2(a) 是孔"颈"相对较窄的墨水瓶形介孔材料，具有非常陡峭的脱附分支；H2(b) 是孔"颈"相对较宽的墨水瓶形介孔材料，与孔道堵塞相关，但孔颈宽度的尺寸分布比 H2(a) 型大得多。

（2）H3 和 H4 型没有明显的饱和吸附平台，表明孔结构很不规整。H3 型反映的孔包括平板狭缝结构、裂缝和楔形结构等，H3 型迟滞回线由片状颗粒材料给出，可认为是片状粒子堆积形成的狭缝孔，在较高相对压力区域没有表现出吸附饱和。H4 也是狭缝孔，常出现在微孔和中孔混合的吸附剂上，以及含有狭窄的裂隙孔的固体中。

（3）H5 型很少见，发现于部分孔道被堵塞的介孔材料，同时具有开放和阻塞的两种介孔结构。对于特定的吸附气体和吸附温度，H3、H4 和 H5 回滞环的脱附分支均在一个非常窄的 p/p_0 范围内急剧下降。

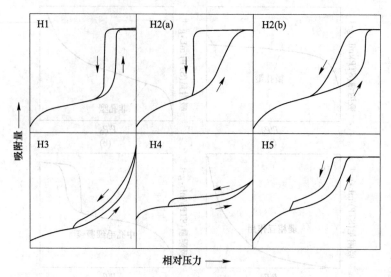

图 7-10   五种类型的介孔回滞环

7.2.2 流体透过法

透过法是通过测量流体透过多孔体的阻力来测算比表面积的一种方法，其测量范围较宽。

在透过法中，由 Ergun 方程描述了流体通过多孔体的静态压力降：

$$\frac{\Delta p}{H} = Au^2 + Bu \tag{7-15}$$

式中，H 为多孔体的高度，m；u 为在空容器内的平均流体速度，m/s；A，B 为系统的物理和几何参量因子。

式（7-15）表明，压力降 Δp 来自层流（Bu）和紊流（Au）两方面的贡献。多孔体中单位固体体积的比表面积可表述为：

$$S_S = \left[\frac{B^3}{A^2} \times \frac{(0.096\rho H)^2}{(2\gamma\mu H)^3} \times \frac{\theta^3}{(1-\theta)^4} \right]^{\frac{1}{4}} \tag{7-16}$$

式中，S_S 为多孔体中单位固体体积的比表面积，m^2/m^3；ρ 为流体密度，kg/m^3；θ 为多孔体的平均孔率；γ 为孔隙的迂回因子，一般在 $1\sim1.5$ 之间，可近似地取值 1.25；μ 为流体的动力学黏度，$kg/(m^2 \cdot s)$。

式（7-16）中的其他符号意义同前。

对于电化学过程，实际的有效比表面积介于（S_V）Ergun 与（S_V）BET 两者之间，但可能更接近于前者。

在层流条件下，将多孔材料中的孔道视为毛细管，计算多孔体比表面积的柯青-卡门公式如下：

$$S_V = \rho S_W = 14 \times 10^{-\frac{3}{2}} \sqrt{\frac{\Delta p A}{\eta \delta Q} \times \frac{\theta^3}{(1-\theta)^2}} \tag{7-17}$$

式中，S_V 为体积比表面积，m^2/cm^3；ρ 为试样密度，g/cm^3；S_w 为质量比表面积，m^2/g；Δp 为流体通过试样两端的压力差，MPa；A 为流体通过试样的横截面积，m^2；η 为流体的黏度系数，$Pa \cdot s$（$1Pa \cdot s = 10P$（泊））；δ 为试样的厚度，m；Q 为单位时间内通过试样的流体体积（流量），m^3/s；θ 为试样的孔率，%。

式（7-17）中流体通过多孔体的流动条件为层流。

7.2.3 压汞法

视毛细管孔道为圆柱形，用（$p+dp$）的压力使汞充满半径为 $r \sim (r+dr)$ 的毛细管孔隙中。若此时多孔体中的汞体积增量为 dV，则其压力所做的功为：

$$(p + dp)dV = \rho dV + dp dV \approx p dV \tag{7-18}$$

式中，p 为将汞压入半径为 r 的孔隙所需压力，Pa；$p+dp$ 为将汞压入半径为 $r \sim (r-dr)$ 的孔隙所需压力，Pa；V 为半径小于 r 的所有开孔体积，m^3；r 为 r 和 $r-dr$ 的平均值，当 $dr \to 0$ 时 $r \to r$，m。

式（7-18）恰为克服由汞的表面张力所产生的阻力所做的功。

由上述 L 的意义，可知 $2\pi r L$ 即为对应于区间（r，$r-dr$）的面积分量 dS：

$$dS = 2\pi r L \tag{7-19}$$

故总表面积为：

$$S = \frac{1}{\delta \cos\alpha} \int_O^V P dV \tag{7-20}$$

由此得出质量为 M 试样的重量比表面积为：

$$S_m = \frac{1}{\delta M \cos\alpha} \int_O^V P dV \tag{7-21}$$

式（7-21）计算的比表面积与 BET 法测定的比表面积具有良好的一致性。

7.2.4 压差-流量法

压差-流量法的比表面积计算公式为：

$$S = 14\sqrt{\Phi^3}\sqrt{\frac{AH}{Q_0 \mu L}} \tag{7-22}$$

式中，S 为比表面积，cm^2/cm^3；Φ 为孔隙度，小数；A 为岩芯截面积，cm^2；L 为岩芯长度，cm；μ 为室温下空气的黏度，$mPa \cdot s$；H 为空气通过岩芯稳定后的压差，cm；Q_0 为通过岩芯的空气体积流速，cm^3/s。

压差-流量法采用的比表面积测定仪，如图 7-11 所示。

7.2.5 低场核磁共振技术对比表面积测定研究

相比 BET 法，低场核磁共振法测试时间短，不需要烦琐的样品处理过程，无需引入外

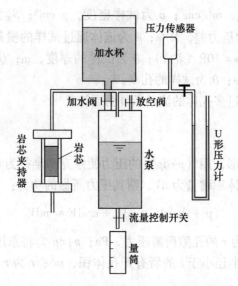

图 7-11　压差-流量法比表面积测定仪

部试剂。在监测悬浮液状态下颗粒与溶剂之间的表面化学、亲和性、润湿性等方面具有独特的优势。核磁共振法测比表面积的原理如图 7-12 所示。

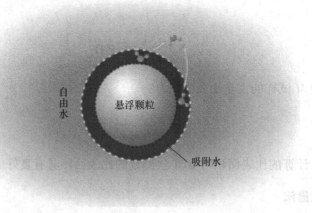

图 7-12　核磁共振法测比表面积原理图

彩图请扫码

图 7-13 为核磁共振成像获得的三维多孔网络的等值二维横截面图像。

7.2.6　低场核磁共振技术基本原理

当原子核的中子数或质子数为奇数时，原子核的磁矩不为零，才会产生核磁共振现象。有外加均匀静磁场 B_0 时，原子核磁矩会以一定的角速度 ω_0 绕着外加静磁场 B_0 作拉莫尔运动，同时发生赛曼能级分裂，这些原子核磁矩在纵向弛豫时间 T_1 内，在各个能级上会按照玻耳兹曼统计规律排列，从而在外加静磁场 B_0 方向上产生宏观磁化强度 M_0。

塞曼能级是等间距的，其间距为：

$$\Delta E = \gamma B_0 h' \tag{7-23}$$

式中，ΔE 为塞曼能级间距；γ 为原子核磁旋比；h' 为 $h/2\pi$（h 为普朗克常量）。

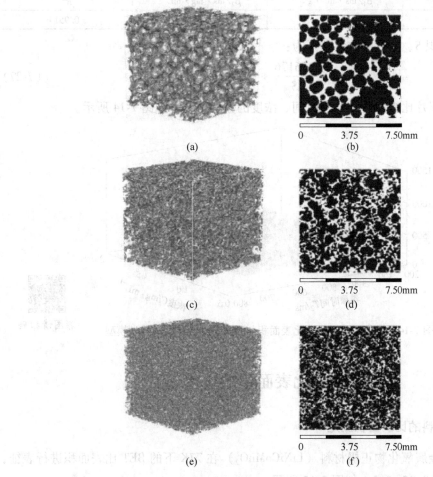

0   3.75   7.50mm

图 7-13　核磁共振成像获得的三维多孔网络的等值二维横截面图像

彩图请扫码

在原子核宏观系统上加入射频磁场 B_1（x 轴方向），当其场量子等于塞曼能级间距时，即：

$$h'\omega_0 = \gamma B_0 h' \tag{7-24}$$

发生核磁共振的条件为：

$$\omega_0 = \gamma B_0 \tag{7-25}$$

ω_0 为原子核进动频率，也称为核磁共振发生的共振频率。解除 B_1 后，原子核宏观系统处于非平衡状态。以氧化石墨烯层片为例，横向弛豫时间 T_2 与浓度 C、T_2 与比表面积 S 均可以采用反比函数模型尝试拟合。

$$T_2(S,C) = \beta_0 + \frac{\beta_1}{S} + \frac{\beta_2}{C} \tag{7-26}$$

式中，β_0 为时间常量，ms；β_1 为比表面积系数，ms·m²/g；β_2 为浓度系数，ms·mg/mL。借助 SPSS 拟合计算得到参数估计结果见表 7-2。

表 7-2　氧化石墨烯层片参数估计结果

β_0/ms	$\beta_1/ms \cdot m^2 \cdot g^{-1}$	$\beta_2/ms \cdot mg \cdot mL^{-1}$	R^2
-415	156176	255	0.951

T_2 与比表面积 S、浓度的数学关系为：

$$T_2 = \frac{156176}{S} + \frac{255}{C} - 415 \qquad (7\text{-}27)$$

氧化石墨烯层片比表面积与弛豫时间、浓度的数学模型，如图 7-14 所示。

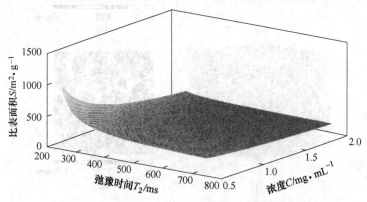

图 7-14　氧化石墨烯层片比表面积与弛豫时间、浓度的数学模型　　　彩图请扫码

7.3　比表面积的应用

7.3.1　正负极材料的比表面积测定

石墨负极和金属氧化物正极材料（LiNiCoMnO$_2$）在 77K 下的 BET 比表面积进行表征，其线性范围 $p/p_0 = 0.05 \sim 0.3$，如图 7-15 所示。

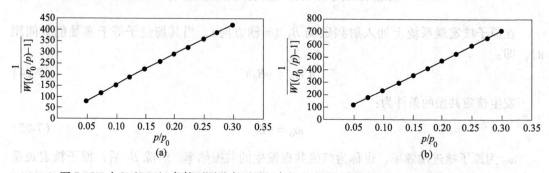

图 7-15　在 N$_2$(77K) 条件下测试由石墨（负极，(a)）和 LiNiCoMnO$_2$（正极，(b)）的吸附等温线导出的 BET 比表面积图

7.3.1.1　钠离子电池正极材料

A　Al 掺杂 Na$_3$V$_2$(PO$_4$)$_2$F$_3$ 正极材料

对钠离子电池正极材料来说，结合过渡金属离子和 NASICON 三维结构的聚阴离子材

料受到广泛关注，其中 $Na_3V_2(PO_4)_3$（NVP）和 $Na_3V_2(PO_4)_2F_3$（NVPF）是两种典型的热点材料。相对来说，NVPF 具有相对更高的电压和更高的理论比容量，但由于晶格中的 PO_4 四面体将 V 原子独立隔开，NVPF 的电子电导率较差。

铝（Al）元素，相比于钒（V）元素来说成本更低，而且质量更轻，对环境更加友好，也成为一种常见的掺杂源。Al 掺杂可以提供结构支撑并改善离子在材料中的扩散性能，主要围绕对约 1.5V 电位下钠离子脱嵌的促进作用。通过简单的固相合成法制备了不同含量 Al 掺杂的 $Na_3V_2(PO_4)_2F_3$ 正极材料（NVPF-Al-x，$x=0$、1、4、8，x 为 Al 占 NVPF 中 V 含量的摩尔百分数）。

图 7-16 和表 7-3 中，Al 元素掺杂对材料的比表面积没有明显的改变，四个样品的比表面积均较小。所有 NVPF-Al-x 材料均表现出含有 H3 型滞后环的Ⅳ型 N_2 吸脱附等温线形状，说明材料应为介孔材料，材料中的孔主要集中于 $32\sim35\text{nm}$ 的介孔。综合测试可推测，Al 掺杂从材料的晶格维度影响材料的性能，对材料的微观形貌没有明显影响。

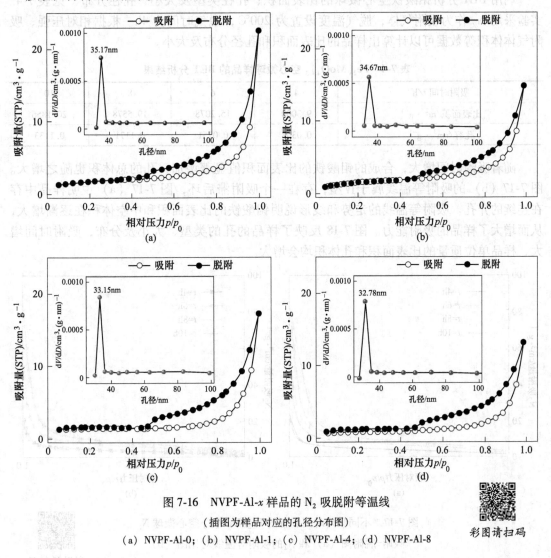

图 7-16　NVPF-Al-x 样品的 N_2 吸脱附等温线

（插图为样品对应的孔径分布图）

(a) NVPF-Al-0；(b) NVPF-Al-1；(c) NVPF-Al-4；(d) NVPF-Al-8

彩图请扫码

表 7-3　**NVPF-Al-x 样品的比表面积和累计孔容**

样品	BET 比表面积/$m^2 \cdot g^{-1}$	孔容/$cm^3 \cdot g^{-1}$
NVPF-Al-0	5.70	0.0350
NVPF-Al-1	5.36	0.0229
NVPF-Al-4	4.42	0.0268
NVPF-Al-8	2.81	0.0207

B　$Fe_2(MoO_4)_3$ 空心微球的 BET 分析

$Fe_2(MoO_4)_3$ 虽然是钠离子的超导体，但 $Fe_2(MoO_4)_3$ 电子导电性较差、钠离子传输路径较长，使得其电化学性能受到限制，该核壳结构材料具有特殊的优势。

利用 BET 分析钼酸铁空心微球的比表面积、孔径类型及大小、孔径分布，见表 7-4。实验采用 N_2 作为吸附气体，脱气温度设置为 200℃，脱气时间为 4h。根据相对压强、吸附气体体积等数据可以计算出样品的比表面积和孔径分布及大小。

表 7-4　**$Fe_2(MoO_4)_3$ 空心微球样品的 BET 分析结果**

吸附时间 t/h	4	6	8	10
比表面积/$m^2 \cdot g^{-1}$	9.3000	15.2078	19.5578	20.1856
孔容/$cm^3 \cdot g^{-1}$	0.0308	0.0751	0.1171	0.1133

随着吸附时间增大，合成的钼酸铁的比表面积值显著增加，孔的总体积也随之增大。图 7-17（b）的吸附等温线属于Ⅳ型，存在一个吸附滞后环，图 7-17（a）说明样品中存在连续的介孔。吸附等温线的走势和线形说明钼酸铁的比表面积和中空体积在逐渐增大，从而增大了样品的吸附能力。图 7-18 反映了样品的孔的类型、大小及分布，吸附时间增大，样品单位质量的比表面积和孔体积均会增大。

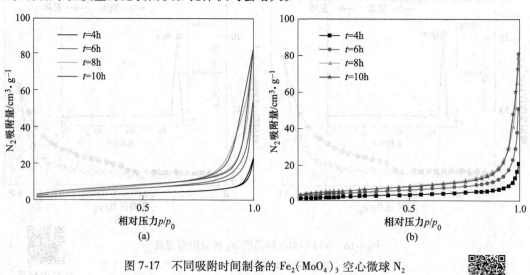

图 7-17　不同吸附时间制备的 $Fe_2(MoO_4)_3$ 空心微球 N_2

吸附-脱附图（a）和 N_2 的吸附等温线对比图（b）

彩图请扫码

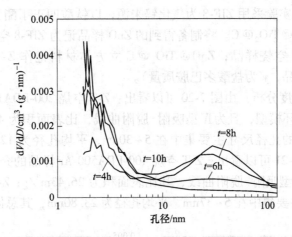

彩图请扫码

图 7-18 不同吸附时间制备的 $Fe_2(MoO_4)_3$ 空心微球的孔径分布图

7.3.1.2 钠离子电池负极材料

碳材料储钠主要有插层机理和吸附机理。通过改变碳材料制备条件调节碳材料的无序化程度、层间距、缺陷程度，对于实现碳材料的最佳储钠性能具有重要意义。

如图 7-19 所示，样品呈现Ⅳ型等温吸附曲线，H3 型滞后回环，表明存在狭缝型介孔结构。根据 DFT 方法计算孔径，孔径分布显示所有样品均存在 0.5nm 的极微孔、介孔结构。

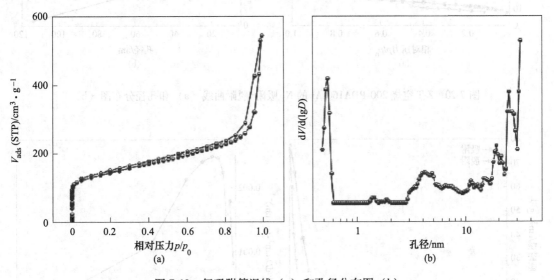

图 7-19 氮吸附等温线（a）和孔径分布图（b）

7.3.1.3 锂离子电池负极材料

A ZnO@ TiO₂@ C 材料

氧化锌在用作锂、钠离子电池材料时，由于合金化过程而具有更高的理论比容量，但其导电性差及充放电循环过程中体积变化引起电极材料的剥落，减少了电极的循环寿命。

二氧化钛具有与 $Li_4Ti_5O_{12}$ 相似的优点，其实际比容量仅为实际容量的一半，面临的主要问题为导电性差。实验采用 ZIF-8 为氧化锌来源，以钛酸四正丁酯为二氧化钛来源，多巴胺为碳源合成 ZnO@TiO₂@C。将制备得到的 ZnO 样品记为 ZIF-8 空烧样品；ZnO@TiO₂ 立方体样品记作 Z-T 空烧样品；ZnO@TiO₂@C 立方体材料记作 Z-T 空烧 *x*-PDA*y*-Ar 样品（*x* 为 Z-T 空烧样品，*y* 为盐酸多巴胺质量）。

比表面积及孔隙度分析：由图 7-20 可以看出：Z-T 空烧 200-PDA160-Ar 样品的介孔特性，符合 H1 型滞后环模型，且为 Ⅳ 型吸附-脱附曲线，比表面积为 $43.10m^2/g$；Z-T 空烧 200-PDA160-Ar 样品的孔径尺寸主要集中在 5~30nm，平均孔径为 12.52nm，其总体孔容为 $0.181cm^3$。由图 7-21 可以看出：Z-T 空烧 400-PDA500-Ar 样品的介孔特性，符合 H1 型滞后环模型，且为 Ⅳ 型吸附-脱附曲线，其比表面积为 $26.43m^2/g$；Z-T 空烧 400-PDA500-Ar 样品的孔径尺寸主要集中在 5~37nm，平均孔径为 23.80nm，其总体孔容为 $0.120cm^3$。

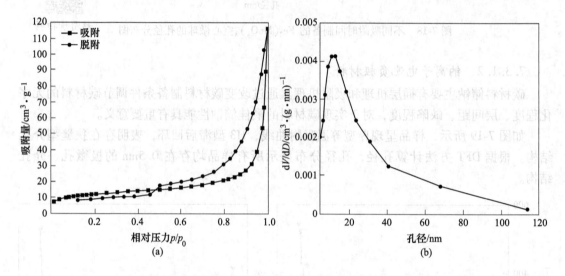

图 7-20　Z-T 空烧 200-PDA160-Ar 的 N₂ 吸附-脱附曲线（a）和孔径分布图（b）

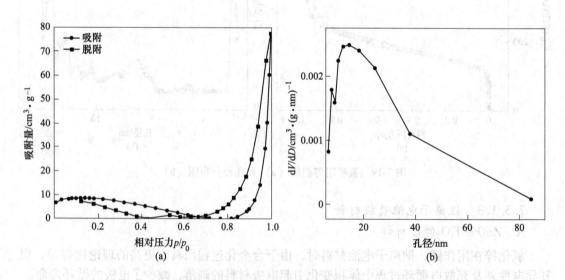

图 7-21　Z-T 空烧 400-PDA500-Ar 的 N₂ 吸附-脱附曲线（a）和孔径分布图（b）

B NPC@GNS 复合材料

氮源和碳前体的双重调节功能的沸石咪唑啉骨架8(ZIF-8) 是制备碳质电极的优质候选者。为了实现工艺增强的 2D 夹层碳质负极材料，在 GO 上原位生长 ZIF-8 纳米粒子的简便热解，成功制备出超高 N 掺杂多孔碳石墨烯纳米片（NPC@GNS），如图 7-22 所示。

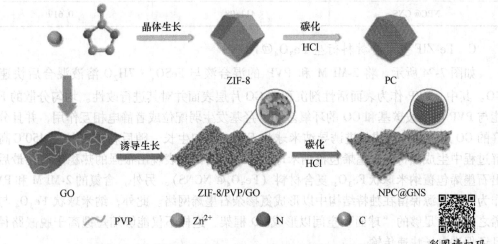

图 7-22　多层夹层状结构 NPC@GNS 的合成机理示意图

如图 7-23（a）所示，PC 和 PCP 吸附等温线表现出典型的 I 型等温线，可能是 ZIF-8 热解后的典型多孔结构。此外，夹层状 NPC@GNS 复合材料在相对压力大于 0.5 时表现出明显的磁滞回线，这是典型的Ⅳ型曲线，表明夹层状复合材料中大量的微介孔结构并存。表 7-5 为 PC、PCP 和 NPC@GNS 的比表面积和孔体积。图 7-23（b）的孔径分布进一步证实 NPC@GNS 中存在丰富的中孔结构且分布均匀。NPC@GNS 比表面积减少的原因可能是夹层状石墨烯骨架中储存大量的多孔碳颗粒，对于提高 LIBs 的电化学性能非常有利。

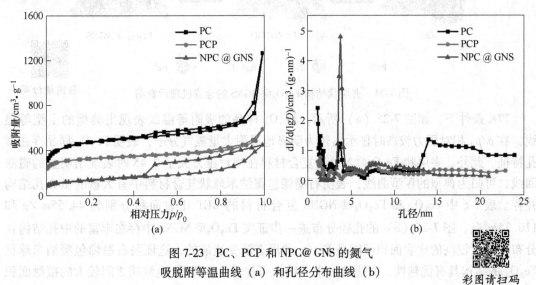

图 7-23　PC、PCP 和 NPC@GNS 的氮气
吸脱附等温曲线（a）和孔径分布曲线（b）

表 7-5 PC、PCP 和 NPC@GNS 的比表面积和孔体积

样品	比表面积/$m^2 \cdot g^{-1}$	孔容/$cm^3 \cdot g^{-1}$
PC	1346.98	1.154
PCP	1029.64	0.694
NPC@GNS	411.08	0.619

C   Fe-ZIF 基复合材料衍生 Fe_3O_4@NGNS

如图 7-24 所示，将 2-Ml M 和 PVP 的混合液与 $FeSO_4 \cdot 7H_2O$ 溶液混合后快速加入 GO。其中，PVP 作为表面活性剂沉积在 GO 片层表面并对其进行改性。均匀分散的 Fe^{2+} 可能与 PVP 的酰胺羰基和 GO 的环氧基团、羟基发生弱配位或者静电相互作用，并且分散良好的 GO 通过原位合成促进诱导纳米球状 Fe_3O_4 均匀生长。随后粉末产品在 450℃ 高温热解过程中生成独特的石墨烯包覆纳米球状 Fe_3O_4 结构并表现出很强的热稳定性，最后制备出石墨烯包覆纳米球状 Fe_3O_4 复合材料（Fe_3O_4@NGNS）。另外，含氮的 2-Ml M 和 PVP 可作为碳、氮源保留在独特结构中以形成氮掺杂石墨烯网络。此外，纳米球状 Fe_3O_4 与石墨烯之间存在足够的"球面"空间以形成 2D 框架，这样不仅能够缩短锂离子脱嵌路径，而且还促进电子快速传输。

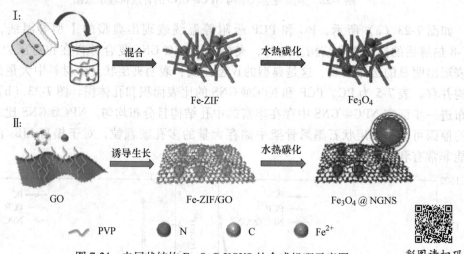

图 7-24   夹层状结构 Fe_3O_4@NGNS 的合成机理示意图   彩图请扫码

77K 条件下，如图 7-25（a）所示，Fe_3O_4 样品的吸附等温线表现出典型的 Ⅰ 型等温线，在 p/p_0 相对压力较高时显示出较为明显地吸附大量氮气分子，表明 Fe_3O_4 样品存在微孔特征。此外，夹层状 Fe_3O_4@NGNS 复合材料在相对压力大于 0.45 时表现出明显的磁滞回线，可归为典型的 Ⅳ 型曲线，表明石墨烯包覆纳米球状复合材料中有大量的微介孔结构并存。表 7-6 中 Fe_3O_4 和 Fe_3O_4@NGNS 复合材料的 BET 比表面积分别为 44.55m^2/g 和 110.25m^2/g。图 7-25（b）的孔径分布进一步证实 Fe_3O_4@NGNS 中存在丰富的中孔结构且分布均匀。较高的比表面积可能是 Fe_3O_4 的形态演变造成的，这证明石墨烯包覆纳米球状 Fe_3O_4 的结构具有优越性，而优选的中孔结构可提供活性物质/电解质之间较大的接触面积并促进 Li^+ 的快速扩散。

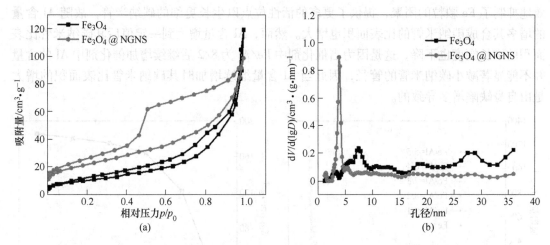

图 7-25　Fe_3O_4 和 Fe_3O_4@ NGNS 的氮气吸脱附等温曲线（a）和孔径分布曲线（b）

表 7-6　Fe_3O_4 和 Fe_3O_4@NGNS 的比表面积和孔体积

样品	比表面积/$m^2 \cdot g^{-1}$	孔容/$cm^3 \cdot g^{-1}$
Fe_3O_4	44.55	0.126
Fe_3O_4@ NGNS	110.25	0.153

7.3.1.4　锂离子电池正极材料

近十几年来，具有高电导率及热导率的轻质柔性碳纳米管（CNTs）已广泛用于各种能量存储系统，其中包括超级电容器、储氢材料、燃料电池和二次锂离子电池。在二次锂离子电池中，具有三维导电结构的碳纳米管能够改善正极材料的电子导电性，并在较高的电流密度下提升二次锂离子电池的循环性能。为实现锂电池性能的更大幅度提升，研发更优质的碳纳米管导电剂已成趋势。现阶段主要通过后期掺杂和包覆的手段来提高碳纳米管的品质，而催化剂作为碳纳米管生长的必需品却未被重视，尤其是在碳纳米管导电剂领域。化学气相沉积法（CVD）是合成碳纳米管技术手段中应用最为广泛的一种，该方法利用碳源气体沉积在金属纳米颗粒表面来促进碳纳米管的生长。查阅文献得知，廉价的 Fe 基催化剂可有效制备高质量的碳纳米管并实现大批量生产。此外，引入其他金属后形成的 Fe 基双金属催化剂可以获得更高的催化活性及生产率。目前 Fe-Mo、Fe-Co、Fe-Mn、Fe-Cu、Fe-Ni、Fe-Mg 和 Fe-Ru 等催化剂已被研究用于合成高品质的碳纳米管。由于世界 Al 储量丰富且价格相对便宜，故在 Fe 基催化剂中引入 Al 也是降低催化剂成本的有效策略。此外，Al 通常以 Al_2O_3 载体的形式存在于合成碳纳米管的催化剂中，且 Fe 与 Al_2O_3 之间拥有很强的相互作用力可以抑制金属催化剂颗粒的聚集，并在催化裂解碳源过程中提高颗粒的稳定性，从而提高碳纳米管的质量。

采用硝酸铁、硝酸铝和柠檬酸为原料，经过共沉淀及高温烧结制备了 Fe-Al 催化剂，再通过化学气相沉积法以丙烷为碳源制备了多壁碳纳米管。

如图 7-26 所示，所有样品根据 IUPAC 命名均表现为 Ⅱ 型吸附/脱附等温曲线。随着 Fe-Al 双金属催化剂中 Al 含量的增大，所得碳纳米管的比表面积也不断增大。Al 的引入有效地抑制了 Fe 颗粒的团聚，提供了更多的活性位点以生长更细的碳纳米管，故随 Al 含量的增多其合成碳纳米管的比表面积也增大。然而，Al 含量增大到一定值后其碳纳米管比表面积的增长幅度也下降，这是因为当催化剂中 Fe/Al 为 8/2 后继续增加催化剂中 Al 的含量并不能显著减小碳纳米管的管径，因此当 Al 含量继续增加时其碳纳米管比表面积的增大是由自身缺陷增多导致的。

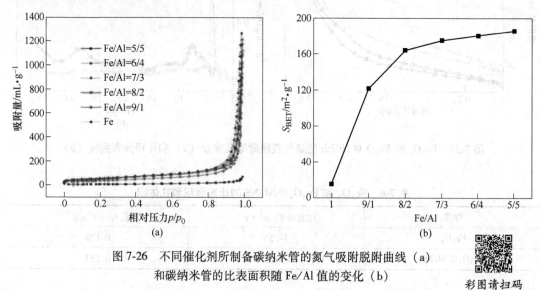

图 7-26　不同催化剂所制备碳纳米管的氮气吸附脱附曲线（a）
和碳纳米管的比表面积随 Fe/Al 值的变化（b）

彩图请扫码

　　新型碳纳米管导电剂性能主要取决于所制碳纳米管的性质。以具备优异导电性的炭黑（Li435）导电剂和两种不同性质的市售碳纳米管（CNT-A 和 CNT-B）作为研究对象，考察不同导电剂以及它们的复合导电剂对 LiNi$_{0.5}$Co$_{0.2}$Mn$_{0.3}$O$_2$/石墨软包电池电化学性能的影响。

　　图 7-27 为样品 CNT-A、CNT-B 和 Li435 的氮气吸附脱附曲线以及孔径分布曲线，所有

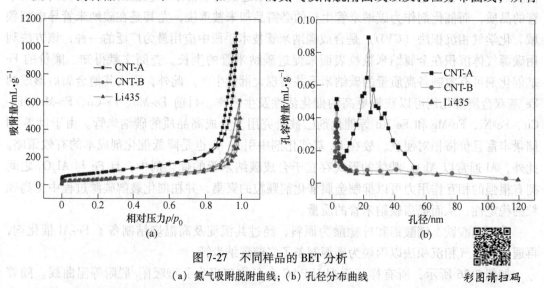

图 7-27　不同样品的 BET 分析

（a）氮气吸附脱附曲线；（b）孔径分布曲线

彩图请扫码

的曲线都表现出一致性，即在相对压力 0.1~0.8 平缓上升，而在 0.8~1.0 急速上升，根据 IUPAC 命名可将其定义为 II 型吸附脱附等温曲线。需注意的是，样品 CNT-A 的比表面积高达 321.98m²/g，要远高于 CNT-B 和 Li435。较高比表面积的碳材料意味着在电极中能够为活性组分提供更多的接触面积，从而提高活性物质的利用率。

将碳纳米管 CNT-A 和 CNT-B 分别与 Li435 组合制成导电材料并应用于 $LiNi_{0.5}Co_{0.2}Mn_{0.3}O_2$ 电极。重点考察了两种碳纳米管与 Li435 组成的导电材料中其不同配比对 $LiNi_{0.5}Co_{0.2}Mn_{0.3}O_2$ 电池容量、循环和倍率性能的影响。

7.3.2 隔膜的比表面积和孔径测试

采用压汞法对由聚偏二氟乙烯（PVDF）组成的电池隔膜的孔径和孔容进行表征（图 7-28）。压汞仪所得的孔径分布包括了材料中的通孔和盲孔，代表了隔膜内所有大介孔（d 为 2~50nm）和大孔（$d>50$nm）的分布。通过结合汞侵入孔隙的体积与氦比重计测量的骨架密度可以获得孔隙信息。

为了确定通孔的孔径分布范围，还使用 Porometer 对薄膜进行了测量（图 7-29）。用压汞法（图 7-28（b））和毛细管流动法（图 7-29（b））孔径测量技术测得的平均孔径均为 0.47μm，两种方法测试结果相差不大，表明这种薄膜主要由所需的有效通孔组成。

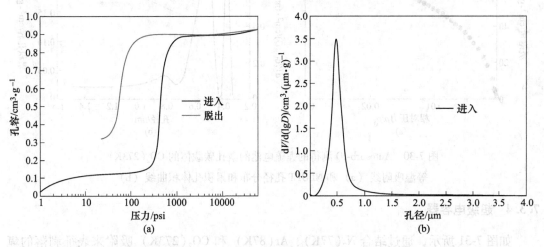

图 7-28 ProeMaster60 测得的 PVDF 隔膜的进入及脱出曲线（a）及其孔径分布图（b）

(1psi=6.9kPa)

7.3.3 微孔碳负载锂硫电池

气体吸附法不仅可以用来测正负极和隔膜材料，还可以用来表征锂硫电池和其他类型电池的载体。如微孔碳载体，当其中的孔足够小（$d<1$nm）时就可以使用 CO_2 吸附，在 273K 下进行测试并计算孔径分布。图 7-30 显示了微孔碳载体上的 CO_2（273K）等温线及使用 NLDFT 模型分析所得的孔径分布和累积孔隙体积。在这种特殊的载体中，只有小于 1nm 的孔存在，大多数小于 0.6nm。因此，只有 S_2 分子可以被限制在孔隙中，而更大的 S_{4-8} 分子则被排除在外。

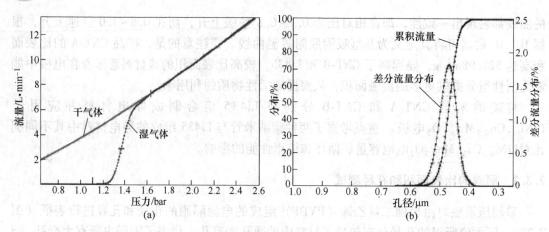

图 7-29　Porometer 3Gzh 测得的 PVDF 隔膜的毛细管流动法孔率曲线（a）和对应的孔径分布图（b）

（1bar=0.1MPa）

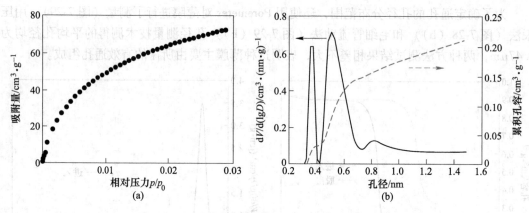

图 7-30　Autosorb-iQ 测得的锂硫电池的微孔碳载体的 CO_2(273K)

等温吸附线（a）和 NLDFT 孔径分布和累积孔体积曲线（b）

7.3.4　超级电容器

如图 7-31 所示，通过结合 N_2(77K)、Ar(87K) 和 CO_2(273K) 吸附来表征剥落的氧化石墨烯，以计算所有的微孔和介孔孔径分布。想要得到完整的孔径分布，必须使用 N_2 和 CO_2，因为材料中既含有小于 N_2 可进入的孔，也含有大于 CO_2 可进入的孔。

通过结合气体吸附法、压汞法、毛细管流动法和气体置换法可以表征包括负极、正极、隔膜、负载材料和超级电容器在内的电池材料结构。其中，气体吸附法用于 BET 比表面积和微孔、中孔孔径分析；压汞法用于中孔和大孔孔径测定；毛细管流动法用于通孔孔径分布；气体置换法用于密度测定。了解电池部件的这些重要物理特性有助于研发人员设计和优化未来的电池，并有助于在 QA 和 QC 要求下验证组成成分。

7.3.5　太阳能电池材料

通过氮气吸附/脱附实验研究了 Bi_2S_3/CNTS 复合材料的比表面积和多孔结构。图 7-32（a）的等温线可以归类为Ⅳ型，图 7-32（b）显示其孔径分布范围为 3~10nm，平均孔径为 3.378nm，

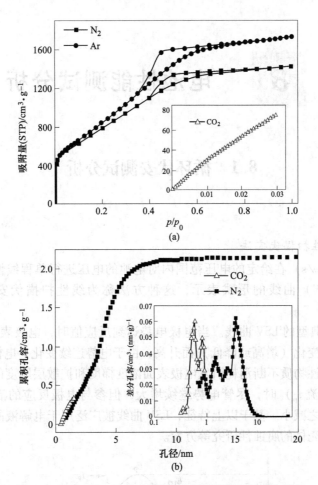

图 7-31 Autosorb-iQ XR 测得的氧化石墨烯超级电容器的
吸附等温线 (a) 和对应的孔径分布图 (b)

表明 Bi_2S_3/CNTS 复合材料存在明显的介孔结构，这有助于电解质的渗透，并且其显示的比较大的比表面积和多孔结构可以提供更多的催化活性位点和离子扩散通道。

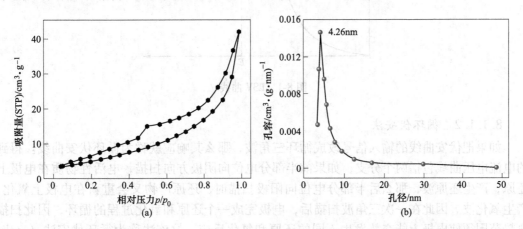

图 7-32 Bi_2S_3/CNTS 复合材料作为太阳能电池材料时的吸附等温线 (a) 和孔径分布图 (b)

8 电池性能测试分析

8.1 循环伏安测试分析

8.1.1 实验原理

8.1.1.1 线性扫描伏安法

以一定速率（v/s）在给定的电压范围内对电池的电压进行单程线性扫描，测试结果以电流－电压（$I\text{-}E$）曲线的形式表示，这种方法称为线性扫描伏安法（linear sweep voltammetry，LSV）。

图 8-1 展示了典型的 LSV 曲线。当电极电势达到反应值时，电极表面发生电荷转移，电流开始随电势的变化（增高或降低）而升高，由于电势连续变化，电极反应没有恢复平衡的时间，电极活性物质不断消耗引发电极表面浓度梯度和扩散层厚度的增大，当电流到达某一值（峰值电流 i_p）时，尽管电势继续增大，但参与电极反应的活性物质量开始减少，电流强度也随之减小。基于以上特征，LSV 曲线被广泛用于电解液的电化学稳定性以及对集流体、电池壳体的腐蚀性研究等方面。

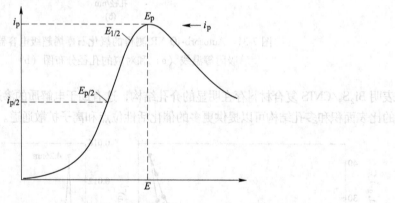

图 8-1 LSV 曲线

8.1.1.2 循环伏安法

如果把伏安曲线的输入信号改成循环三角波，那么其响应就称为循环伏安曲线。得到的电流电压曲线包括两个分支，如果前半部分电位向阴极方向扫描，电活性物质在电极上还原，产生还原波，那么后半部分电位向阳极扫描时，还原产物又会重新在电极上氧化，产生氧化波。因此在一次三角波扫描后，电极完成一个还原和氧化过程的循环，因此扫描电势范围须使电极上能交替发生不同的还原和氧化反应，故该法称为循环伏安法（cyclic voltammetry，CV）。

循环伏安法与 LSV 的实验原理相同，是在单程线性扫描的基础上增加了逆向扫描。典型的 CV 过程为：电势向阴极方向扫描时，电极活性物质被还原，产生还原峰；向阳极扫描时，还原产物重新在电极上氧化，产生氧化峰。因此，一次 CV 扫描，完成一个氧化和还原过程的循环。对于可逆体系，典型的 CV 曲线如图 8-2 所示。

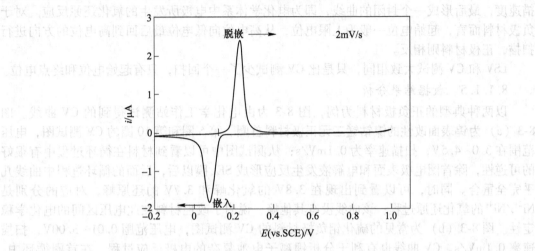

图 8-2 CV 曲线

8.1.1.3 测试原理

在循环伏安法中，起始扫描电位可表示为：

$$E = E_i - vt \tag{8-1}$$

式中，E_i 为起始电位；t 为时间；v 为电位变化率或扫描速率。

反向扫描循环定义为：

$$E = E_i + v't \tag{8-2}$$

可逆还原的峰值电流定义为：

$$i_p = \frac{0.447F^{3/2}An^{3/2}D^{1/2}C_0v^{1/2}}{R^{1/2}T^{1/2}} \tag{8-3}$$

式中，i_p 为峰电流；n 为电子交换数；F 为法拉第常数；D 为反应物扩散系数；C_0 为氧化态反应物浓度；A 为电极面积。

峰电位差为：

$$\Delta E = \frac{2.3RT}{nF} \tag{8-4}$$

该电位差值和扫描速率无关。对电沉积不溶性薄膜进行可逆氧化的情况，如果过程不受扩散控制，ΔE 值将远小于式（8-4）给出的值。对准可逆过程，电流峰值将区分得更开，峰值处的峰形较圆，且峰电位与扫描速率有关，ΔE 值大于式（8-4）给出的值。

8.1.1.4 测试方法与步骤

对于组装的扣式或软包锂离子电池，一般使用电化学工作站可以直接测试其 CV 曲线或 LSV 曲线。

首先将电化学工作站的绿色夹头夹在组装好的电池的工作电极一侧，红色夹头（对电极）和白色夹头（参比电极）夹在电池的另一极，然后选择 CV 测试功能进入参数设置。需要设置的参数包括初始电位、上限电位、下限电位、终点电位、初始扫描方向、扫描速度、扫描段数（2 段为一圈）、采样间隔、静置时间、灵敏度仪器、工作模式等。

电压从起始电位到上限电位再到下限电位的方向进行扫描，电压对时间的斜率即为扫描速度，最后形成一个封闭的曲线，即为电化学体系中电极所发生的氧化还原反应。对于负极材料而言，起始电位一般为上限电位，从高电位向低电位最后回到高电位的方向进行扫描，正极材料则相反。

LSV 和 CV 测试大致相同，只是比 CV 测试少了一个回扫，只有起始电位和终点电位。

8.1.1.5　数据结果分析

以两种典型的正负极材料为例，图 8-3 为由电化学工作站测试得到的 CV 曲线。图 8-3（a）为钨表面改性的镍钴锰三元正极材料首圈、第 5 圈和第 10 圈的 CV 测试图，电压范围在 3.0~4.5V，扫描速率为 0.1mV/s；从测试图中可以看到材料在循环过程中有很好的可逆性，除首圈电极表面和电解液发生反应形成 SEI 膜以后，后面的循环过程中曲线几乎完全重合。同时，可以看到出现在 3.8V 的氧化峰和 3.7V 的还原峰，对应的分别是 Ni^{2+}/Ni^{4+} 的氧化还原过程；该曲线没有其他峰，说明了改性材料在此电压区间的电化学稳定性。图 8-3（b）为常见的硫化钼负极材料的 CV 测试图，电压范围 0.01~3.00V，扫描速率 0.1mV/s。CV 曲线也有利于分析锂离子电池复杂的电极反应过程，在首圈循环中，0.9V 和 0.4V 的还原峰对应锂离子插入到硫化钼中将 Li_xMoS_2 还原为 Mo 和 Li_2S，1.8V 和 2.3V 的两个氧化峰对应 Li 从 Li_2S 中的脱出，而在第二圈循环中新的还原峰的出现表明硫化钼发生了不可逆的相转变。

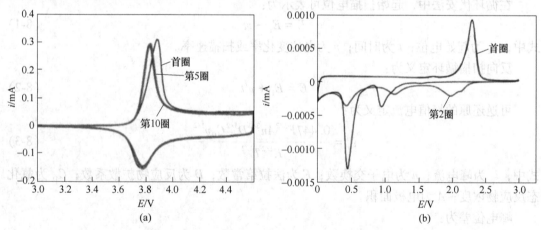

图 8-3　电化学工作站测试得到的 CV 曲线

（a）钨表面改性的镍钴锰三元正极材料 CV 测试图；（b）硫化钼负极材料 CV 测试图

循环伏安测试还可以进一步研究锂离子扩散系数和赝电容效应。图 8-4（a）为基于氧化钼的复合隔膜的锂离子电池在不同扫描速度下的 CV 曲线图，峰值电流 I_p，离子扩散系数 D 和扫描速度 v 存在以下关系式：

$$I_p = 2.69 \times 10^5 \cdot n^{\frac{3}{2}} \cdot A \cdot D^{\frac{1}{2}} \cdot v^{\frac{1}{2}} \cdot C \tag{8-5}$$

如图 8-4（b）所示，斜率越大，锂离子扩散系数越大，表明基于氧化钼复合隔膜的锂离子电池的动力学能更好，可以有效增强电池的倍率性能。

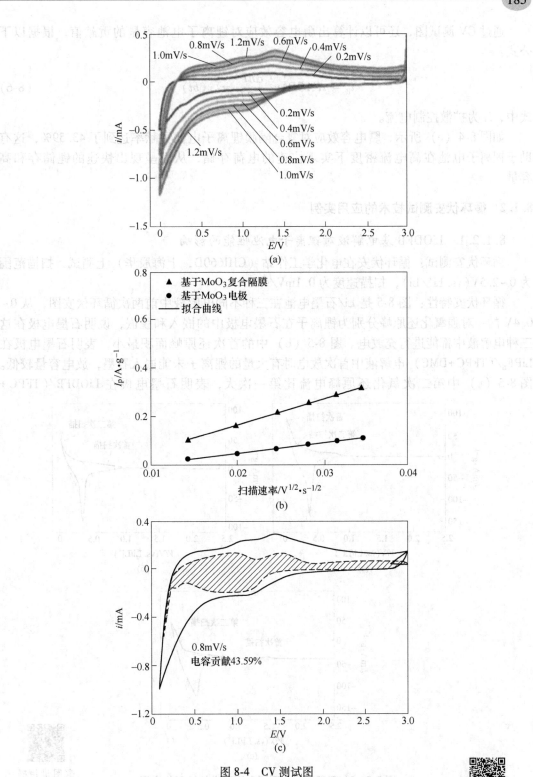

图 8-4 CV 测试图

（a）锂离子电池在不同扫描速度下的 CV 图；（b）锂离子扩散系数计算结果；

（c）0.8mV/s 下赝电容计算结果

彩图请扫码

通过 CV 测试图，还可以计算出赝电容效应对锂离子电池容量的贡献值，根据以下公式：

$$i_\mathrm{d} = nFACD^{\frac{1}{2}}v^{\frac{1}{2}}\frac{\alpha nF^{\frac{1}{2}}}{RT}\pi^{\frac{1}{2}}x(bt) \tag{8-6}$$

式中，i_d 为扩散控制电流。

如图 8-4（c）所示，赝电容效应对复合隔膜锂离子电池贡献率达到了 43.59%，这有助于锂离子电池在高电流密度下实现快速的电荷存储，从而呈现出快速的锂储存和高容量。

8.1.2　循环伏安测试技术的应用实例

8.1.2.1　LiODFB 基电解液对锂离子电池性能的影响

循环伏安测试：循环伏安在电化学工作站（CHI660D，上海辰华）上测试，扫描范围为 0~2.5V（vs. Li$^+$/Li），扫描速度为 0.1mV/s。

循环伏安特性：图 8-5 是 Li/石墨电池在三种不同电解液中前两次循环伏安图，从 0~0.4V 的一对强氧化还原峰分别为锂离子在石墨电极中的嵌入和脱嵌，说明石墨电极在这三种电解液中都能进行充放电。图 8-5（b）中的首次还原峰面积最小，表明石墨电极在 LiPF$_6$/（TFPC+DMC）电解液中首次放电时有大量的锂离子未能嵌入石墨，放电容量较低。图 8-5（c）中第二次氧化还原峰电流比第一次大，表明石墨电极在 LiODFB/（TFPC+

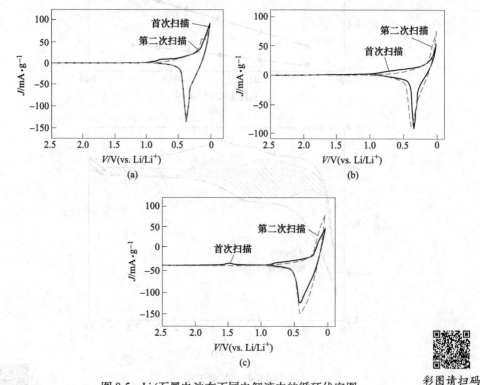

图 8-5　Li/石墨电池在不同电解液中的循环伏安图
（a）LiPF$_6$/（EC+DMC）；（b）LiPF$_6$/（TFPC+DMC）；（c）LiODFB/（TFPC+DMC）

彩图请扫码

DMC）电解液中首次循环后的反应活性增强。第一次负向扫描时，在 0.7V 附近都出现了
一个还原峰，为电解液在石墨负极表面的还原分解，形成 SEI 膜。图 8-5（b）中 0.7V 附
近的还原峰最宽，面积最大，表明有大量电解液在石墨负极表面还原，这可能是由于
TFPC 的还原电势较高，在石墨电极表面不断分解。图 8-5（c）中首次负向扫描时，1.5V
左右出现一个还原峰，对应为电解质锂盐 LiODFB 的还原分解，并且 0.7V 附近电解液的
还原峰面积明显减小，说明 LiODFB 优先在石墨电极表面发生还原分解，有效抑制了 TFPC
在石墨负极表面的还原分解。石墨电极在三种电解液中第二次负向扫描时，电解液的还原
电流峰均消失，说明在首次循环过程中石墨电极表面的 SEI 膜基本形成。

8.1.2.2　掺杂对 $LiNi_{0.5}Mn_{1.5}O_4$ 作为锂离子电池高性能正极材料的应用影响

循环伏安测试：用电化学工作站对 $LiNi_{0.5}Mn_{1.5}O_4$ 电池进行循环伏安测试，扫描电压
范围为 3.5~5V，扫描速率为 0.1mV/s。

循环伏安特性：所制备的 LNMO 阴极在 0.15mV/s 阶跃下的循环伏安曲线如图 8-6 所
示。在所有样品的 CV 曲线中，都观察到在 4.6~4.8V 范围内发生氧化还原偶联，这是由
Ni^{2+} 转化为 Ni^{4+} 引起的。当 V^{5+} 离子掺杂浓度从 0 增加到 3at.% 时，随着电流密度的增加，
CV 曲线的形状由宽到尖逐渐变化（图 8-6(a)~(e)），表明电化学动力学加速。然而，当
V^{5+} 离子掺杂浓度高于 3at.% 时，电流密度下降，V0.12-LNMO 的电化学曲线发生显著改
变（图 8-6(e)）。结果表明，LNMO 中 V^{5+} 离子的最佳浓度为 3at.%。

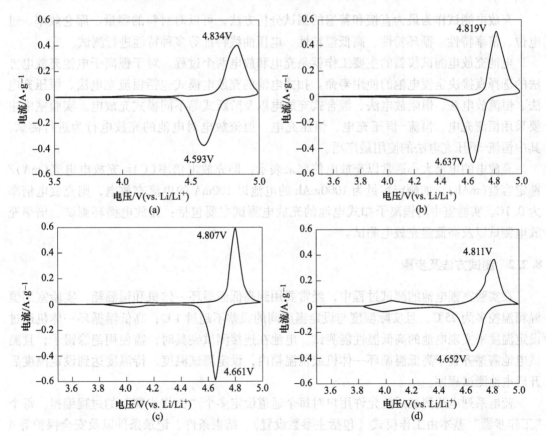

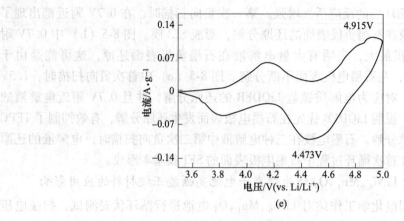

图 8-6　不同掺杂浓度的 CV 曲线

（a）原始 LNMO；（b）V0.005-LNMO；（c）V0.03-LNMO；（d）V0.06-LNMO；（e）V0.12-LNMO

8.2　充放电性能测试分析

8.2.1　测试原理

充放电测试作为最为直接和普遍的测试分析方法，可以对材料的容量、库仑效率、过电位、倍率特性、循环特性、高低温特性、电压曲线特征等多种特性进行测试。

电池充放电测试仪器的主要工作就是充电和放电两个过程。对于锂离子电池充放电方法的选择直接决定锂电池的使用寿命。扣式电池的充放电模式包括恒流充电法、恒压充电法、恒流放电法、恒阻放电法、混合式充放电以及阶跃式等不同模式充放电。实验室中主要采用恒流充电、恒流-恒压充电、恒压充电、恒流放电对电池的充放电行为进行测试，其中恒流-恒压充电法的使用最广泛。

充放电的电流大小通常以充放电倍率来表示，即充放电倍率（C）= 充放电电流（mA）/额定容量（mAh），如额定容量为 1000mAh 的电池以 100mA 的电流充放电，则充放电倍率为 0.1C。实验室中对锂离子扣式电池的充放电测试主要包括：充放电循环测试、倍率充放电测试以及高低温充放电测试。

8.2.2　测试方法及步骤

在实验室锂电池的测试过程中，经常要用到高低温循环一体机和恒温箱。实验室用恒温箱温控多为 25℃，且实际温度与设定温度间的温差不超过 1℃；高低温循环一体机通过设定温度来实现电池的高低温性能测试。电池在连接测试夹具时，需使用绝缘镊子，且测试电池需整齐置于高低温循环一体机或恒温箱内，设定测试温度，待温度达到设定温度后开启电池测试程序。

蓝电系列电池测试系统允许用户对每个通道设定多个"工作步骤"的过程编程，每个"工作步骤"基本由工作模式（包括主参数设置）、结束条件、记录条件以及安全保护等 4 个部分组成。

将待测试电池安装在测试仪器上，扣式电池可以适用于扣式电池的夹持，同时记下测试通道的序号，置于一定温度的测试环境中（一般为25℃左右），接着在蓝电系统上设置程序。在进行一个测试过程之前，应先选取测试电池位于仪器上的相应通道，鼠标右键点击通道，选择"启动"，进入对话框。

点击"启动"窗口中的当前测试名称（简单循环–锂电）或者点击"新建"，可进入"工步编辑软件"界面。

打开"工步编辑软件"窗口，选择"全局配置"，就可以设置保护条件。工步编辑完成后点击"关闭并返回到监控软件"，保存当前工步，再点击"开始"，就可以启动测试了。"数据预约备份"可以在通道"启动"时定义，也可以在通道"测试参数重置"时定义，对于已经设定"预约备份"的通道，一旦测试完成（或强制停止或安全停止，但软件中途强制退出例外），测试数据会自动备份至用户"预约"的目录下。蓝电电池测试系统能完整的记录电池测试数据，并且可以对于一个正在进行或已经完成测试的通道数据在处理软件界面查看和操作测试数据。

操作人员在测试仪器上装卸扣式电池时需佩戴绝缘手套、口罩和防护眼镜；由于测试通道较多，需对测试电池、测试通道进行特殊标记，并在相关仪器前贴上醒目标签注释以防他人误操作。

8.2.3 数据分析

8.2.3.1 充放电曲线分析

对于微分差容（dQ/dV）曲线，曲线中的氧化峰和还原峰对应充放电曲线中的充电平台和放电平台。根据峰位以及参考文献对比可以判断氧化还原反应。此外，峰位的移动与衰减也具有一定的对比价值。该曲线分析被认为是电极退化的指示器，dV/dQ的峰移和峰容量的变化是了解电池内电极容量衰减的有用指标。

以氟化碳（CF）材料表面改性的LRNCM正极为例，首次充电过程中，LRNCM的初始充电和放电比容量分别为367mAh/g和284mAh/g，首圈库仑效率为77%，如图8-7（a）（b）所示。由于CF在首次放电过程中能贡献一部分容量，因此LRNCM@CF材料的首圈放电比容量增加，首圈库仑效率显著提高。LRNCM@10%CF材料的充电和放电比容量分别为392mAh/g和390mAh/g，首圈库仑效率为99%，如图8-7（c）~（f）为不同比例CF材料的容量电压微分曲线。首次充电过程中3.9V处的氧化峰对应的是N^{2+}/N^{4+}氧化过程，而在4.4V的氧化峰对应的是阴离子O^{2-}/O^{2-x}部分可逆过程以及晶格氧不可逆损失过程。放电过程中，2.4V的还原峰对应的是CF的不可逆反应过程。因此在LRNCM@CF材料中，CF能通过转化反应补充放电比容量，显著提高首圈库仑效率。

Kato等人通过dV/dQ曲线来分析商业锂离子电池的寿命衰减机理，发现随着循环次数的增加特征峰1会逐渐变得尖锐，深入分析表明这是由于循环中活性Li的持续消耗，负极嵌锂量减少导致的，反过来也可以用特征峰1形状的变化表征锂离子电池内部活性Li的损失。图8-8为30Ah电池在45℃下C/2循环360次和720次后和45℃存储相应时间后的充电和放电dV/dQ曲线，从图中能够看到在dV/dQ曲线中有两个明显的特征峰，特征峰1（$Qp1$）在4.0V附近，特征峰2（$Qp2$）在3.8V附近。可以看到在充电过程中，随着循环次数的增加，特征峰1逐渐向更低的SOC偏移，但是在存储后却没有发现特征峰1的

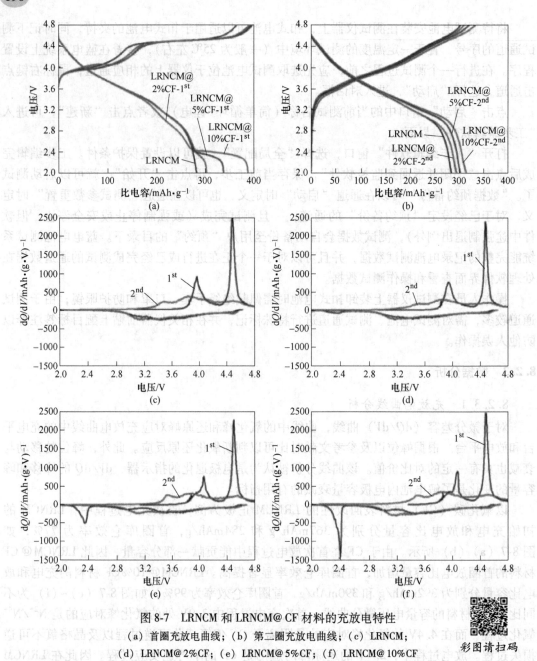

图 8-7　LRNCM 和 LRNCM@CF 材料的充放电特性

（a）首圈充放电曲线；（b）第二圈充放电曲线；（c）LRNCM；
（d）LRNCM@2%CF；（e）LRNCM@5%CF；（f）LRNCM@10%CF

彩图请扫码

偏移，但是无论在循环和存储中充电过程特征峰 $Qp1$ 都没有发生变形。但是在放电过程中，特征峰 1 在经过循环和存储后变得更加尖锐。

8.2.3.2　充放电循环测试数据分析

对充放电循环测试曲线的展现可以是充放电行为随时间的变化图、性能参数（如充放电容量、库仑效率等）随循环周次的变化图，以及某些周次充放电行为的叠加图。其中，充放电行为随时间的变化图是基础输出信息，充放电容量、库仑效率图则是测试软件处理的数据。根据性能参数循环图，可对电池充放电容量、库仑效率变化进行直观判断，对电池循环性能以及可能存在容量"跳水"、电池析锂等情况进行分析判断。

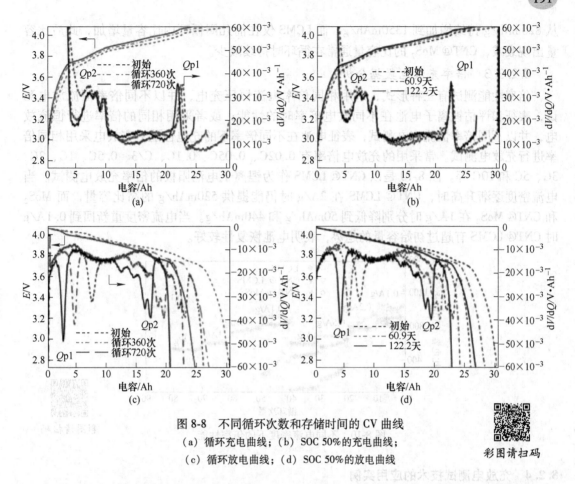

图 8-8　不同循环次数和存储时间的 CV 曲线

（a）循环充电曲线；（b）SOC 50% 的充电曲线；

（c）循环放电曲线；（d）SOC 50% 的放电曲线

彩图请扫码

图 8-9 是将所制备的低结晶度硫化钼（LCMS，Mo∶S=1∶2.75）纳米片与碳纳米管的复合物（CNT@ LCMS）作为锂离子电池负极材料的循环性能测试曲线，并对其与对比材料在 100mA/g 电流密度下进行循环测试，测试结果表明 CNT@ LCMS 在 100 圈循环内，比容量

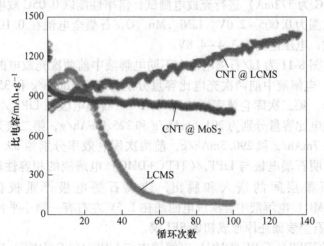

彩图请扫码

图 8-9　LCMS、CNT@ LCMS 和 CNT@ MoS₂ 的循环性能

从 820mAh/g 持续增加到 1350mAh/g，而 LCMS 仅在前几圈循环内比容量增加，此后比容量出现衰减，CNT@ MoS$_2$ 的比容量通常在循环时持续减少。

8.2.3.3 倍率充放电数据分析

倍率性能测试有三种形式，采用相同倍率恒流恒压充电，并以不同倍率恒流放电测试，表征和评估锂离子电池在不同放电倍率时的性能；或者采用相同的倍率进行恒流放电，并以不同倍率恒流充电测试，表征电池在不同倍率下的充电性能；充放电采用相同倍率进行充放电测试。常采用的充放电倍率有 0.02C、0.05C、0.1C、C/3、0.5C、1C、2C、3C、5C 和 10C 等。图 8-10 是以 CNT@ LCMS 作为锂离子电池阳极的倍率充放电测试。当电流密度逐渐升高时，CNT@ LCMS 在 2A/g 时仍能提供 530mAh/g 的高比容量，而 MoS$_2$ 和 CNT@ MoS$_2$ 在 1A/g 时分别降低到 50mAh/g 和 440mAh/g。当电流密度重新回到 0.1A/g 时 CNT@ LCMS 有超过初始容量的趋势，表明电池恢复性较好。

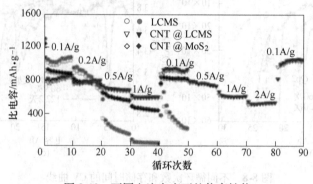

图 8-10   不同电流密度下的倍率性能   彩图请扫码

8.2.4 充放电测试技术的应用实例

8.2.4.1 LiODFB 基电解液对锂离子电池性能的影响

充放电测试：电池的恒电流充放电在武汉蓝电测试系统（CT2001A）上进行，Li/石墨电池以 0.1C（1C 为 372mA）进行充放电测试，倍率性能以 0.05C 放电，在不同倍率下充电，测试电压范围为 0.005~2.0V。LiNi$_{0.5}$Mn$_{1.5}$O$_4$/石墨全电池在 0.1C（1C 为 147mA）下进行充放电测试，电压范围为 3.4~4.8V。

充放电性能：图 8-11 为 Li/石墨电池在不同电解液中前两次充放电曲线。石墨电极在 LiPF$_6$/（EC+DMC）电解液中前两次充电比容量分别为 345.1mAh/g 和 350.5mAh/g，首次库仑效率为 93.0%，第二次库仑效率增加到 99.1%。石墨电极在 LiPF$_6$/（TFPC+DMC）电解液中的首次充放电比容量分别为 201.8mAh/g 和 225.9mAh/g，第二次充放电比容量有所增加，分别为 282.7mAh/g 和 290.3mAh/g，前两次库仑效率分别为 89.3% 和 97.3%，较低的充放电容量说明石墨电极与 LiPF$_6$/（TFPC+DMC）电解液的相容性较差，较厚的 SEI 膜抑制了 Li$^+$ 在石墨层间的嵌入和脱出，造成石墨电极严重极化。石墨电极在 LiODFB/（TFPC+DMC）电解液中首次放电曲线在 1.5V 左右有一微小平台，这进一步证明了 LiODFB 优先在石墨表面还原形成初始 SEI 膜。

石墨电极在 LiODFB/（TFPC+DMC）电解液中与 LiPF$_6$/（EC+DMC）电解液中前两次充放电性能相差不大，表明当用 LiODFB 为锂盐时石墨电极在 TFPC+DMC 为溶剂的电解液体

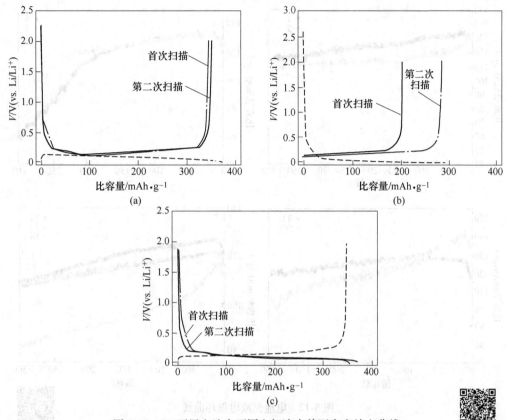

图 8-11　Li/石墨电池在不同电解液中前两次充放电曲线

（a）LiPF$_6$/(EC+DMC)；（b）LiPF$_6$/(TFPC+DMC)；（c）LiODFB/(TFPC+DMC)

彩图请扫码

系中有很好的相容性。

8.2.4.2　混合锂盐及添加剂对镍锰酸锂电池性能的影响

充放电测试：在手套箱中组装电池后，用蓝电充放电测试系统在 0.1C 下激活两次，充放电电压为 2.7～4.9V，然后在 1C 下进行循环性能测试，循环次数为 300 圈以上，最后将数据导出后使用 Orign8.0 软件对数据进行分析。

图 8-12 是 LiNi$_{0.5}$Mn$_{1.5}$O$_4$ 电池在不同电解液中的循环性能，电池的充电截止电压为 4.9V，放电截止电压为 3.0V。电池首先在 0.1C 倍率下活化循环两次，1C 倍率循环 300 次。其中 3 号、4 号、5 号、8 号、9 号电解液经多次试验均未能实现良好的循环，可能是因为噻吩加入的量太多影响了电池的循环性能，也说明对于二元体系 EC/DMC 为基础的电解液中添加噻吩的量越少将利于电池循环性能的提高。

含 FEC 电解液制备的电池比容量是逐渐上升的，FEC 电解液能表现出良好的容量性能。由图 8-12 可知，1 号和 2 号电解液对应的镍锰酸锂电池在相同的循环次数下，EC/DMC 为基础电解液的 1 号电解液在循环了 300 圈后循环稳定性要高于添加了 0.5% 噻吩的电解液，说明噻吩的加入对于 EC/DMC 电解液体系提高电池的容量没有明显的帮助，但是可以保持相对的稳定性；与其他体系的电解液对比可以看出，添加适量 FEC 的锂盐电解液可以较好地保持电池的循环容量率。

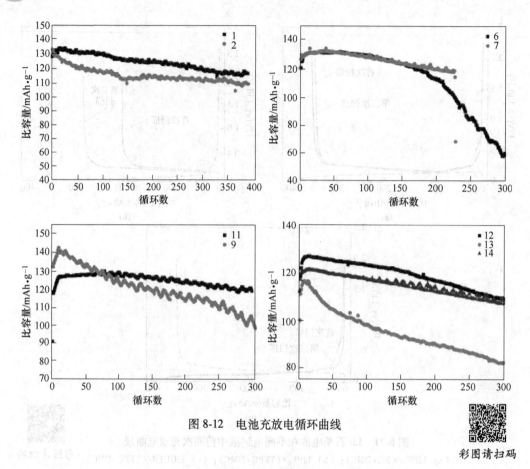

图 8-12   电池充放电循环曲线

彩图请扫码

8.3 交流阻抗测试分析

8.3.1 交流阻抗概述

8.3.1.1 电化学系统交流阻抗的含义

电化学交流阻抗测试是把电化学体系当作一个"黑盒子",对这个"黑盒子"施加某一扰动或激发函数（如电位阶跃），在体系的其他变量维持不变的情况下，测量某一响应函数（如电流随时间的变化），从激发函数和响应函数的观察中，获得关于化学体系的信息。

如果扰动信号 X 是一个小幅度的正弦波电信号，那么响应信号 Y 通常也是一个同频率的正弦波电信号。此时传输函数 $G(\omega)$ 被称为频率响应函数，或简称为频响函数。Y 和 X 之间的关系可用下式来描述：

$$Y = G(\omega)X \tag{8-7}$$

式中，$G(\omega)$ 为角频率 ω 的函数，反映了系统 M 的频响特性，它由 M 的内部结构所决定，可以从 $G(\omega)$ 随角频率的变化情况获得系统 M 内部结构的有用信息。

如果扰动信号 X 为正弦波电流信号，而响应信号 Y 为正弦波电位信号，则称 $G(\omega)$ 为系统 M 的阻抗，用 Z 来表示；如果扰动信号 X 为正弦波电位信号，而响应信号 Y 为正弦波电流信号，则称 $G(\omega)$ 为系统 M 的导纳，用 Y 来表示。

阻抗和导纳统称为阻纳，用 G 表示，阻抗和导纳互为倒数关系，$Z = 1/Y$。

8.3.1.2 交流电路的基本性质

正弦交流电压能够表示为：

$$e = E\sin(\omega t) \tag{8-8}$$

式中，E 为电势的最大幅值；ω 为正弦波的角频率。

若用 f 表示频率，则它与 ω 之间的关系为：

$$\omega = 2\pi f \tag{8-9}$$

A 电阻

如果电路中是纯电阻 R，由欧姆定律得到：

$$i = \frac{E}{R}\sin(\omega t) \tag{8-10}$$

对于纯电阻，$\varphi = 0$，电压和电流之间没有相位差。

B 电容

对于纯电容：

$$i = C\frac{\mathrm{d}e}{\mathrm{d}t} \tag{8-11}$$

将式（8-11）两边积分，并将式（8-8）代入得到：

$$i = \omega CE\sin\left(\omega t + \frac{\pi}{2}\right) = \frac{E}{X_{\mathrm{C}}}\sin\left(\omega t + \frac{\pi}{2}\right) \tag{8-12}$$

$$X_{\mathrm{C}} = (\omega C)^{-1} \tag{8-13}$$

式中，X_{C} 为容抗，Ω。

与式（8-10）比较可能看出，相角为正（$\varphi = \pi/2$），电流超前电势 $\pi/2$。

C 电阻和电容的串联

对于 RC 串联电路：

$$E = E_{\mathrm{R}} + E_{\mathrm{C}} \tag{8-14}$$

容抗和电阻的矢量和就是阻抗，用 Z 表示：

$$Z = R - jX_{\mathrm{C}}, \qquad j = -1 \tag{8-15}$$

阻抗是一个矢量，也可以用一个复数来表示。一个复数由实部和虚部组成，实部表示这一矢量在横坐标上的分量，虚部是这一矢量在纵坐标上的分量。通常，实部用 Z_{Re}（或 Z'）表示，虚部用 Z_{Im}（或 Z''）表示，所以阻抗的一般表示式为：

$$Z = Z_{\mathrm{Re}} - jZ_{\mathrm{Im}} \quad \text{或} \quad Z = Z' - jZ'' \tag{8-16}$$

对于 RC 串联电路：

$$Z_{\mathrm{Re}} = R, \qquad Z_{\mathrm{Im}} = X_{\mathrm{C}} \tag{8-17}$$

D 电阻和电容的并联

对于 RC 并联电路图，总电流 i_{tot} 是通过电阻的电流 i_{R} 和电容的电流 i_{c} 之和：

$$i_{\mathrm{tot}} = \frac{E}{R}\sin(\omega t) + \frac{E}{X_{\mathrm{C}}}\sin\left(\omega t + \frac{\pi}{2}\right) \tag{8-18}$$

RC 并联电路的阻抗的倒数是各并联元件阻抗倒数之和：

$$\frac{1}{Z} = \frac{1}{Z_R} + \frac{1}{Z_C} = \frac{1}{R} + j\omega C = \frac{R}{1+(\omega RC)^2} - j\frac{\omega R^2 C}{1+(\omega RC)^2} \tag{8-19}$$

实部和虚部分别为：

$$Z_{Re} = \frac{R}{1+(\omega RC)^2}, \quad Z_{Im} = \frac{R^2 C}{1+(\omega RC)^2} \tag{8-20}$$

阻抗在复平面上的矢量应为一个半圆（见图 8-13），其半径为 $R/2$，在 $|Z_{Im}|$ 最大值处，$\omega RC = 1$。

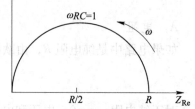

E   阻抗的串联和并联

对于串联阻抗，总阻抗是各个阻抗矢量之和：

$$Z = Z_1 + Z_2 + \cdots \tag{8-21}$$

对于并联阻抗，总阻抗的倒数是并联的各个矢量倒数之和：

图 8-13   复平面阻抗曲线

$$Z = \frac{1}{Z_1} + \frac{1}{Z_2} + \cdots \tag{8-22}$$

F   导纳

阻抗的倒数定义为导纳，用 Y 表示，即：

$$Y = \frac{1}{Z} \tag{8-23}$$

导纳 Y 的实部用 Y' 表示，虚部用 Y'' 来表示，则：

$$Y = \frac{1}{Z} = \frac{1}{Z' - jZ''} = \frac{Z' + jZ''}{(Z')^2 + (Z'')^2} = Y' - jY'' \tag{8-24}$$

$$Y' = \frac{Z'}{(Z')^2 + (Z'')^2}, \quad Y'' = \frac{Z''}{(Z')^2 + (Z'')^2} \tag{8-25}$$

8.3.2   交流电化学阻抗谱

电化学阻抗谱（EIS）最早用于研究线性电路网络频率响应特性，将这一特性应用到电极过程的研究，形成了一种实用的电化学研究方法。

交流电化学阻抗谱技术是在某一直流极化条件下，特别是在平衡电势条件下，研究电化学系统的交流阻抗随频率的变化关系。由不同频率的电化学阻抗数据绘制的各种形式的曲线，都属于电化学阻抗谱。电化学阻抗谱包括许多不同的种类，其中最常用的是阻抗复平面图和阻抗波特图。

阻抗复平面图一种是以阻抗的实部 Z_{Re} 为横轴，以阻抗的虚部 Z_{Im} 为纵轴绘制的曲线，即 Nyquist 图；另一种是用 $\lg|Z|$-$\lg\omega$，称为 Bode 模图和 φ-$\lg\omega$，称为 Bode 相图，两条曲线表示阻抗的频谱特征，此即 Bode 图。

测量电解池总阻抗 Z 是电池的串联等效 R_B 和等效电容 C_B 的串联组合。电解池的等效电路可用图来表示，两个分量代表了 Z 的实部 Z_{Re} 与虚部 Z_{Im}，具体公式为：

$$Z_{Re} = R_B = R_\Omega + \frac{R_s}{A^2 + B^2} \qquad (8\text{-}26)$$

$$Z_{Im} = \frac{1}{\omega C_B} = \frac{B^2/(\omega C_d) + A/(\omega C_s)}{A^2 + B^2} \qquad (8\text{-}27)$$

式中，$A = C_d / C_s + 1$；$B = \omega R_s C_d$。

将 $R_s = R_{ct} + \sigma\omega^{-1/2}$ 和 $C_s = \dfrac{1}{\sigma\omega^{1/2}}$ 代入，可得：

$$Z_{Re} = R_\Omega + \frac{R_{ct} + \sigma\omega^{-1/2}}{(C_d\sigma\omega^{-1/2} + 1)^2 + \omega^2 C_d^2 (R_{ct} + \sigma\omega^{-1/2})^2} \qquad (8\text{-}28)$$

$$Z_{Im} = \frac{\omega C_d(R_{ct} + \sigma\omega^{-1/2}) + \sigma\omega^{-1/2}(\omega^{1/2}C_d\sigma + 1)}{(C_d\sigma\omega^{1/2} + 1)^2 + \omega^2 C_d^2 (R_{ct} + \sigma\omega^{-1/2})^2} \qquad (8\text{-}29)$$

通过不同 ω 值绘制的 Z_{Im} 对 Z_{Re} 图，可获取化学信息，存在以下两种极限。

A 低频率

当 $\omega \to 0$ 时，式（8-28）和式（8-29）可写为：

$$Z_{Re} = R_\Omega + R_{ct} + \sigma\omega^{-1/2} \qquad (8\text{-}30)$$

$$Z_{Im} = Z_{Re} - R_\Omega - R_{ct} + 2\sigma^2 C_d \qquad (8\text{-}31)$$

因此 Z_{Im} 对 Z_{Re} 作图为一条直线，由式（8-30）与式（8-31）可知频率在此区域依赖于 Warburg 阻抗，即 Z_{Im} 和 Z_{Re} 的线性相关性是一个扩散控制电极过程的特性。

B 高频率

当频率升高时，相对于 R_{ct}，Warburg 阻抗变得不重要了，等效电路图如图 8-14 所示。

阻抗为下式：

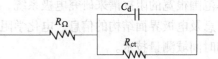

$$Z = R_\Omega - j\left(\frac{R_{ct}}{R_{ct}C_d\omega - j}\right) \qquad (8\text{-}32)$$

图 8-14 Warburg 阻抗不重要
体系的等效电路

它的实部 Z_{Re} 与虚部 Z_{Im} 分别为：

$$Z_{Re} = R_\Omega + \frac{R_{ct}}{1 + \omega^2 C_d^2 R_{ct}^2}$$

$$Z_{Im} = \frac{R_{ct}}{1 + \omega^2 C_d^2 R_{ct}^2} \qquad (8\text{-}33)$$

因此，Z_{Im} 对 Z_{Re} 作图为一中心在 $Z_{Re} = R_n + R_{ct}/2$ 的圆形，如果 $Z_{Im} = 0$，半径则为 $R_{ct}/2$，如图 8-15 所示。

图 8-16 为一电化学体系的阻抗图。

8.3.3 电化学阻抗谱测试技术

电化学阻抗谱测试技术是一种以小振幅的正弦波电位（或电流）为扰动信号的电化学

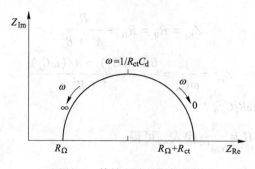

图 8-15 等效电路的阻抗面图

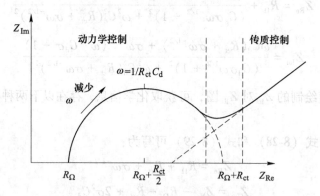

图 8-16 电化学体系的阻抗图
（传质传递和动力学控制区域分别在低频区和高频区）

测量方法。同时，电化学阻抗谱测试技术又是一种频率域的测量方法，它以测量得到的频率范围很宽的阻抗谱来研究电极系统，因而能比其他常规的电化学方法得到更多的动力学信息及电极界面结构的信息。电化学阻抗数据的测量技术可分为两大类：频率域测量技术和时间域测量技术。

8.3.3.1 频域测试技术

频域测试法又可分为间接法和直接法。各种交流电桥技术属于间接法。直接法主要有李沙育图法（又称为椭圆法）、自动频率响应分析、锁相放大法、选相调辉法等，它是用特定的电子技术直接测量电极电位和极化电流的交流信号值，再计算电极阻抗值的。

交流电桥技术是应用较早的经典方法，主要有三种电桥技术：音频交流电桥、变压器比臂电桥、Berberian-Cole 电桥。交流电桥技术测量一系列频率下交流阻抗的精度比较好，但是要花很多时间，且在频率小于 1Hz 的低频时很难使用。交流电桥又分为控制电位和控制电流。

A 交流电桥法

交流电桥法测电解池阻抗如图 8-17 所示。在研究电极过程中阻抗通常由一个可变电阻 R_s 和一个可变电容 C_s 串联组成。其阻抗为：

$$Z_s = R_s - i/\omega C_s \tag{8-34}$$

电化学池的阻抗为：

$$Z_{cell}/R_1 = Z_s/R_2 \tag{8-35}$$

在电桥平衡时：

$$Z_{cell} = \frac{R_s R_1}{R_2} - \frac{iR_1}{\omega C_s R_2}$$ (8-36)

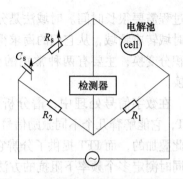

电容只由工作电极产生，然而电阻包括所有产生阻力的部分，电极过程和溶液的电阻等。有些情况下也有用电阻和电容并联的组合，在这种情况下用导纳 Y 来进行分析很容易进行。

当除了交流扰动外还需要在电化学池上加直流电势的时候，用恒电势仪很方便，可以加电势和检测同时进行，这种方法称为恒电势电桥法。

图 8-17 交流电桥法测电解池的阻抗
（当检测器的电流为零时电极平衡）

对于非常高的频率，电桥的精确性依赖于电解池的设计，高频开始出现 Debye-Falkenhagen 效应，这一效应通常在频率高于 10MHz 时才出现。由于离子运动的速度快，高于离子氛重排所需要的时间，所以离子运动把离子氛甩在后面，电解池的电阻降低。如果频率在正常范围内，这种技术还是非常准确的，但需要的时间比较长。

B 直接法

Lissajous 图法是早期典型的直接测量电极阻抗测试技术。当采用控制电位 Lissajous 法时，如果所加的信号传送到记录仪（频率<5Hz）或示波器（频率<5kHz），对应于响应信号记录就会出现 Lissajous 图形，由图的形状可以得到阻抗。如果扰动信号为：

$$e(t) = \sin(\omega t)$$ (8-37)

则响应为：

$$i(t) = \frac{E}{|Z|} \sin(\omega t + \varphi)$$ (8-38)

变量的值可以从 Lissajous 图中直接得到，如图 8-18 所示。

C 相敏检测技术

相敏检测技术是利用相敏检测器来比较两种正弦波信号，以得到这两个信号之间振幅的比例和相位差。这两个信号之一为参考信号，其振幅和相位已知，因此相敏检测器可检测出另一输入信号的振幅和相位，进而计算电极的阻抗。相交滤波技术是由信号发生器产生的小幅值正弦交流信号激励被测系统，通过相关仪器测量被测信号基波成分的实部和虚部，然后经过坐标转换器将其转换成幅度与相角。

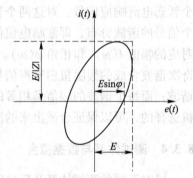

图 8-18 阻抗测量的 Lissajous 图

8.3.3.2 时间域测试技术

用阻抗方法完整地表征一个电化学过程，测量的频率范围通常在 2~3 个数量级。特别是涉及溶液中的扩散过程或电极表面上的吸附过程的阻抗，往往须在很低的频率下才能在阻抗谱图上反映出这些过程的特点。通常测量频率范围的低频端要延伸到 10^{-2}Hz 或更低的频率，故采用频率域技术，用不同频率的正弦波扰动信号逐个频率地测量时，总的测量过程需要很长时间。时域法是分别测量电压 V 和电流 I 随时间变化的规律，然后再分别将时域转成频域，从它们的商求得阻抗或导纳。时域方法的优点是快捷和准确。时域转换是积分变换，主要有两种常用的变换，分别是 Laplace（拉普拉斯）变换和快速傅里叶变换。

在数字信号处理中，谱分析的最重要和最基本的方法是快速傅里叶变换，又称为 FFT，它能解释几个不同激励信号同时施加到一个化学体系上的实验。这些信号的响应是彼此叠加的，而 FFT 提供了分辨它们的方法，在多个频率激励阻抗的测试中，FFT 提供了可同时测定多个频率下阻抗的方法。FFT 测量电极阻抗结果与激励波形有关，并证明采用一种变相的激励信号——奇次谐波的准随机白噪声，可得到满意的实验结果。对此白噪声激励波形的产生存在一定的要求，这个白噪声是多个频率（10~20 个）的信号叠加，所有这些频率都是基波频率的奇次谐波，而选择奇次谐波可以保证在 15 个基频所测出的电流中，不出现二次谐波分量。另外，15 个激励频率的幅值是相等的，以致每一个频率都占有相等的权重，并且它们的相角是随机的，于是总的激励信号在幅值上不会出现波动。假随机白噪声的合成步骤为：依据采样定理给定的频率范围和采集点数，选择不同频率值，按等振幅随机相位建立这些频率的正弦波，然后经 FFT 将其变换成离散关系量时域函数。

傅里叶变换是基于任意周期波形，都可以表示为多个正弦矢量的叠加，这些正弦矢量包括一个频率为基频 $f_0 = 1/T_0$（T_0 为基频周期）的正弦波以及多个 f_0 的谐波，即：

$$y(t) = \frac{a_0}{2} + \sum_{n=1}^{\infty} \left[a_n \cos(2\pi n f_0 t) + b_n \sin(2\pi n f_0 t) \right] \tag{8-39}$$

利用傅里叶级数，可以把一个信号在时间域用信号幅值和时间的关系来表示，也可以在频率域用一组正弦矢量的幅值和相角来表示。可以把所有需要的频率下的正弦信号合成一个假随机白噪声信号，同直流极化电位信号叠加后，同时施加到电化学体系上，产生一个暂态电流响应信号。对这两个暂态激励、响应信号分别测量后，应用傅里叶变换给出两个信号的谐波分布，即激励电位信号的幅值 $E(\omega)$ 以及傅里叶分布中每一个频率下电流所对应的幅值 $I(\omega)$ 和相角 $\varphi(\omega)$。实际测量中使用的激励噪声信号，是由相位随机选择的奇次谐波合成的假随机白噪声信号。选择奇次谐波可以保证在响应电流信号中不出现二次谐波；而每个谐波的幅值是相等的，可以保证各谐波具有相同的权重；同时由于相位是随机选择的，可以保证合成出来的激励信号在幅值上不会有大的波动。

8.3.4 测试体系与数据拟合

针对不同的测试体系及环境因素，需要有针对性地选取 EIS 测试仪器，构建合适的电极构型，设置合理的测试参数。

8.3.4.1 测试体系

A 电池的 EIS 测试

锂离子电池的类型较多，通常以容量大小和外观设计来区分。不同形式的锂离子电池在容量和结构设计上有较大的差异，通常锂离子电池的容量和内阻之间的关系可以用下式来表达。

$$R_{cell} \times 电池容量 = 常数 \tag{8-40}$$

即电池的电阻与电池的容量成反比关系。此外，电池的内阻和电池的设计工艺息息相关。运用 EIS 测试锂离子电池的阻抗谱时，需要预先了解电池内阻的大致水平，结合设备的量程及适用参数，合理地选择设备、模块和设定测试参数。

B 材料的 EIS 测试

EIS 除了用于测试锂离子电池的阻抗，研究锂离子电池电极过程动力学，还可以用于测试电池材料的各种性质；隔膜材料的离子电导率及电解质材料对金属锂的稳定性等，不同材料性质的测试需要采用不同的电极体系及电极构型。

（1）多孔粉末电极。锂离子电池电极片通常为多孔粉末电极，这种电极内存在大小颗粒及不同的孔隙结构，在 EIS 中，需要借助电解液的浸润构建连续的离子传输通道，间接地实现多孔粉末电极信息的测量。通常，这类多孔粉末电极阻抗谱常出现半圆不规整现象，主要与电极的不均匀特性相关联，需要通过理论模拟和实际测试经验加以半定量的分析。

（2）薄膜电极。便携式薄膜固态电池的电极通常是通过溅射和蒸镀的方式制备而成，电极形貌及性质比较均匀，一般采用微区阻抗技术对薄膜电极的性质进行测量。这类电极材料的 EIS 图谱通常比较规整，分析起来相对容易。对于由薄膜电极构成的薄膜电池，其内不同的电极过程能够很好地加以区分，是基础研究中比较常用的电极体系。

（3）薄膜固体电解质。薄膜固体电解质的厚度通常在几百纳米到几微米之间，由于厚度较薄，单位面积电阻一般较小（和电导率有关），因此多采用面内电极或叉指电极进行 EIS 测试，工作电极主要为金属箔材，如 Au、Ag、Pt 等。

（4）无机固体电解质。无机固体电解质的电导率测试一般以玻璃陶瓷片的形式进行，在玻璃陶瓷片的两端通过溅射或蒸镀的方式镀上金属薄层（如 Au），作为工作电极或阻塞电极进行测试，由于 Au 对 Li^+ 具有一定的阻塞作用，因此在阻抗谱的低频区域呈现出明显的容抗弧。除了阻塞电极，非阻塞电极（如金属锂），也常用作玻璃陶瓷电解质电导率及稳定性测试的工作电极。由于金属锂同时具备离子和电子导电性，因此在阻抗谱的低频区域一般没有明显的因阻塞效应导致的容抗弧。对于无法制成玻璃陶瓷的无机固体电解质，通常选择金属锂、不锈钢片或碳片作为工作电极，在高压塑性的条件下进行电化学阻抗谱测试。

（5）聚合物电解质。聚合物电解质属于高分子材料，在进行电化学阻抗谱测试时，通常不能使用溅射等工艺将 Au 电极引入测试体系中，因此，通常选用金属锂或不锈钢作为工作电极。使用不锈钢和金属锂作为工作电极，测试结果的差异性可以对比无机固体电解质阻抗测试的分析方法。

（6）隔膜材料。一般隔膜材料因孔隙率、孔分布、孔径大小等的不同，隔膜材料的离子导通特性也存在显著差别。通过装配纽扣电池进行 EIS 测试，控制其他因素不变的情况下，可以测试不同隔膜材料的离子输运特性的差异。此外，由于不同隔膜材料与电解液的浸润性存在差别，通过测试不同静置时间、隔膜电导率的差别，可以区分隔膜浸润性的差异。

（7）液体电解质。EIS 在液体电解质中的应用主要包括测试电解质的离子电导率、迁移数、电解质对电极材料的界面稳定性等性质。通过阻抗谱的测试分析，对比使用不锈钢工作电极、铂金电极和金属锂电极三者的差别，结合直流极化测试，可以测试液体电解质材料的离子电导率、迁移数和电极/电解质界面稳定性。

（8）单颗粒。电化学阻抗谱在单颗粒中的应用主要包括测试单颗粒的离子扩散系数和离子电导率，通过构建合适的微电极，结合微区阻抗技术，可以测试单颗粒的离子输运特性。由于单颗粒测试避免了多孔粉末电极中黏结剂和导电添加剂的影响，因此可以更精准地测量材料本征的离子传输性质。

C 有源/无源体系

电化学阻抗谱仪包括有源电化学工作站和无源电化学工作站两大类，两者的主要差别在于有源电化学工作站可以用于测试带电压的电化学体系。不同充放电态的锂离子电池，荷电态各不相同，电池端电压也不同。因此，测试这类体系，通常需要使用有源电化学工作站；若使用无源电化学工作站进行测试，容易损伤设备，破坏待测样品。通常无源电化学工作站用于高阻抗体系测试，有源电化学工作站用于低阻抗体系测试，但针对具体测试体系需要灵活选择。

D 两电极/三电极体系

通过两电极阻抗的测试，结合模拟电路或数学模型对数据进行拟合分析，从而区分两电极体系中，各组分阻抗的来源和贡献比例。实际研究也经常出现无法区分阻抗的响应来源和贡献比例的情形，需要结合其他测试方法和数据分析手段进行分析，三电极阻抗测试在解析阻抗归属问题上具有重要的作用。

三电极阻抗测试和两电极阻抗测试，原理上没有差别，最主要的差别是在两电极电池中引入了参比电极，通常选用金属锂作为参比电极。由于两电极体系中无法区分工作电极和辅助电极相对金属锂电位的实际值，因此参比电极的引入，一方面可以确定工作电极的相对电位；另一方面可以排除辅助电极对电池阻抗的贡献。

8.3.4.2 EIS 测试设备及数据拟合

锂离子电池电极过程动力学测试涉及的频率范围较为宽广（从微赫兹到兆赫兹），从高频到低频，可能涉及电感、电容和电阻多元串并联组合特性；实际测量对测试环境如湿度、温度、电磁屏蔽等要求较高，因此具体测试过程在设备选用时需要结合实践及理论知识进行。下面介绍 EIS 的测试流程。

A 材料的 EIS 测试

电化学阻抗测试系统一般包括电解池、控制电极极化的装置和阻抗测定装置三部分。

工步 1：连接测试线，红-红-红，黑-黑-蓝，绿-绿；将试样按正负极夹好，陶瓷片不区分正负极；关闭屏蔽箱，依次打开工作站和放大器电源，打开 Nova 2.1 软件。单击"Open library"选项后，选择"FRA impedance potentiostatic"选项卡。

工步 2：单击"Autolab control"选项，将"Bandwidth"选项设置为"High stability"，单击"FRA measurement"选项，将"First appli"选项设置为"1E+06"，将"Last appli"选项设置为"1"，"Number"设置为"20per decade"（取点密度视具体需要设定），单击三角形按钮，选择"ok"，开始测量。

工步 3：测试完毕后，单击"File"选项卡，单击"Save FRA impedance potentiostatic as"选项，选择保存位置，单击"保存（save）"；重复测试，如测试完毕，先关闭测试软件，再关闭放大器电源，最后关闭工作站电源。

B EIS 数据拟合流程

最常用的分析方法是曲线拟合的方法。对电化学阻抗谱进行曲线拟合时，必须首先建立电极过程合理的物理模型和数学模型，该物理模型和数学模型可揭示电极反应的历程和动力学机理，然后进一步确定数学模型中待定参数的数值，从而得到相关的动力学参数或物理参数。用于曲线拟合的数学模型分为两类：一类是等效电路模型，等效电路模型中的待定参数就是电路中的元件参数；另一类是数学关系式模型。

以 Autolab 软件为例，介绍 EIS 数据拟合工步。

工步1：打开 Nova 2.1 软件，单击"Import data"选项，选择需要打开的文件，单击"打开"按钮。

工步2：单击"FRA measurement"选项，然后单击"显微镜"按钮，单击第一项"Electrochemical circle fit"，再单击第二项"Fit and simulation"，双击"Electrochemical circle fit"，用鼠标滚轮放大或缩小图，单击选取第一个弧线上的8个点，使生成的曲线和弧线基本吻合，单击"Copy"后，单击"返回"箭头。

工步3：单击"Fit and simulation"，将窗口最大化，将"Properties"选项卡拉大，选择"Edit"，按"Ctrl+V"，点击连接处断开 R_p 连接，在空白处单击右键，选择"Add element"，选择"Constant Phase Element（Q）"，拖动到连接处使电路连接，选择"Tools"，选择"Run Fit and Simulation"，记录 R_s、R_p 和误差（χ^2）数值。如果是圆片试样，需要记录试样厚度、质量、直径。

8.3.5 交流阻抗在新能源材料中的应用

8.3.5.1 交流阻抗在锂离子电池中的应用

EIS 技术是通过对电化学体系施加一定振幅、不同频率的正弦波交流信号，获得频域范围内相应电信号反馈的交流测试方法。从分析嵌合物电极的 EIS 谱特征入手，可以研究和探讨 EIS 谱中各时间常数的归属问题，研究锂离子在正负极活性物质嵌入和脱出过程中相关动力学参数。

A 电极过程动力学信息的测量

一般认为，Li^+ 在嵌入化合物电极中的脱出和嵌入过程包括以下几个步骤（见图 8-19）：（1）电子通过活性材料颗粒间的输运，Li^+ 在活性材料颗粒空隙间电解液中的输运；（2）Li^+ 通过活性材料颗粒表面绝缘层（SEI）的扩散迁移；（3）电子/离子在导电结合处的电荷传输过程；（4）Li^+ 在活性材料颗粒内部的固体扩散过程；（5）Li^+ 在活性材料中的累积、消耗，以及由此导致活性材料颗粒晶体结构的改变或新相的生成。

与上述几个电化学过程相对应的典型电化学阻抗谱，如图 8-20 所示。图 8-20 中主要包括隔膜、电极及集流体等欧姆阻抗，电子绝缘层 SEI 阻抗，电荷转移阻抗，离子扩散阻抗及与晶体结构变化相关的阻抗几个部分。

B 电子导电性测试

构成锂离子电池的电极材料通常为混合导体，同时具备电子和离子导电特性；电子和离子导电特性的好坏对于电池的电化学性能影响非常显著，因此，测量电子和离子电导率尤为重要。通常，电极材料的电子电导率使用粉末电阻仪进行测试。

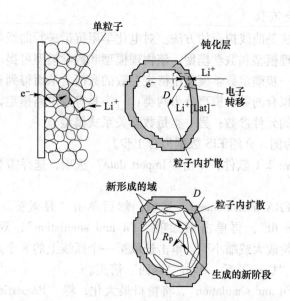

图 8-19　嵌入化合物电极中嵌锂物理机制模型示意图

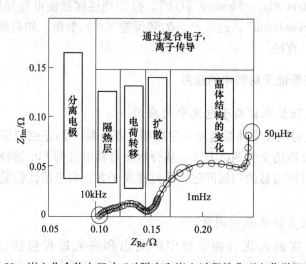

图 8-20　嵌入化合物电极中 Li$^+$ 脱出和嵌入过程的典型电化学阻抗谱

除了粉末电阻仪，电化学阻抗谱在测试电极材料的电子电导率方面也有重要的应用。Yang 等人基于 SPS 技术制备了致密度高达 97% 的陶瓷电极材料（LiCoO$_2$，NMC-333，532，622，811）；并在陶瓷材料的两端溅射 Au 作为工作电极，进行线性 V-I 和电化学阻抗谱测试研究，测试原理如图 8-21（a）所示。展示了不同组成的正极材料变温 V-I 曲线，直线的斜率代表电子电导率。

对比图 8-22 中的 5 组测试结果可知，随着 Ni 含量的提高，正极材料的电子导电性在提升。为了进一步研究不同组成正极材料离子电导率的差别，Yang 等人测试了不同温度下，各组分陶瓷正极材料的电化学阻抗谱。如图 8-23 所示，通过数据拟合分析可知，随着 Ni 含量的提升，正极材料的离子电导率也在显著的提升，而从 EIS 图谱中剥离出来的

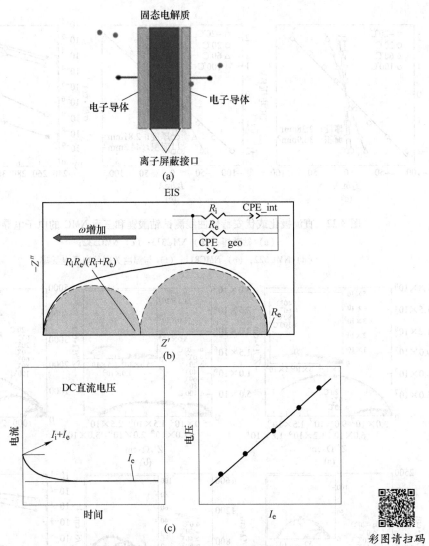

图 8-21 块状样品电子电导率和离子电导率的测试方法

（a）测试样品示意图，样品两侧为离子阻塞电极；（b）典型的 EIS 测试数据 Nyquist 图，
由电子和离子的并联电路构成；（c）直流极化曲线和伏安特性曲线，斜率为电子电阻

彩图请扫码

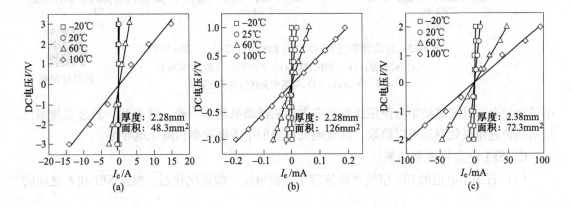

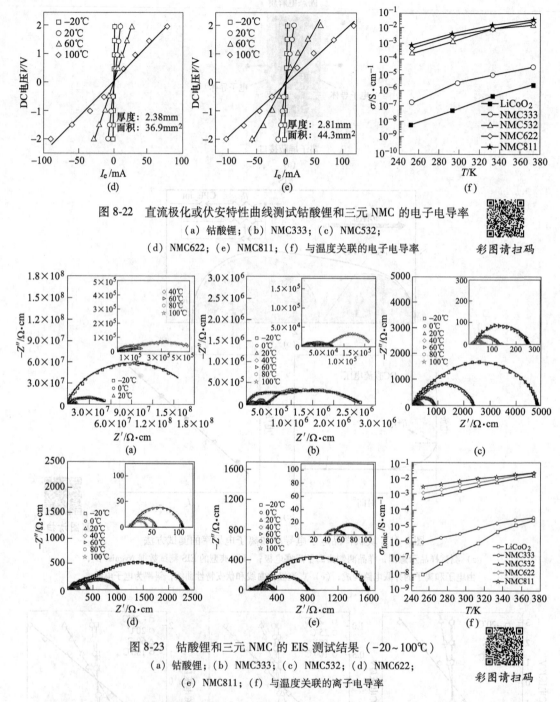

图 8-22　直流极化或伏安特性曲线测试钴酸锂和三元 NMC 的电子电导率
（a）钴酸锂；（b）NMC333；（c）NMC532；
（d）NMC622；（e）NMC811；（f）与温度关联的电子电导率

彩图请扫码

图 8-23　钴酸锂和三元 NMC 的 EIS 测试结果（-20~100℃）
（a）钴酸锂；（b）NMC333；（c）NMC532；（d）NMC622；
（e）NMC811；（f）与温度关联的离子电导率

彩图请扫码

电子电导率，其测试结果与使用线性伏安方法测试结果基本一致。这表明，通过交流阻抗技术结合直流极化测试可以提取、区分电极材料的电子电导率和离子电导率。

C　SEI 的生长演化机制

（1）石墨半电池的 EIS 阻抗严重依赖于电极电位，即锂化状态。根据 SEI 和 E 之间的关系可知，石墨负极表面的SEI形成过程主要分两个电位区间，第一个电位区间在0.15V以上，在这个电位区间内，SEI的导电性比较差；第二个电位区间在0.15V以下，这个区间SEI呈现出高导电特性，如图8-24所示。

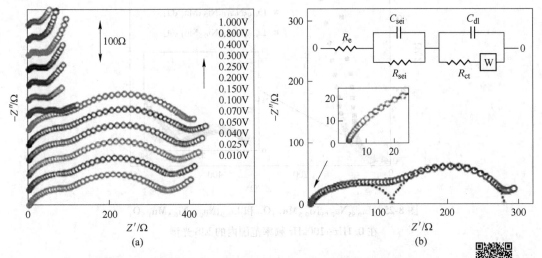

图8-24 首次脱锂过程中锂/石墨半电池在不同电压的阻抗谱（a）和锂/石墨半电池在0.05V电位下的阻抗谱及等效拟合电路（b）

彩图请扫码

（2）对于一个完整的电池，RSEI随着充电和放电过程，其大小在可逆地发生变化，这主要归因于石墨的体积膨胀和收缩。

（3）在第二个电位区间，RSEI的大小和电压之间的关系主要有两个影响因素。第一，形成高导电相的SEI，这直接显著的降低RSEI阻抗；第二，石墨体积的膨胀导致了SEI阻抗的增加。

（4）首次锂化及SEI的形成对电解液的组分及配方非常敏感。总的来说，溶剂和盐的反应活性越高，SEI的阻抗越大；另外，SEI的阻抗在首次锂化过程对微量的添加剂（如VC）非常敏感。

D EIS测试-D_{Li}

图8-25为$Li_{0.95}Na_{0.05}Ni_{0.5}Mn_{1.5}O_4$和$Li_{0.90}Na_{0.10}Ni_{0.5}Mn_{1.5}O_4$在0.1Hz~100kHz频率范围内的EIS光谱图，并给出了等效电路图。两个样品的EIS光谱显示出相似的轮廓，在高至中频区域与凹陷的半圆和低频区域的倾斜线相结合。在等效电路中，电解质电阻（R_s）由Z'轴上的截距表示，电荷转移电阻（R_{ct}）由高中频区域中的半圆表示，锂离子的值表示穿过多层表面膜的迁移阻力（R_f）可以由半圆的直径确定。从图8-25中可以看出，两个样品的R_{ct}都很小，表明它们具有较低的电化学极化，这将导致更高的倍率能力。同时，对于两个样本，EIS的低频区域中斜率都较大，这表明两个样本的D_{Li}较大。$Li_{0.95}Na_{0.05}Ni_{0.5}Mn_{1.5}O_4$的$R_{ct}$小于$Li_{0.90}Na_{0.10}Ni_{0.5}Mn_{1.5}O_4$的$R_{ct}$，可以带来更高的倍率性能。

E 离子导电性测试

Ling等人通过高温固相法制备了不同致密度的LAGP玻璃陶瓷片，通过离子溅射仪在陶瓷片的两侧制备了Au薄层作为工作电极，使用Novocontrol-Beta工作站，测试了陶瓷片

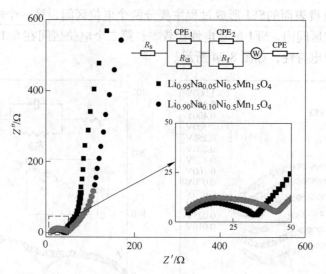

图 8-25　$Li_{0.95}Na_{0.05}Ni_{0.5}Mn_{1.5}O_4$ 和 $Li_{0.90}Na_{0.10}Ni_{0.5}Mn_{1.5}O_4$
在 0.1Hz~100kHz 频率范围内的 EIS 光谱

的变温 EIS 曲线，测试结果如图 8-26 和图 8-27 所示。由图 8-26 可知，LAGP 陶瓷片的电导率，无论是总电导率，还是体相电导率，或者是表观晶界电导率，与温度之间的关系均很好地符合阿伦尼乌斯关系式。图 8-27 展示了不同致密度的陶瓷片在 233K 时的阻抗谱，由图 8-27（d）可知，陶瓷片的体相电导率是本征量，与陶瓷片的表观几何参数及致密度等没有密切的关系，即使致密度从 65% 变化到 91%，陶瓷片的体相电导率变化仍然非常小。

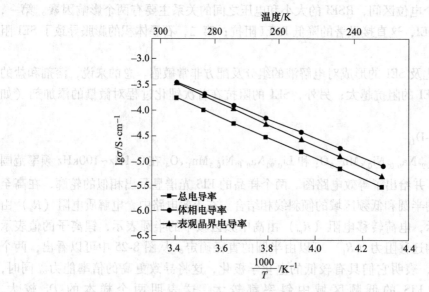

图 8-26　无机固体电解质 LAGP 的阿伦尼乌斯曲线

　　Selman 等人运用不锈钢微电极和电化学阻抗谱研究了高温（2800℃）热处理的介孔碳单颗粒中 Li^+ 在嵌入和脱出过程中电极过程动力学信息，测试原理及表观化学扩散系数如图 8-28 和图 8-29 所示。

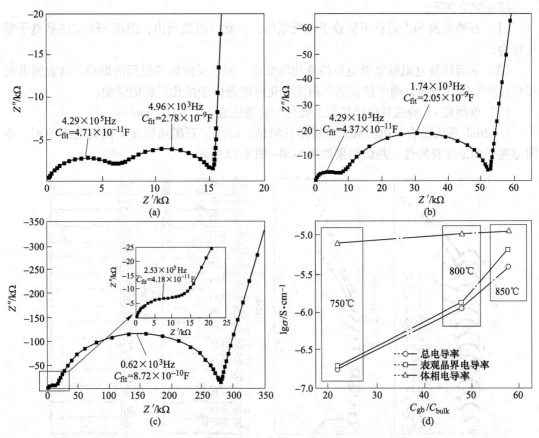

图 8-27　不同温度烧结的 LAGP 陶瓷片阻抗谱（233K）
及电导率和 C_{gb}/C_{bulk} 的比值关系

（a）850℃；（b）800℃（c）750℃；（d）电导率和 C_{gb}/C_{bulk} 的关系

彩图请扫码

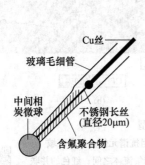

图 8-28　不锈钢微电极用于
介孔碳微颗粒电极的集流体

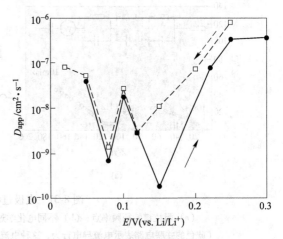

图 8-29　人造中间相碳微球在不同电位
vs. Li⁺/Li 下表观化学扩散系数

研究结论如下：

（1）石墨表面 SEI 阻抗不依赖于电极电位，由此可以推断出，表面 SEI 应该是离子导电行为；

（2）电荷转移电阻随电极电位的变化而变化，但不受阶转变过程的影响，这表明电荷转移过程发生在表面，而电位关联的阻抗变化可能是由于活化过程的影响；

（3）单颗粒 Li^+ 的表观化学扩散系数的变化范围在 $10^{-6} \sim 10^{-10} cm^2/s$。

Friedrich 等人结合两电极和三电极阻抗测试，研究了石墨负极在不同荷电态 SOC、不同温度下 SEI 成膜特性，测试结果如图 8-30~图 8-32 所示。

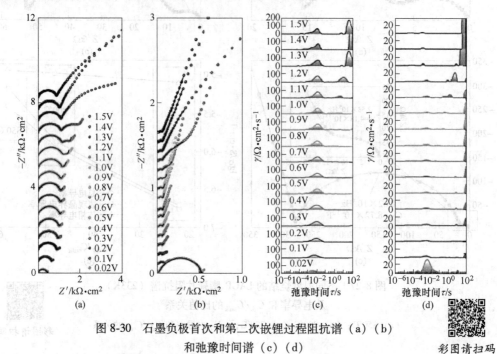

图 8-30　石墨负极首次和第二次嵌锂过程阻抗谱（a）（b）
和弛豫时间谱（c）（d）

彩图请扫码

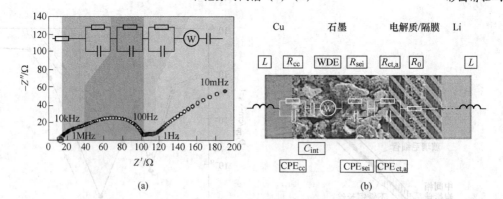

图 8-31　电极过程动力学模型

（a）阻抗谱特征频率点；（b）不同电化学过程和关联的阻抗谱元件及相应区域
（蓝色的并联电路表示电流导电行为，这种电流存在于电极和集流体之间；红色的并联
电路表示的是 SEi 的影响；绿色的并联电路表示的是负极电荷转移过程；橘黄色阻抗谱
元件表示的是扩散及离子潜入过程；（a）中欧姆阻抗来源于 Celgard 的三层隔膜电阻）

彩图请扫码

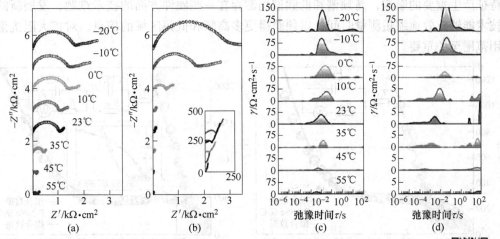

图 8-32　石墨负极对金属锂电位在 0.5V 附近时，不同温度下的阻抗谱
（a）第一圈锂化过程；（b）第二圈锂化过程；
（c）第一圈锂化过程的弛豫时间分布图；（d）第二圈锂化过程的弛豫时间分布图　彩图请扫码

对电池中可能存在的电化学过程做了假设，建立了电极过程动力学模型，如图 8-31 所示，研究结果如下：

（1）通过对比两电极和三电极测试结果，发现石墨首次锂化过程中，电压在 0.8～0.3V 的区间内，出现了 SEI 膜的峰值，此最大值在第 2 圈的锂化过程中并没有出现，这可能是由于首圈形成的 SEI 在第 2 圈的时候，促进了 Li^+ 的去溶剂化，而 SEI 阻抗的逐渐减小过程标志着 SEI 在逐步形成完整膜的过程。

（2）温度相关的阻抗测试结果表明，在 -20～45℃ 之间，总阻抗随着温度的升高在逐渐减小；这主要归因于温度的升高使电解液的电导率得到提升，SEI 的电导率也获得了提升；同时，R_{ct} 过程也变得更加迅速。但在 55℃ 以上，其总电阻和 45℃ 时的总电阻相比，阻抗有所增加。这表明，温度过高诱导了副反应，导致阻抗增加。

（3）在 0～45℃ 之间，从第 1 圈到第 2 圈，SEI 的阻抗随着温度的升高在减小，但在 0℃ 以下，从第 1 圈到第 2 圈，SEI 的阻抗有所增加。这表明，在低温下，首圈不能形成致密的 SEI 膜。

8.3.5.2　在钠离子电池中的应用

Sun 等人通过电化学阻抗谱（EIS）表征手段，研究了在循环前和循环 100 次后原始 NiSe 和 P-NiSe@C 中的钠离子迁移行为，如图 8-33 所示。在图 8-33（a）中，半圆代表电极的电荷转移阻抗（R_{ct}），对角线代表钠离子扩散阻抗（沃伯格阻抗，Z_w）。很明显，NiSe@C 的 R_{ct} 值低于原始 NiSe，主要是由于粗糙的表面和导电的碳壳。此外，粗糙的表面有利于电极和电解质之间的充分接触，并且碳壳层为电子提供了更好的传输通道，从而提高了电子的导电性。简而言之，P-NiSe@C 在充放电循环中具有良好的电荷转移能力，这种高电导率也是有助于上述高速率性能和温度适应性的有利因素。

阻抗谱的应用过程中仍然存在很多技术问题，主要包括：电解池体系、嵌合物电极的组成、活性材料的量、活性材料颗粒的大小以及电极的厚度和制备工艺等因素均会对阻抗谱特征产生重要的影响，高频谱和低频谱仍然存在一些硬件方面的技术难题，发展新的测试技术能够有效地缩短测量时间，以便获得更多高频和低频区域的信息，对扩大阻抗谱的应用范围至关重要。

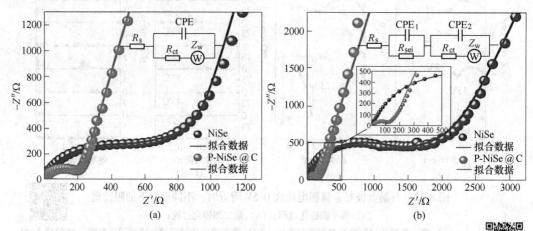

图 8-33   循环前（a）和循环 100 次后（b）NiSe 和 P-NiSe@C 的电化学阻抗谱
（插图为拟合数据的电路模型）

彩图请扫码

参 考 文 献

[1] 胡育筑. 分析化学 [M]. 4版. 北京：科学出版社，2015.

[2] 武汉大学. 分析化学 [M]. 6版. 北京：高等教育出版社，2016.

[3] 郝平，杨希春. 快速氧化还原滴定法测定铬铜中间合金中铬 [J]. 理化检验：化学分册，2001，37（7）：327-329.

[4] 黎兵. 现代材料分析技术 [M]. 北京：国防工业出版社，2008.

[5] Schiavi P G, Altimari P, Branchi M, et al. Selective recovery of cobalt from mixed lithium ion battery wastes using deep eutectic solvent—Science Direct [J]. Chemical Engineering Journal, 2021, 417: 129249.

[6] Wang S, Zhang Z, Lu Z G, et al. A novel method for screening deep eutectic solvent to recycle cathode of Li-ion batteries [J]. Green Chemistry, 2020, 22 (14): 4473-4482.

[7] 曹吉祥，张征宇，芦飞. 火花源原子发射光谱法测定铁素体不锈钢中低含量碳 [J]. 理化检验（化学分册），2011，47（7）：805-807.

[8] 陆军，张艳，孟平. 电感耦合等离子体原子发射光谱法测定铸铁中镧和铈 [J]. 冶金分析，2007（5）：72-74.

[9] 罗海霞，苏春风. 电感耦合等离子体发射光谱（ICP-OES）法测定二次电池废料中锂、镍、钴、锰的含量 [J]. 中国无机分析化学，2020，10（1）：49-53.

[10] 陆大班，林少雄，胡淑婉，等. 三元动力锂离子电池不同温度循环失效分析 [J]. 安徽大学学报（自然科学版），2021，45（1）：92-97.

[11] 陈海春，薛昊. 锂离子电池石墨负极材料改性研究 [J]. 辽宁化工，2020，49（8）：927-930，967.

[12] 陈凤娟，金学坤. 《材料分析方法》中透射电镜教学方法的探讨 [J]. 科技风，2020（1）：59.

[13] 赵迪，王蒴，李野，吴国东，杜铭，徐铭泽，吴正超. 电子显微镜技术实验教学中教学视频的制作与应用 [J]. 教育现代化，2019，6（56）：158-159.

[14] 张晓丽，张江兰. 多种教学方式在电子显微镜教学中的应用 [J]. 张家口职业技术学院学报，2014，27（4）：79-80.

[15] 陈兰花，盛道鹏. X射线光电子能谱分析（XPS）表征技术研究及其应用 [J]. 教育现代化，2018，5（1）：180-192.

[16] 杨文超，刘殿方，高欣，吴景武，冯均利，宋浅浅，湛永钟. X射线光电子能谱应用综述 [J]. 中国口岸科学技术，2022，4（2）：30-37.

[17] 苗利静，江柯敏，朱丽辉，卢焕明，李勇，吴越. X射线光电子能谱测定固体粉末样品的制备方法比较 [J]. 分析测试技术与仪器，2020，26（1）：56-60.

[18] 岳巧，李一夫，徐宝强，等. 粗铅精炼除铜反应的热分析动力学 [J]. 有色金属工程，2021，11（3）：57-95.

[19] 方姣，刘琛仄，刘军，等. 粉末冶金高温合金差热曲线的相变温度分析方法 [J]. 中国有色金属学报，2015，25（12）：3352-3360.

[20] 许金泉，刘文斌，周京明，等. 热重法测定三元正极材料中游离锂含量 [J]. 电池，2020，50（5）：501-504.

[21] 王瑞，杨宁，严春浩，许春慧，王树华，朱伟东. 高比表面积金属氟化物的制备：文献综述 [J]. 广东化工，2018，45（12）：137-138.

[22] 孙锦木. 国内外国家标准测定比表面积方法综述 [J]. 化工标准化，1982（2）：42-44.

[23] 段力群，马青松，陈朝辉. CDC法制备纳米多孔碳研究进展 [J]. 无机材料学报，2013，28（10）：1051-1056.

[24] 周应华，胡亚冬，徐旭荣，等 . LiODFB 基电解液对锂离子电池性能的影响 [J]. 电源技术，2019，43（1）：23-25，44.

[25] 张净净，张丽娟，李海朝 . 混合锂盐及添加剂对镍锰酸锂电池性能的影响 [J]. 化学研究与应用，2020，32（4）：510-516.